数学文化透视

SHUXUE WENHUA TOUSHI

汪晓勤 著

上海科学技术出版社

图书在版编目(CIP)数据

数学文化透视/汪晓勤著. —上海:上海科学技术
出版社,2013.1(2021.11重印)
ISBN 978－7－5478－1506－9

Ⅰ.①数… Ⅱ.①汪… Ⅲ.①数学－文化－普
及读物 Ⅳ.①01－49

中国版本图书馆 CIP 数据核字(2012)第 245934 号

数学文化透视

汪晓勤 著

上海世纪出版(集团)有限公司
上海科学技术出版社 出版
(上海市闵行区号景路159弄 A座 9F-10F)
邮政编码 201101 www.sstp.cn
常熟市华顺印刷有限公司印刷
开本 787×1092 1/16 印张 18
字数 266 千字
2013 年 1 月第 1 版 2021 年 11 月第 8 次印刷
ISBN 978－7－5478－1506－9/O·14
定价:58.00 元

内容提要

本书以精彩的历史故事、丰富的插图，充分表现了数学文化的魅力。

全书共分9讲，内容包括：自然界的数学奥秘（对称、螺线、蜂巢结构、神奇的斐波那契数列）、文明的足迹（勾股定理、测量问题、太阳系行星轨道的规则，曲线与微积分）、数学常数及其历史（π、i、e）、建筑的几何之美、艺术中的数学原理（名画的透视性质、莫比乌斯带）、跨越文理之间的鸿沟（小说与诗歌中表现出来的数学主题）、有趣的作图问题、各种数学游戏（拼版、棋类）、历史上一些数学家的轶事等。

作为素质教育的一部分，数学文化在我国得到了越来越多的重视，但仍属于起步摸索阶段。本书的内容相对却较为成熟，特色鲜明，比一般的数学科普读物要深入，具有很强的吸引力与可读性。

序一 | Preface

　　数学文化，主要讲述数学的历史、思想、方法、精神，以及数学与人类其他知识领域之间的关联，如数学与自然、数学与生活、数学与科技、数学与历史、数学与文艺、数学与建筑、数学与游戏，等等。近年来，数学文化以其独特的教育价值日益受到我国数学界的重视：高校以及部分中学"数学文化"课程的设置，"数学文化"刊物的出版，全国性学术会议的增多，可见数学文化已经融入数学教学的领域。

　　本书作者为华东师范大学汪晓勤教授，他博学多才，长期担任"数学文化"选修课的教学工作。2008年，华东师大在国内率先将"数学文化"课程纳入文科生"通识限选课程模块"之中。展现在读者面前的这本书正是他多年来潜心学习和思考的结果。本书力图通过数学文化的宣扬来改变大中学生乃至公众的数学观，激发他们的数学兴趣，提高他们的数学素养和数学鉴赏力，让他们感受数学文化的魅力。

　　与国内已有同类书籍不同，本书力求通俗、趣味、广博，寻求数学与文化之间的平衡点。其基本特点是：

　　• 通俗：让没有学过微积分的学生看得懂书中的数学内容并领略微积分的神奇价值。

　　• 趣味：尽量选择能引起学生兴趣的材料。

　　• 广博：通过数学与自然、数学与人文、数学与建筑、数学与文学艺术等具体的专题来呈现数学与其他知识领域之间的关联，显示出数学的魅力和价值。

　　相信本书的出版对于数学文化的传播、高校数学文化课程的建设，以及数学文化与数学教育关系的研究都将起到积极的作用，特此为序。

中国科学院计算数学研究所，中科院院士

2012年11月21日　北京

序二 | Preface

月前游学沪上，在华东师大闵行校区的漂亮校园里见到多年未面的汪晓勤博士，他早已是这所名校的数学教授和数学教育学科的带头人了。言谈中晓勤提到，在多年讲授相关课程的基础上，最近完成了一部有关数学文化的书稿，问我能否为它写点什么。晓勤曾于上世纪90年代末在中科院自然科学史研究所攻博，他在数学史这一行当中的"辈分"却不容小看——原杭州大学著名数学史家沈康身先生是他的硕士指导教授，而沈先生向来以治学严谨和课徒严厉闻名。我了解晓勤的学术功底和为人做事的认真，最近几年不断在学术刊物上读到他的精彩文字，尤其是涉及晚清以来渐为国人知晓的那些中外数学人物，如伟烈亚力、罗密士、德摩根、艾约瑟、毕欧、华里司、华蘅芳、李善兰等，还有许多隐身其后的有趣故事，那些恰好也是我所关注的题材。有了这两层意思在里面，作序的事情就应承下来了。

及至读到晓勤发来的PDF文档，我才意识到这不仅仅是个朋友间的信任与情分问题。花了一整个周末的时间将文稿通读一遍，内心竟浮现出一种被抛出兔子洞后的爱丽丝一般的感觉：里面的世界太奇妙了，而在那些光怪陆离的角色和故事背后，隐隐然地透出逻辑和秩序。

讲到数学文化，就不能不提及美国数学史家莫里斯·克莱因的《西方文化中的数学》，这是一部堪称经典的学术著作，不但受到包括中国在内的世界读者的欢迎，在国际学术界（科学史、文化史、艺术史）也享有一定的声誉。另一种带有文化韵味的数学读物就是种种以"趣味"为招牌的作品，此中的翘楚当首推马丁·加德纳的数学小品，他在《科学美国人》上开设的"数学游戏"专栏在长达24年的时间里风靡欧美；在中国，谈祥柏老先生的文章和书籍也有很大的影响。

读者们手头的这本书，就是介于克莱因与加德纳之间的作品。

首先，晓勤充分照顾到学术性的标准，不但对重要的引文和必要的参考文献注明了出处，还在每章之末提供若干可供读者思考和练习的"问题研究"，以名人嘉言为章首题献的做法则与克莱因一脉相承。尽管出版社方面坚持普及性第一的要求，作者那根深蒂固的学院做派在书中还是随时表现出来，如对一些著名问题的历史陈述（"约瑟夫问题"、斐波那契数列、黄金分割法等），对一些"非著名"数学家事迹的发掘（华里司、罗比逊、普雷费尔等），对中外重要文献的引征（当页脚注和书末参考文献），对重要原文的说明或翻译（塔塔格里亚的三次方程求根诗，以及题为"数学与诗"那一节中众多由作者亲自翻译的诗歌等），就都是突出的例子。

其次，该书的趣味性也是无容置疑的，尤其是那些精美的插图，包括照片、卡通、书影、图案、美术作品等，配合文字发挥了很好的渲染效果，而晓勤对集邮的爱好在这方面更起到了锦上添花的作用。他所使用的邮票，多与书中的人物或数学内容相关，有些罕见的邮品在令人惊叹之余，不禁让人想到科学文明是全人类共同财产这一隽永的话题。举例来说，通过阅读书稿，我才知道非洲小国多哥竟然发行过以我国元代算书《四元玉鉴》为主题的邮票，上面还用中文注明"零与负数的观念"和"算筹十进位法"；太平洋上的岛国密克罗尼西亚也曾以刘徽"割圆术"为题发行邮票，其上的英文写着"公元三世纪对 π 值的计算"和"刘徽的《九章算术》（应为《九章算术·注》），公元264年（应为"263年"）"；几内亚比绍则有利玛窦与徐光启的邮票。至于书中引用的世界各国发行的其他涉及数学题材的邮品，诸如展现对称概念的蝶翅、兽角、昆虫、禽鸟、雪花、晶体等，对毕达哥拉斯定理的表现、叶瓣契合斐波那契数的花卉、有关黄金分割的建筑、莫比乌斯带的种种造型等，真是琳琅满目、异彩纷呈。

我最看重的还是这部书稿的思想文化内涵，其中充满了能够"唤起心智，澄净智慧"和"涤尽我们有生以来的蒙昧与无知"（普利克鲁斯语）的东西。法国昆虫学家法布尔与数学的遭遇就是一个生动的例子：他阴错阳差地成了别人的数学辅导员，不得已偷出老师的参考书来恶补，神不知鬼不觉地对数学有了领悟，后来还在蜘蛛网的形状中发现了神奇的数字e（自然对数的底）。艺术与数学的关系，特别是文艺复兴盛期兴起的透视法为西方绘画艺术带来的革命性转变，早已是一个脍炙人口的议题，这里不妨一笔带过。值得注意的是，书中有一节专门介绍政治人物与数学的关系，出场的角色有林肯、杰弗逊、加菲尔德、拿破仑、戴高乐等；拿破仑三角形和洛林十字架这两个数学问题更是令人印象深刻。还有一章（第六章）则专门介绍文学家与数学的缘分，涉及的人物有斯威夫特、狄更斯、卡莱尔、柯南·道尔、司汤达、雨果、爱伦·坡、托尔斯泰、陀思妥耶夫斯基、扎米亚金、金庸等；两栖人物道奇森（即刘易斯·卡洛尔）的爱丽丝系列和阿波特的《平面国传奇》，其中蕴涵的丰富数学思想都得到了很好的解读。另有一章（第七章）专门讲述数学"民科"即被晓勤称为"五好牌"（指"好奇"、"好胜"、"好高"、"好名"、"好奖"者）们的悲喜剧，读来忍俊不禁，不过千百年来发生的故事时时还在我们身边重现。

这就是摆在你眼前的《数学文化透视》，尝试着从头读起吧。相信你一定能从中获益，无论自己过去对数学的看法如何——是爱，是畏，还是恨。

中国科学院自然科学史研究所　刘钝

2012年11月12日于北京中关村梦隐书房

目录 | Contents

前言 | Foreword

在一百多年前的一部英国小说《马库斯·奥德尼的道德》中，我们看到曾在中学教过数学的主人公马库斯·奥德尼这样评价数学：

> "我年轻时曾在学校里混饭吃，教孩子一门最无用、最灾难性的、最禁锢心灵的学科，教师们无情地、愚蠢地损坏了无数同类的头脑，损毁了无数同类的生命——初等数学。上帝的地球上没有任何人有任何理由去熟悉二项式定理和三角形的求解，除非他是职业科学家……回想起那些为了面包而滥用智力去浪费天真无邪的孩子们的宝贵时光的日子，我感到羞愧和堕落，他们本可以学习如此多美丽而有意义的事，而不是这门完全无用的、不近人情的学科。他们说，它训练头脑——它教会孩子思考。其实不然。事实上，它是一门枯燥乏味的学科，易于用做学校课程。其神圣不可侵犯性为教育家们省却了巨大的麻烦，它的主要用处便是让没有头脑的年轻人大学毕业后不诚实地混饭吃。他们把这门学科教给其他人，而其他人又把它教给下一代。"[1]

奥德尼最终以"伯父全家在地中海遇难"为由，向"又矮又胖、丑得像欧几里得《几何原本》中的图形一样"的校长递交了辞呈。《几何原本》中的图形怎么啦？

一名数学教师尚且如此看待数学，更何况一般公众呢？英国学者赫佩尔（G. Heppel）曾在宣读于1893年改进几何教学协会会议的一篇论文中，引用下面的诗句来说明人们对枯燥乏味的数学课本的嘲讽[2]：

> 如果又一场洪水爆发，
>
> 请飞到这里来避一下，

1　Locke W J. *Morals of Marcus Ordeyne*. New York: Grosset & Dunlap publishers, 1906. 244-245.

2　Heppel G. The use of history in teaching mathematics. *Nature*, 1893, **48**: 16-18.

> 即使整个世界被淹没，
>
> 这本书依然会干巴巴。

《圣经》中所讲的那场洪水，能够淹没整个世界，却未能浸湿我们的数学书，这是对数学多么辛辣的讽刺！斗转星移，沧海桑田，世界已不是百年前的世界，数学也不是百年前的数学，但世人对数学的印象却似乎并未改善。

今天，对于不少学生来说，苦游题海、备战高考的岁月并未给他们带来多少快乐的数学学习体验。一位文科生撰写打油诗一首，表达对数学的厌恶和恐惧：

> 凌晨三点起，星月来伴我。
>
> 问我为何愁，双眉深深锁。
>
> 术语乱如麻，公式爪哇国。
>
> 失足落陷阱，错题一大箩。
>
> 头昏又脑胀，心惊胆且破。
>
> 数学不爱我，无情相折磨。

另一位文科生如是写道——

> 面对一大堆数学符号，犹如面对奇形怪状的石头。相对无言，惟有汗千行。从此，数学一病不起，在我的世界中永远如同患了瘆病一般，无药可治得让我深恶痛绝，想得最多的就是赶紧逃离与它有关的世界……数学，想说爱你不容易。

在他眼里，数学就像一堆奇形怪状的石头，丑陋、生硬、冰冷、毫无生机。不只是他，谁又会喜欢这样的数学呢？

笔者曾经对选修《数学文化透视》（公共选修课）和《数学文化》（文科通识限选课）的部分学生做过一项调查，目的是了解他们对数学的看法。调查表明，相当一部分文科生和绝大多数艺术类学生看待数学的消极程度并不亚于马库斯·奥德尼。从调查结果来看，学生的数学观有以下特征。

除却考试无所用

所有学生心目中的数学都深深刻上了考试的烙印。许多学生心目中的数学不过是一门用于考试的学科而已。一位来自工商管理系、中学时代十分喜欢数学的同学这样写道："我心目中的数学只是一个神奇的谜，在它面前，我一直都是一只井底之蛙，因为我看到的仅仅是数学试卷上老师批的分数，一些让我欢喜让我忧的数字。"另一位来自经济系、中学时代数学成绩很不错的同学如是说：“我对数学的认识全部来自课堂，它给我带来最大的效用就是能应付考试。没有了考试，我不知道它还能不能吸引我。”

一名英语系学生认为，“以前在小学中学，不论是老师还是学生，都把数学当作一种算的学科，十分强调解题和运算，搞题海战术，至于数学到底学来干嘛，很多人都不清楚。因为老师上课不讲，只讲题目；学生也不去深究，只当它是个跳板，一块敲门砖，只要学好了，就能够跳进重点小学、中学，就能够敲开名牌大学的大门。在这样的教学模式下，数学被肢解了，被功利化了，数学的精神和思想被忽略或是扭曲了。这是数学的悲哀！”

被动学习成负担

不少学生的学习是被动的。一位来自英语系的学生这样写道：“对于数学，我只有死做题目的份：高中实在出于无奈，要不是老师的‘严刑逼迫’，我才不会去做那高强度的‘一课一练’。”一位来自中文系的学生多少带点偏激地写道：“初涉数学时，我不过如靖节先生所言般因役于口腹、从于人事而不得已为之。从小学到高中，在我看来，数学不过是升级、升学的一项负担、一条枷锁……过去中小学的数学教育只是让数学如童养媳般跟随他人左右，若非有父母之命在身，肯定会被一脚蹬掉！”

数学之美何处在

部分学生感受不到数学美。一位来自政治学与行政学系的学生写道：“有人说，数学蕴含着浓郁的诗意，然而这并不是任何人都能体会到的。面对一个公式或一个理论，训练有素的数学家和物理学家常常发出‘美丽’的感叹，而对于不谙此道的普通人来说，却不过是一组无意义的符号。我深深感到自己永远也无法达到那个境界了。”一名来自英语系的学生如是说：“从初中开始，就经常听数学老师说‘数学是很美的’。可说实话，我从来没有体会到数学究竟有多美。我对数学的印象也就是数字＋符号＋定理、公式＋草稿纸＋埋头苦算。有时还真对陈景润能否沉浸于旁人看来枯燥乏味的演算中产生疑惑，数学真有那么大魅力？……我从来未曾因看到某一定理、某一公式的美丽而欣喜，实在是没有人给我打开过那扇通往数学之美的大门。”

回首难拾自信心

一些学生虽如愿以偿跨进大学门槛，可是对于数学的自信心早已荡然无存。一名来自英语系的女生这样描述自己学习数学的经历：

“小时候，我心中的数学是彩色的，由各色各样的模型和图片组成，可以触摸。它藏在我的玩具中,我的连环画册里,我的衣服上……后来我上学了,小学初中时,数学对我来说是红色的。自从被灌了许多定理公式之后,它又换了一幅面目出现在我的生活中,在课本、练习和试卷上。我不得不放弃儿时的诸多关于数学的遐想,转而以毕恭毕敬的姿态迎接它。然而我的心灵从此却受到了压抑,数学的形象被一个个红色的叉叉给扭曲了。每个等号后面仿佛是无底的深渊,问号在威逼利诱我跳下去,而我却总是躲在悬崖边战战兢兢,冒汗发抖,仿佛眼前已浮现出红灯的幻影。这一片红色怎能叫我不紧张呢?高中时,数学对我来说是黑色的。高中的数学老师光溜溜的脑袋里蕴藏着哲学的智慧。他在对数学归纳法概括的那句'有限的生命可以做无限的事'使我更加确定了数学天生的哲学气质,如同适合穿黑色晚礼服的人的庄重。然而我有限的智慧阻止了我进入那片深邃而神圣的宇宙。我身困填鸭式的题海中,并且丧失了辨别方向和游泳到岸边的能力。高考试卷上虚妄的分数对我只是一种嘲弄。其实我根本不懂数学,不懂数学的思维方式,那对我而言永远是可望而不可即的黑色,即使我身陷其中,也是浑然无知的。"

毋庸讳言,在数学文化课上,我们不得不面对许多厌恶数学、害怕数学、持有消极数学观的文科生。因此,我们为"数学文化"课程设定了五个目标。

改变一种印象

美国数学家和数学史家M·克莱因(M. Kline, 1908—1992)早在1986年就批评过数学教学:"各级各类小学、中学、大学都把数学作为一门孤立的学科来讲授,而很少将其与现实世界联系起来。"[1] 事实上,学生对数学的刻板印象多半源于我们的数学教学。

在第1讲,我们将通过自然界中的对称现象与斐波纳契数列现象、蜂房问题等来说明数学在自然界中的普遍存在性;在第2讲,我们将通过一些典型数学定理的起源与应用,说明数学与人类文明的密切关系;在第3讲,我们从欧拉公式出发,介绍其中三个常数 π, e 和 i 的历史以及它们在不同知识领域的应用。

我们希望通过这些中小学课堂鲜有涉及的内容的讲解,消除学生心目中对数学的消极印象。

1　Pace E. Obituary: Professor Morris Kline. The New York Times, June 10, 1992. http://www. marco-learning systems.com/pages/kline/obituary.html.

架设一座桥梁

比利时–美国著名科学史家萨顿（G. Sarton, 1884—1956）曾指出："在旧人文主义者和科学家之间只有一座桥梁，那就是科学史，建造这座桥梁是我们这个时代的主要文化需要。"[1]类似地，我们也可以说，在数学和人文、艺术之间也只有一座桥梁，那就是数学文化，建造这座桥梁是当今大学生文化素质教育的需要。

剑桥大学的"数学桥"

中学的数学教育往往筛去了"文化"，只留下"技术"；数学与人类其他知识领域之间的关系更是无人问津。美国学者毕德维尔（J. Bidwell）打了这样的比喻："在课堂里，我们常常这样看待数学，好像我们是在一个孤岛上学习似的。我们每天一次去岛上学习数学，埋头钻进一个纯粹的、洁净的、逻辑上可靠的、只有清晰线条而没有肮脏角落的书房。学生们觉得数学是封闭的、呆板的、冰冷无情的、一切都已发现好了的。"[2]

本课程的目标之二是在数学与人文、艺术领域之间架起一座桥梁。在第 4 讲，我们从规则的几何图形、比例、对称性、二次曲面等方面来揭示数学与建筑之间的关系。在第 5 讲，我们将介绍文艺复兴时期西方的透视画以及荷兰艺术

1　萨顿. 科学史与新人文主义. 陈恒六，等，译. 上海：上海交通大学出版社，2007. 51.

2　Bidwell J K. Humanize your classroom with the history of mathematics. *Mathematics Teacher*, 1993, **86** (6): 461–464.

家艾舍尔（M. C. Escher, 1898—1972）的作品；第6讲，从文学作品中的数学主题、文学中的数学方法、文学家与数学、数学家与文学等方面讲述数学和文学之间的密切关系。

提高一点素养

某报实习记者在题为《我证明了费马大定理，谁来证明我》的报道中，用下面的文字来引入主人公方友法 "解决" 费马大定理的故事：

> 17世纪中期的一天，法国著名数学家费马由于失恋想自杀，时间定于晚上零点。离自杀还有几小时，他随手拿起了一本前人的数学专著，翻到 "将一个高于2次的幂分为两个同次的幂，这是不可能的" 的结论时，觉得并不正确，他想把自己的思维记录下来，但偏偏身边没有纸，只能写在书的空白处，而书的空白处又写不下，于是他只好不无遗憾地写道：关于此，我确信已发现美妙的证法，可惜这里空白的地方太小，写不下。

> 写下这些后，费马发现原定的自杀时间已过，他就不再自杀。但事后，他自己也想不起那美妙的证法了……

从事律师职业、兼任图卢兹议会议员的费马（P. de Fermat, 1601—1665）酷爱数学，仕途顺利，何曾想过轻生？"将一个高于2次的幂分为两个同次的幂，这是不可能的" 这个命题正是费马大定理，是费马读了丢番图（Diophantus）《算术》之后提出的，丢番图何曾提过？难道费马觉得 "费马大定理" 不正确？可见，尽管整篇报道讲费马大定理，但作者根本不知道费马大定理为何物。这位实习记者也许是中文系毕业的，也许是新闻系毕业的，他的数学和数学史知识严重匮乏，使得长篇报道成为一则笑话。

本课程的第三个目标是提高文科生的数学文化素养。第7讲为这一目标服务，讲述古往今来那些试图解决古希腊三大难题的 "五好牌" 们的悲剧性故事。

增添一分趣味

马克·吐温（Mark Twain, 1835—1910）说过："工作是一个人被迫去做的事情，而玩耍则不是他非做不可的事情。"[1] 为什么趣味数学伴随着数学的发生古已有之？原因很简单：喜欢游戏是人类的天性，游戏是无需被迫去做的。换言之，人类对于游戏有着自然的兴趣。德国教育家第斯多惠（F. A. W. Diesterweg,

---

1 If he had been a great and wise philosopher, like the writer of this book, he would now have comprehended that Work consists of whatever a body is *obliged* to do, and that Play consists of whatever a body is not obliged to do. In: Twain M. *The Adventures of Tom Sawyer*, New York: Harper and Brothers, 1903. 34.

1790—1866）曾经指出："兴趣会促进一个人的较大的爱好，惟有有教养的人才能领会兴趣，兴趣按其本身来说能促进培养。教师要有熟练的技巧来活跃课堂教学，引起学生的浓厚学习兴趣，因为兴趣会使学生自然而然对真善美产生乐趣，并会使学生心甘情愿追求真善美。"[1]

增加数学的趣味性，让学生对数学产生兴趣，是本课程的第四个目标。第8讲介绍历史上一些典型的趣味数学问题。摆渡问题家喻户晓、妇孺皆知；数字棋作为"哲学家的游戏"，曾长盛不衰数百年；约瑟夫问题源自生死攸关的战争故事；三罐分酒问题让一个孩子初尝成功体验，深深爱上数学；十五子戏广为流传，成了人类痛苦的渊薮；梵天塔问题带着古老神话的神秘，依然是我们今天数学教学的素材；蜘蛛与苍蝇问题挑战我们的直觉；关系问题训练我们的逻辑思维能力；几何谬论则激发我们的好奇，引发我们的探究。

趣味数学问题将让我们感受到数学的无穷魅力。

传递一缕书香

历史上，无数先哲为我们留下了宝贵的精神财富。本课程的第五个目标便是向学生传递数学背后的人文精神。在第9讲，我们将穿越时空，奔赴与数学先哲的心灵之约，聆听他们平凡而又不凡的故事。

追求真理、放弃财产的阿那克萨哥拉，在铁窗下依然做着数学研究；家境贫寒、身为书童的拉缪斯挑灯夜读、自强不息、九年磨砺，终获硕士学位；挑战世俗、筚路蓝缕的索菲·热尔曼在墨水结冰的冬夜依然勤学不怠；少年失学、三载学徒的华里司不向命运低头，焚膏继晷，终成大学教授；初识西学、茫然不解的华蘅芳潜心学习，最终领悟微积分的奥妙；出生文科、害怕数学的法布尔知难而进，在壁炉的火光下度过一个又一个钻研数学的不眠之夜……先哲们的勤奋和执着，他们对真理和美的不懈追求，他们对权威的怀疑和挑战，无不是数学精神的一部分。

M·克莱因曾指出，历史上数学家所遇到的困难，正是今日课堂上学生所遇到的学习障碍，[2]英国数学史家福弗尔（J. Fauvel，1947—2001）曾总结数学教学中运用数学史的理由，其中有"使学生感到数学不那么可怕"、"使

1　第斯多惠. 德国教师培养指南. 袁一安，译. 北京：人民教育出版社，2001.

2　Kline M. A proposal for the high school mathematics curriculum, *Mathematics Teacher*, 1966, **59** (4): 322–330; Kline M, Logic versus pedagogy. *American Mathematical Monthly*, 1970, **77** (3): 264–282; D. Albers J, Alexanderson G L. (eds.), *Mathematical People: Profiles and Interview*, Boston: Birkhäuser, 1985. 171.

学生获得心理安慰"以及"改变学生的数学观"[1]。美国学者琼斯（P. S. Jones, 1912—2002）认为，数学史的用途之一是向学生揭示概念的困难与阻碍进步的错误[2]。在本讲最后，我们将通过数学史上的若干谬误，揭示数学活动的庐山真面目，告诉学生，数学不过是人类的一种文化活动，数学学习和数学研究都会遭遇困难、挫折、失误和失败。

现在，且让我们走进精彩纷呈的数学文化世界。

1 Fauvel J. Using history in mathematics education. *For the Learning of Mathematics*, 1991, **11**(2): 3–6.

2 ANON. The dangerous hole of zero. *HPM Newsletter*, 2001 (46): 2–3.

第1讲　自然之秘

> 通过数学,地球上的一切动物和植物都能得到理解!
>
> ——汤普森

1.1　对称之魅

> 你把它放在锯末里煮、胶水里腌,
>
> 你用蝗虫和酒把它浓缩:
>
> 但始终别忘了主要目标——
>
> 保持它的对称形状。

这是《爱丽丝漫游奇境记》的作者刘易斯·卡洛尔(Lewis Carroll)所写的荒诞诗《捕猎蛇鲨》第五篇"海狸上课"中的一段[1]。诗中,屠夫给海狸上自然史课,讲起Jubjub鸟的烹制方法——煮、腌、泡,但主要目标却是保持它的"对称性"。

　　所谓"对称",从数学上讲,就是一个几何图形在经过某种操作(如平移、反射、旋转等)之后保持形状不变的性质。在人们心目中,对称具有和谐、完美的含义。在烹制过程中,Jubjub鸟的对称性当然会受到破坏,但自然状态下的鸟类却存在着普遍的对称性。实际上,在整个自然界,广泛存在着对称美。对动物来说,结构上的对称是进化的必

1　原文是:"You boil it in sawdust: you salt it in glue / You condense it with locusts and tape / Still keeping one principal object in view——/To preserve its symmetrical shape." In: Carroll L. The Hunting of the Snark: An Agony in Eight Fits. http://etext.library.adelaide.edu.au/c/carroll/lewis/snark/complete.html.

然结果，因为，为了生存，只有身体的左右结构对称时，它们才能跑得快或飞得高。

在所有的动物中，蝴蝶是对称美的典范，因而受到人类的喜爱。蝴蝶拥有左右对称的翅膀，翅膀上的图案一般也是对称的。

图1-1 蝴蝶（德国，1991）

许多动物不仅拥有对称的体型，而且在对称性上也表现出很强的"鉴赏力"。对称性往往成了一些动物择偶的条件。长有一对高大且非常对称的角的雄性马鹿"妻妾"成群。当雄马鹿在格斗中损坏了鹿角的对称性时，雌鹿就会因此离开。雌燕喜欢具有对称叉骨体型、尾巴两侧羽毛大小匀称、颜色一致的长尾巴雄燕。雌性蝎蛉易于看见或通过外激素找到具有对称翅膀的雄性蝎蛉。鸟类学家在实验中惊奇地发现，雌性斑胸草雀更偏爱双腿绑有同一颜色标签的雄性斑胸草雀！

图1-2 蚊子（阿富汗，1963）

图1-3 加拿大马鹿（加拿大，1988）

图1-4 燕子（保加利亚，1965）

图 1-5　斑胸草雀（澳大利亚，1978）

图 1-6　蟋蟀（朝鲜，1993）

研究者猜想，雄性动物的对称身体可能告诉雌性这样的信息：雄性在其生长过程的所有重要阶段，其核心操作系统均处于最佳状态，且其免疫系统能够抵抗寄生虫的感染，这种感染会引起羽毛、翅膀、骨骼等的不平衡生长。对称身体还可能意味着，雄性能够忍受诸如食物匮乏、极端气候以及环境污染之类的威胁。科学家甚至猜想：雌性蟋蟀更喜欢听肢体对称的雄蟋蟀的"歌声"[1]。

研究者还发现，翅膀对称的雌性蝎蛉具有更强的捕食、统治同类和打击对手的能力。

图 1-7　雪花（美国，2006）

在无机界，对称也是普遍存在的，尤其是晶体最为引人注目。俄国结晶学家费多洛夫（Е. С. Фёдоров, 1851—1919）说得好："晶体闪烁着对称的光辉。"不难发现，晶体大多具有规则的几何外形。

虽然人们常说，世界上没有两片相同的雪花，但雪花一般都呈正六边形。

食盐晶体具有正方体形状；黄金晶体和明矾均具有正八面体的形状。

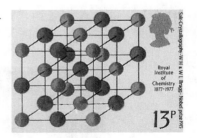

图 1-8　食盐晶体（英国，1977）

1　Angier N. Why birds and bees, too, like good looks. *The New York Times*, Feb. 8, 1994. http://www.nytimes.com/1994/02/08/science/why-birds-and-bees-too-like-good-looks.html?pagewanted=all&src=pm.

图1-9 矿物质（瑞士，1961）

化学家们发现，一些物质，像磷（P_4）的分子，具有正四面体结构，每个磷原子各占据一角；氟化硫（SF_6）分子呈正八面体结构，六个氟原子就像六颗星星一样，"拱"着中间的硫原子；一些钛化合物的分子也具有正多面体的形状。费多洛夫利用数学上群的概念解决了晶体的对称性问题。

或许，正是自然界晶体的对称性，使得人类很早就发现了正多面体。考古发现，新石器时期即有了正多面体的刻石。古代凯尔特人留下许多正十二面体形状的器物。

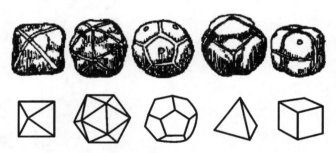

图1-10 苏格兰新石器时期的正多面体刻石

1885年，考古学家在意大利北部发掘出一个由皂石砌成的正十二面体，各面刻痕已难以辨认，据认为，这是伊特拉斯坎人公元前500年左右的作品。伊特拉斯坎人的确喜爱正十二面体，他们制作过许多正十二面体的青铜器。

晚近时候，考古学家在瑞士日内瓦发掘出一个古罗马正十二面体，各面由银铸成，还刻有黄道十二宫的名称！在伦敦的大英博物馆埃及展室里，还可以看到托勒密王朝时（公元前3世纪）的一对正二十面体骰子。

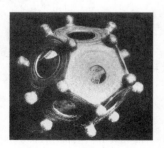

图1-11 古罗马正十二面体

图1-12 古罗马正二十面体

公元前6世纪，古希腊毕达哥拉斯学派已经知道五种正多面体，即正四面体、正方体、正八面体、正二十面体和正十二面体。据说学派成员希帕索斯（Hippasus，前5世纪）因泄露了正十二面体的作图法而被逐出学派（一说被扔进大海处死）。后来，柏拉图学派的泰阿泰德（Theaetetus）证明，正多面体总共只有上述五种。柏拉图（Plato）自己也使用了这五种多面体，并称其为自然界最完美的五种形体。柏拉图将生成宇宙的四原质火、气、水和土的粒子分别赋予了正四面体、正八面体、正二十面体和正方体的形状，还说上帝使用第五种多面体——正十二面体来表示宇宙本身。从那以后，五种正多面体被希腊人称作"柏拉图立体"。

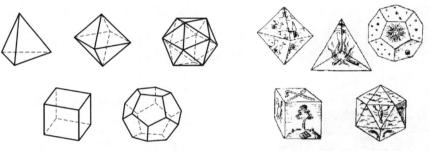

图1-13　五种正多面体　　　　　图1-14　柏拉图立体分别对应于火、气、水、土和宇宙

欧几里得（Euclid）在《几何原本》第13卷专门讨论了五种球内接正多面体的作图法，并给出球的直径与正多面体棱长之间的关系。设a_i表示球内接正i面体的棱长（$i=4,6,8,12,20$），D表示球直径，则

图1-15　五种正多面体（澳门，2004）

$$a_4=\frac{\sqrt{6}}{3}D; \quad a_6=\frac{\sqrt{3}}{3}D; \quad a_8=\frac{\sqrt{2}}{2}D;$$

$$a_{20}=\frac{\sqrt{10(5-\sqrt{5})}}{10}D; \quad a_{12}=\frac{\sqrt{15}-\sqrt{3}}{6}D。$$

同卷最后一个命题（也是全书最后一个命题）证明了正多面体只有五种：设绕顶点O，共有m个正n边形（$m>2, n>2$），它们构成一个立体角。因正n边形的每一个角为$\frac{(n-2)\pi}{n}$，立体角的m个角之和为$\frac{m(n-2)\pi}{n}$。但任何立体角的平面

角之和总小于 2π，故有

$$\frac{m(n-2)\pi}{n} < 2\pi,$$

于是得 $\frac{1}{m} + \frac{1}{n} > \frac{1}{2}$。不等式只有五组解（3，3）、（3，4）、（3，5）、（4，3）、（5，3），它们分别对应于正四面体、正方体、正十二面体、正八面体和正二十面体。

　　柏拉图和欧几里得或许都没有想到，五种正多面体会被后世天文学家用于构造太阳系行星模型。

　　太阳系的六大行星——水星、金星、地球、火星、木星和土星已经为古希腊人所知。在17世纪德国天文学家开普勒（J. Kepler, 1571—1630）所生活的时代，另外两个行星还没有被人类发现。为什么行星的数目是六个？在它们运行轨道所在的六个同心圆球的半径之间，是不是存在某种恒定的比值？这些问题一直困扰着开普勒。

图1-16　开普勒（几内亚比绍，2008）

　　1595年的某一天，他给学生授课时，五个完美的柏拉图立体突然在脑中闪现，一个著名的太阳系行星模型产生了：正八面体恰好外切于水星轨道球面而内接于金星轨道球面；正二十面体恰好外切于金星轨道球面而内接于地球轨道球面；正十二面体外切于地球轨道球面而内接于火星轨道球面；正四面体外切于火星轨道球面而内接于木星轨道球面；正方体外切于木星轨道球面而内接于土星轨道球面。开普勒或许没有想到，他的模型是错误的；他也没有想到，后来的天文学家还会发现更多的行星——天王星和海王星。

　　生物学家们发现，一种叫放射虫（Radiolaria）的形体微小的海洋动物的骨架竟然具有不同正多面体的形状，包括正八面体、正十二面体和正二十面体。

　　还有一些病毒，如疱疹病毒、腺样增殖体病毒、艾滋病毒等等都呈正二十面体。尽管这

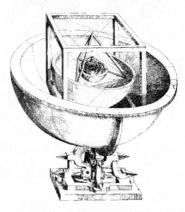

图1-17　开普勒的行星轨道模型

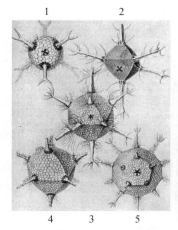

图 1-18 若干放射虫的对称骨架（采自汤普森《论增长与形态》）

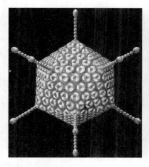

图 1-19 腺病毒结构模型

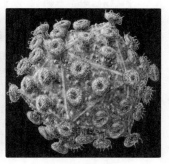

图 1-20 艾滋病毒

些病毒令人避之犹恐不及，但它们却都是几何高手。

正多面体成了化学家们孜孜以求的目标。在饱和的碳氢化合物中，每个碳原子可以形成四个化学键。因此，从理论上说，正四面体、立方体和正十二面体之合成是可以实现的。

先是，美国芝加哥大学化学家依顿（P. E. Eaton）于 1964 年成功合成了立方烷$(CH)_8$；尔后，化学家们把目标转向难度更大的正四面体烷〔$(CH)_4$〕的合成，至 1978 年，至少已经有两种类似于正四面体烷的分子被成功合成。最后，经过 20 年的努力，经历无数次的失败、挫折、困惑，美国俄亥俄州立大学化学家帕凯（L. A. Paquette）的研究小组终于在 1982 年成功地合成了正十二面体烷。

图 1-21 立方烷分子结构模型

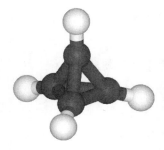

图 1-22 正四面体烷分子结构模型

图 1-23 正十二面体烷分子结构模型

图1-24 西班牙艺术家萨尔瓦多·达利（Salvado Dali, 1904–1989）的作品——《圣礼最后的晚餐》（1955）

被正多面体所吸引的当然不仅仅是化学家，建筑师、雕塑家、画家，甚至地球仪和日历的制作者们也都对它们感兴趣。

铁蒺藜曾经出现在第二次世界大战的战场上；而在我国三峡工程中，正四面体的截流石扮演了重要的角色。

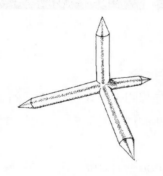

图1-25 二战中的铁蒺藜

图1-26 三峡工程中的正四面体截流石

从古到今，完美的柏拉图立体时时激发着人类的好奇心，并为人类所利用。我们有理由相信：它们在未来的人类文明发展旅程中仍将发挥重要的作用。

1.2 生命之线

这是一叶载着珍珠的小舟，
行驶在万里无云的汪洋。
这爱冒险的小舟飞驰前方，
在甜蜜的夏日展开紫色的翅膀。
她沉醉于迷人的海湾，
那里有塞壬的歌声悠扬；
碧波中的珊瑚礁熠熠生光，
美人鱼离开水府的闺房，
飘散着长长的秀发，

沐浴着暖暖的骄阳。

·····························

这是美国诗人福尔摩斯（O. W. Holmes, 1809—1894）吟咏鹦鹉螺的诗句[1]。鹦鹉螺之所以如此让诗人着迷，并激发了他丰富的想象，是因为它具有独特的几何形状——一条对数螺线（或称等角螺线）。这条曲线也让物理学家着迷："当我在海边找到一个鹦鹉螺，它的美会把我迷住。"[2]

图 1-27　鹦鹉螺

图 1-28　15世纪木刻画中的对数螺线（采自科克的《生命之线》）

图 1-29　菊石、鹦鹉螺和对数螺线（瑞士，1958）

对数螺线有以下重要特征：螺线的切线与相应的半径所形成的角始终保持不变；随着半径的增大，它的形状并不发生改变，故具有神奇的自相似性。其极坐标方程为 $r = ae^{\theta\cot\alpha}$，其中 α 为切线与半径的夹角。

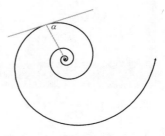

图 1-30　对数螺线

为什么鹦鹉螺呈对数螺线的形状呢？这是因为它在生长过程中，螺壳每转过一定角度，螺身也按特定的比例发育。苏格兰博物学家达西·汤普森（D'Arcy Thompson, 1860—1948）在《论增长与形态》中，专门用一章的篇幅来研究鹦鹉螺的生长规律[3]。实际上，许多贝壳动物身上都有这种曲线。此外，象

1　Holmes O W. *The Poetical Works of Olive Wendell Holmes* (Vol. 2). Boston: Hough, Mifflin & Company, 1892. 107.

2　徐一鸿. 可畏的对称. 张礼, 译. 北京: 清华大学出版社, 2005. 4.

3　Thompson D'Arcy. *On Growth and Form*. Cambridge: Cambridge University Press, 1917. 493–586.

鼻、羊角、鹦鹉的爪子等也都具有对数螺线形。

法布尔（J. H. Fabre, 1823—1915）观察到，圆网蛛所织的网具有如下特征：

（1）相邻辐射丝之间的夹角都相等；

（2）从一根丝到下一根丝所产生的角都相等；

（3）螺线位于每个扇形面内的所有各段互相平行；

（4）越接近中心，相邻两平行线之间的距离越小。

图1-31　圆网蛛的网

据此，法布尔断言，圆网蛛所走的路程是一条内接于对数螺线的多边形线。

许多植物也与对数螺线结下了不解之缘。向日葵、菠萝、松果、雏菊等植物花果中都有这种曲线。

汤普森坚信，通过数学，地球上的一切动植物都能得到理解。法布尔曾经说过："几何，以及面积上的和谐，支配着一切。几何存在于松果鳞片的布置中，也存在于圆网蛛的黏胶丝上；蜗牛的螺旋上升斜线里有几何，蜘蛛网的念珠里有几何，行星轨道里也有几何；几何到处存在，不管在原子世界里还是在无限辽阔的宇宙中，几何都是非常高明的！"[1]

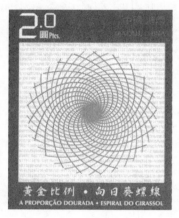

图1-32　向日葵（澳门，2007）

图1-33　松果（前苏联，1980）

法国数学家笛卡儿（R. Descartes, 1596—1650）于1638年将对数螺线命名为"等角螺线"。后来，瑞士著名数学家雅各·伯努利（Jacob Bernoulli, 1654—1705）对该曲线作了深入研究。伯努利发现，对数螺线这条奇妙的曲线在经过放大、缩小等变换后仍为对数螺线；对数螺线的渐屈线和渐伸线仍为对数螺线，极点在对数螺线各点的切线仍是对数螺线，等等。一般曲线在经过这些变换后往往会变得面目全非，但对数螺线却保持形状不变，仅仅是位置有所

1　法布尔.昆虫记（卷九）.鲁京明,梁守锵,等,译.广州:花城出版社,2001.101.

改变而已。伯努利对此惊叹不已，最后竟在他的遗嘱里要求把对数螺线刻在自己的墓碑上，并附上一句一语双关的美妙颂词："虽作改变，但我还是原来的我！"遗憾的是，伯努利的愿望并未实现，因为刻碑者的技术不够高明，刻出来的曲线像阿基米德螺线，又像圆的渐伸线，但显然不是对数螺线，因为圈与圈之间的距离没有逐渐增大。

图 1-34 雅各·伯努利（瑞士，1994）

对于螺线的浓厚兴趣促使英国作家和艺术评论家科克（T. A. Cook, 1867—1928）撰写了《生命之线》[1]一书，专门介绍自然界和艺术中的螺线（不仅仅指对数螺线），包括藤蔓、人体、楼梯、毛利马等等。科克发现，列昂纳多·达芬奇（Leonardo da Vinci, 1452—1519）必定是贝壳的研究者，因为他在《丽达的头像》素描中，将丽达的头发画成对数螺线的形状。

图 1-35 伯努利的墓碑（底下并非对数螺线）

图 1-36 达芬奇的素描《丽达的头像》

图 1-37 达芬奇的雕塑作品《大西庇阿头像》

图 1-38 恩斯特·施泰纳（Ernst Steiner）的作品——《生命之树》（奥地利，1989）

大自然对对数螺线的钟爱，还远远不止体现在地球上的动植物身上。如果我们用天文望远镜来观察夏夜里的浩瀚苍穹，在满天星斗中，螺线形星云赫然在目！

———————————
1 Cook T A. *The Curves of Life*. London: Constable and Company, 1914.

图1-39　星云（俄罗斯，1967）　图1-40　英国艺术家斯图尔特（A. C. Stewart）的作品：螺线星云

1.3　蜜蜂之智

圆网蛛没有学过对数螺线，但却能织出优美的对数螺线；同样，蜜蜂也没有学过镶嵌理论，却能造出完美的蜂房！

蜜蜂在地球上已经生活了数千万年。人类养蜂的历史也非常悠久。《圣经》中说：以色列是流着牛奶和蜂蜜的土地。考古发现，早在三千多年前，以色列莱霍夫地区就已经出现蜂窝了。

图1-41　以色列莱霍夫地区发现的三千年前的蜂窝

古往今来，无数先哲在说起蜜蜂时，总是赞不绝口。古罗马著名诗人维吉尔（Virgil, 前70—前19）说："蜜蜂乃一束神光。"古希腊历史学家普鲁塔克（Plutarch, 46—120）说："蜜蜂乃美德之化身。"[1]

人们赞美蜜蜂的重要理由是蜂房的精巧构造。古罗马著名修辞学家昆提利安（Quintilian, 35—100）说："蜜蜂乃几何学家之首。"[2]公元3世纪末，希腊数学家帕普斯（Pappus）在《数学汇编》第5卷序言中，首次谈到蜂房的数学原理。他写道：

"尽管上帝赋予了人类最好的、最完美的智慧和数学的理解力，但他同时也把一部分分配给某些非理性的动物。对于赋予了理性的人类，他认为

1　Carr W. *Introduction or Early History of Bees and Honey*. Salford: J. Roberts Printer, 1880.
2　同上。

他们理所当然应该按照理性和证明来做每一件事情;但对于别的非理性动物,他只给予了这样的天赋:他们中的每一个应该按照某种自然的考虑,去获得维持生命所必需的东西。尽管我们可以观察到许多种动物都有这种本能,但在蜜蜂身上,这种本能尤其引人注目。它们的井然秩序,它们对于管理着它们共同财富的蜂王的俯首听命,的确十分令人钦佩;但更令人钦佩的是它们采蜜时的争先恐后和一尘不染,以及保护蜂蜜的深谋远虑和良苦用心。无疑,它们相信自己身负重任,要从神那里把一份美食带给更有文化的人类,它们认为,不小心把美食倒在地上或木头上或任何其他不适宜的和不规则的材料上是不对的,它们采集地球上最甜蜜的花朵上最洁净的部分,用它们建造容器,贮藏蜂蜜。这种容器名叫蜂房,其中每一个单元都是相等的、相似的、相连的,形状为六边形。

我们可以推断:它们是按照某种几何思想来构造蜂房的。它们必定认为,所有图形(即蜂房中的单元)都必须彼此相连、并具有公共边,才能确保没有别的东西落入空隙,弄脏了它们的作品……由于绕同一点只有正三角形、正方形和正六边形这三种图形能填满空间,蜜蜂以其智慧选择了角数最多的那种,因为它们知道,这种图形比另外两种能装更多的蜜。"[1]

图1-42 蜜蜂和蜂巢(以色列,1983)

古希腊毕达哥拉斯学派已经知道,能够镶嵌整个平面的正多边形只有三种:正三角形、正方形和正六边形。

图1-43 正三角形镶嵌

图1-44 国际象棋棋盘(正方形镶嵌)

1 Fauvel J, Gray J. *The History of Mathematics: A Reader*. Hampshire: Macmillan Education, 1987. 211–212.

图1-45　一种保护树根的网罩（正六边形镶嵌，
　　　　摄于北京颐和园）

图1-46　纸蜂窝（正六边形镶嵌）是人类侵犯蜜
　　　　蜂"知识产权"的明证

　　首先，蜜蜂没有选择圆、正五边形、正八边形等其他形状，原因显然是这些图形不能镶嵌平面，会产生缝隙，浪费了空间。

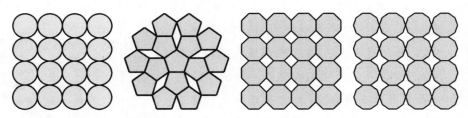

图1-47　圆、正五边形、正八边形和正十边形不能镶嵌平面

　　其次，在能够镶嵌平面的三种正多边形中，蜜蜂选择了正六边形，因为在周长相等的情况下，正六边形的面积最大[1]。例如，周长为4的三种正多边形的面积依次为 $\dfrac{\sqrt{48}}{9}$，$\dfrac{\sqrt{81}}{9}$ 和 $\dfrac{\sqrt{108}}{9}$。蜜蜂不会做这样的计算，但它们本能地发现，正六

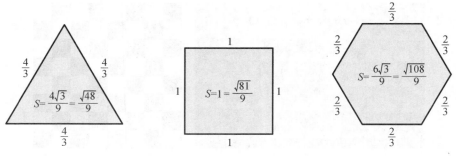

图1-48　周长为4的三种正多边形面积比较

1　从数学上说，周长相等的等边等角的平面图形中，边数越多，面积越大．面积最大的是具有相同周长的圆．

边形是最佳的选择。

但事情远不止这么简单。我们上面只是讨论了蜂房横截面的情形。蜂房的每一个储藏室都是一个正六棱柱。这些六棱柱的背面同样有许多形状相同的单元。如果一组单元的开口朝南，那么另一组单元的开口就朝北。两组单元彼此不相通，中间用蜡板隔开。那么，这些隔板是否也是正六边形？

1712年，法国天文学家马拉尔迪（G. F. Maraldi, 1665—1729）通过观测[1]，发现蜂房的每个单元并非正六棱柱，它的底部是由三个菱形板块构成的，如图1–49所示。他测得菱形的钝角为109°28′，锐角为70°32′。

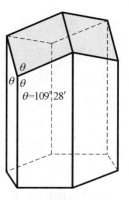

图 1–49　蜂房的一个单元

为什么蜂房会有这样奇特的构造呢？法国科学家雷奥米尔（R.-A. F. de Reaumur, 1683—1757) 于1712年向多位数学家求教：封底菱形的内角多大时，蜂房单元的容积最大而材料最省？

德国数学家柯尼希（J. S. König, 1712—1757）于1734年计算得到菱形钝角为109°26′，锐角为70°34′，与马拉尔迪的观测值有两分的出入。

1743年，英国著名数学家麦克劳林（C. Maclaurin, 1698—1746）利用微积分方法[2]，得到菱形钝角109°28′16″，锐角70°31′44″，与马拉尔迪的实测结果一致（参阅第2.5节），用法布尔的话说，就是"昆虫的计算结果与几何学最准确的计算结果完全相符"[3]。原来，柯尼希所用方法并没有错，但他所用的对数表却有误，从而导致计算结果与实测结果不尽一致。

运用初等数学知识，我们也能算出菱形的钝角，参阅问题研究[1–4]。

13 世纪蒙特福德（De Montfort）说："在建筑上，蜜蜂的才能超越了阿基米德。" 19世纪伟大的生物学家达尔文（C. Darwin, 1809—1882）甚至这样说："凡是考察过蜂窠的精巧构造的人，看到它如此美妙地适应它的目的，而不热烈地加以赞赏，他必定是一个愚钝的人。"[4]当我们用数学揭开蜂房的奥秘时，我们不得不承认，先哲们所说的并不夸张。

1　Maraldi G P. Observations sur les abeilles. *Memoires de l' Academie Royale des Sciences*, 1712: 297–331.

2　Maclaurin C. On the bases of the cells wherein the bees deposite their honey. *Philosophical Transactions of the Royal Society*, 1743, **42**: 565–571.

3　法布尔. 昆虫记（卷八）. 鲁京明，梁守锵，等，译. 广州: 花城出版社, 2001. 242.

4　达尔文. 物种起源. 叶笃庄，等，译. 北京：商务印书馆, 2010. 293.

1.4 斐氏之灵

列昂纳多·斐波纳契（Leonardo Fibonacci, 1170?—1250?）是中世纪欧洲最伟大的数学家,生于意大利当时的商业中心之一比萨,约于1192年随父去北非阿尔及利亚的布吉,在那里接受了很好的教育,学会了算术和印度数码;不久踏上商途,先后游历埃及、叙利亚、希腊（拜占庭）、西西里和法国南部,与各地的学者探讨数学,学到了各地的数学知识。约1200年,斐波纳契回到比萨,此后25年间一直从事数学著述。斐波纳契的才能引起神圣罗马帝国皇帝腓特烈二世（Friedrich Ⅱ, 1194—1250）的注意。约1225年,他被皇帝召见,并在皇宫里参加了一场数学竞赛。约在1240年,鉴于斐波纳契对比萨所做出的重要贡献,比萨共和国奖给他特殊年薪。主要著作有《计算之书》（1202）、《几何实践》（1220）、《花朵》（1225）、《平方数之数》（1225）等。

斐波纳契在《计算之书》中提出如下问题:"一对兔子,出生后第三个月可以繁殖出一对小兔子。问:一对兔子经过一年的繁殖,共有多少对兔子?"如果时间不限于一年,这个问题导致如下数列:

$$1, 1, 2, 3, 5, 8, 13, 21, 34, 55, 89, 144, \cdots$$

今称斐波纳契数列。它有这样的特点:从第三项开始,每一项都是它前面两项的和,即

$$F_n = F_{n-1} + F_{n-2} (n \geqslant 3)$$

其通项公式为

$$F_n = \frac{1}{\sqrt{5}} \left[\left(\frac{1+\sqrt{5}}{2} \right)^n - \left(\frac{1-\sqrt{5}}{2} \right)^n \right]$$

图1-50 斐波纳契（多米尼加, 1999）

图1-51 兔子问题（澳门, 2007）

斐波纳契数列有许多性质,参阅问题研究[1–3]。

对于斐波纳契而言,兔子问题不过是一个算术问题而已,他万万不会想到,后人会发现该问题所导致的数列在自然界竟是如此普遍。很多植物的花、叶都包含着这个数列。向日葵上的方向相反的两族等角螺线的数目是斐波纳契数列中的两个相邻项——通常逆时针方向21条,顺时针方向34条,或逆时针方向34

图1-52　向日葵(罗马尼亚,1987)

条,顺时针方向55条,更大的向日葵的两族螺线数则为89和144。1951年,有人甚至发现144–233型的向日葵。

  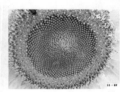 

21-34型向日葵　　　34-55型向日葵　　　55-89型向日葵　　　89-144型向日葵

图1-53　各种类型的向日葵

雏菊花蕊的排列也形成方向相反的两族等角螺线,大部分雏菊的逆时针方向螺线数和顺时针方向螺线数分别为21和34;松果和菠萝的鳞片也有类似的规律:前者的两族螺线数目分别是5和8;后者的螺线数目分别是8和13,都是斐波纳契数列的相邻两项。

很多花的瓣数恰为斐波纳契数列的某一项。下表是各种“斐波纳契”型花朵所对应的瓣数。

表1–1　与“斐波纳契数列”对应的各种花朵的花瓣数

斐波纳契数列	花　名	斐波纳契数列	花　名
1	马蹄莲,猪菜藤,牵牛花	8	波斯菊
2	大戟	13	山金车
3	鸢尾花,绵刺,勃莱特兰,狄萨兰	21	大滨菊,菊苣花
5	咖啡树,夹竹桃,美人树,长春花,万代兰,蝴蝶兰		

图1-54 牵牛花(尼加拉瓜,1985)

图1-55 大戟(2瓣)

图1-56 绵刺(蒙古,1979)

图1-57 美人树(阿根廷,1982)

图1-58 长春花(法国,2000)

图1-59 波斯菊(朝鲜,1976)

图1-60 山金车(波兰,1975)

图1-61 大滨菊(日本,1966)

图1-62 菊苣花(波兰,1967)

　　在植物学上,一种植物的叶子在茎上的排列特征叫叶序。茎上两片相邻叶子之间的角度称为"趋异"(divergence),它刻画了植物的特征。从选定的某第一片叶子开始,往上作经过各片叶子的螺旋线,直到与选定叶子同在一条直线上的那片叶子为止。设 p 为螺旋线转过的周数,q 为螺旋线经过的叶片数(不包括第一片)。那么分数 $\dfrac{p}{q}$ 就刻画了叶子的趋异性。令人惊奇的是,许多植物的 p 和 q 都是斐波纳契数! 如表1-2。

表1-2　部分植物叶序与斐波纳契数的关系

植　　物	螺旋线周数p	叶片数q	p/q
谷类,芦苇,竹	1	2	1/2
苔　草	1	3	1/3
果树(如苹果树)	2	5	2/5
车前草	3	8	3/8
韭　葱	5	13	5/13

所有这样的分数都安分守己地介于 $\frac{1}{3}$ 和 $\frac{1}{2}$ 之间,不敢越雷池一步。为什么呢？从分数序列

$$\frac{1}{2}, \frac{1}{3}, \frac{2}{5}, \frac{3}{8}, \frac{5}{13}, \frac{8}{21}, \frac{13}{34}, \frac{21}{55} \cdots$$

中不难看出,从第三个分数开始,每一个分数的分子和分母分别是其前面两个分数的分子和分母之和。早在15世纪,法国数学家尼古拉斯·许凯(Nicolas Chuquet, ？—1500？)就在其《算学三部》(1484)中利用了如下定理:

若 $\frac{b}{a} < \frac{d}{c}$ ($0<b<a$, $0<d<c$),则 $\frac{b}{a} < \frac{b+d}{a+c} < \frac{d}{c}$。

利用这个定理(参阅问题研究[1-2])可知,从第三个分数开始,所有分数都介于 $\frac{1}{2}$ 和 $\frac{1}{3}$ 之间。这就是说,在螺旋线走过的一周内,茎上的叶子绝不会超过三片。

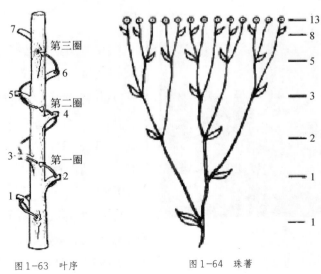

图1-63　叶序　　　　　图1-64　珠薯

明媚的阳光、滋润的雨露、清新的空气:叶子大家庭中的每一成员都能公平地、充分地享受自然的这些"福利",我们人类也许只能望其项背而已。

仔细观察一种名叫珠蓍的植物,可以发现:从根部往上的分枝情况恰好符合斐波纳契数列的模式,如图1-64所示。

让我们把目光转向动物界。我们知道,雄蜂(m)是由未受精的卵孵化出来的,而受了精的卵只能孵化出雌蜂(f)——蜂王或工蜂来。因此,每一只雄蜂都只有母亲而没有父亲,根据这一事实,我们可以绘出雄蜂的谱系:每一只雄峰的上一代、再上一代……各代雄蜂、雌蜂以及雌雄蜂总数均构成斐波纳契数列!

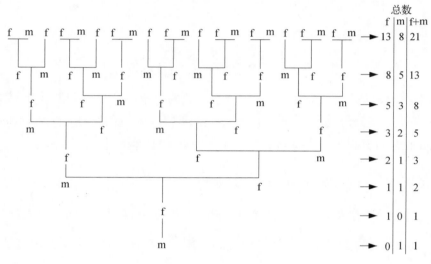

图1-65 雄蜂谱系

图1-66 澳大利亚雕塑家安德鲁·罗杰斯(Andrew Rogers)的雕塑作品—— 斐波纳契数列(耶路撒冷)

满足斐波纳契数列性质、但最初两项不是1、1的数列(亦称卢卡斯数列)也有着奇妙的应用。天文学家发现,日、月食每隔6、41、47、88、135、223、358年重复出现某种相同的模式。请注意,这些年数构成了卢卡斯数列!

斐波纳契数列揭示了自然界中的增长模式。意大利艺术家梅茨(M. Merz, 1925—2003)可谓三十年"情系"斐波纳契数列。他把这个数列用于装饰法国巴黎的圣路易斯大教堂、意大利都灵国家电影博物馆大楼穹顶（1984）、德国乌纳国际光艺术中心、芬兰图尔库一家核电厂的烟囱（1994）。

图1-67　都灵国家电影博物馆　　　图1-68　图尔库核电厂的烟囱

20世纪60年代，数学家们对斐波纳契数列和有关现象的兴趣达到了一个高峰，不但成立了斐波纳契学会，而且还创办了《斐波纳契季刊》，专门发表与斐波纳契数列相关的研究成果。只要你的心中有数，随处可见斐波纳契数列：它在姹紫嫣红的花丛里，它在葳蕤葱茏的草木间，它在一个八度音之间的钢琴琴键上，它甚至还出现在古罗马诗人维吉尔的作品中！

问题研究

1-1. 证明：正多面体只有五种。

1-2. 证明：若 $\dfrac{b}{a} < \dfrac{d}{c}$（$0 < b < a$，$0 < d < c$），则 $\dfrac{b}{a} < \dfrac{b+d}{a+c} < \dfrac{d}{c}$。

1-3. 研究斐波纳契数列的性质。

（1）1843年，法国数学家比内（J. P. M. Binet, 1786—1856）发表了斐波纳契数列的通项公式

$$F_n = \frac{1}{\sqrt{5}}\left[\left(\frac{1+\sqrt{5}}{2}\right)^n - \left(\frac{1-\sqrt{5}}{2}\right)^n\right]$$

18世纪数学家欧拉和棣莫佛（A. De Moivre, 1667—1754）也已知道该公式。试证明该公式。

（2）观察数列0.01, 0.001, 0.0002, 0.00003, 0.000005, 0.0000008, 0.00000013, 0.000000021, ……。求通项，并求数列的和。

（3）人们在《几何原本》16世纪抄本的注释中发现了斐波纳契数列的重要性质：

$$\lim_{n \to \infty} \frac{u_{n+1}}{u_n} = \frac{\sqrt{5}+1}{2}$$

后来，它相继为德国数学家开普勒、荷兰数学家吉拉尔（A. Girard, 1595—1632）和苏格兰数学家西姆森（R. Simson, 1687—1768）所知。试证明该性质。

（4）开普勒发现了斐波纳契数列的另一性质：$u_{n-1} \cdot u_{n+1} = u_n^2 + (-1)^n$，$n \geq 2$。试证明该性质。

（5）证明：从第三项起，斐波纳契数列任意相邻两项是互质的。

（6）观察下列等式：

$1 + 1 = 3 - 1$,

$1 + 1 + 2 = 5 - 1$,

$1 + 1 + 2 + 3 + 5 = 13 - 1$,

$1 + 1 + 2 + 3 + 5 + 8 = 21 - 1$,

$1 + 1 + 2 + 3 + 5 + 8 + 13 = 34 - 1$,

…………………………

你能得到斐波纳契数列的什么性质？证明你的结论。

1–4. 如图1–49，设蜂房单元的底面正六边形边长为a，长棱为b，长、短棱之差为x，则其表面积为$f(x) = 6ab + \frac{3\sqrt{3}a}{2}\sqrt{a^2 + 4x^2} - 3ax$。

（1）设$x = \frac{1}{2}\left(t - \frac{a^2}{4t}\right)\left(t \geq \frac{a}{2}\right)$，试用$t$来表示蜂房单元表面积函数。

t取何值时，函数取得最小值？求出最小值。

（2）用判别式法求函数$y = \frac{\sqrt{3}}{2}\sqrt{a^2 + 4x^2} - x$的最小值。

1–5. 解斐波纳契《计算之书》中的问题。

（1）狮子在4小时内吃掉一只羊。豹子5小时，熊6小时。问：把一只羊扔给它们，几小时内吃尽？

（2）今有水缸装满水，下有四孔。用第一个孔排水，1日排完；用第二个孔排水，2日排完；用第三个孔排水，3日排完；用第四个孔排水，4日排完；若将四个孔同时打开，则缸中的水经过多长时间可排完？

（3）一人经过7座大门进入果园，摘苹果若干。当他离开果园时，他把一半苹果加上1个苹果给了第一个门卫；把剩下的一半加上一个给了第二个门卫；依次把剩下的苹果分给其他五个门卫。当他离开果园时，只剩下了1个苹果。问：此人在果园摘了多少个苹果？

（4）一人临终前对他的长子说，你们之间这样来分我的可动财产：你拿1个金币和余下财产的 $\frac{1}{7}$；又对次子说，你拿2个金币和余下财产的 $\frac{1}{7}$；又命第三个儿子拿3个金币和余下财产的 $\frac{1}{7}$。这样依次分下去，他给每个儿子比前一个儿子多一个金币以及余下财产的 $\frac{1}{7}$。把剩余的最后一份财产分给最小的儿子后，恰好不再有剩余。结果，每个儿子所得恰好一样多。问：此人有几个儿子，有多少财产？

（5）三人把各自的钱放在一起，各人的钱数分别是总数的 $\frac{1}{2}$，$\frac{1}{3}$ 和 $\frac{1}{6}$。每人从中取钱若干，使无剩余。第一人拿出所取的 $\frac{1}{2}$，第二人拿出所取的 $\frac{1}{3}$，第三人拿出所取的 $\frac{1}{6}$。将三人拿出的总数平分，结果每人所得的钱数恰好是原有钱数。问：三人共有多少钱？从中取钱各多少？

（6）四人各有钱若干，他们找到一个钱包，内有钱若干；若第一人拥有钱包中的钱，则他的钱将是另三人的3倍；若第二人拥有钱包中的钱，则他的钱将是另三人的4倍；若第三人拥有钱包中的钱，则他的钱将是另三人的5倍；若第四人拥有钱包中的钱，则他的钱将是另三人的6倍。问四人各有多少钱，钱包中又有多少钱？

（7）三人买马，各有钱币若干。第一人的钱币加上第二人钱币的 $\frac{1}{3}$，第二人的钱币加上第三人钱币的 $\frac{1}{4}$，第三人的钱币加上第一人钱币的 $\frac{1}{5}$，各等于马的价钱。求马价与各人所有的钱币。

（8）五人买马，各有钱币若干。第一、二、三人的钱币加上第四人钱币的 $\frac{1}{4}$，第二、三、四人的钱币加上第五人钱币的 $\frac{1}{5}$，第三、四、五人的钱币加上第一人钱币的 $\frac{1}{6}$，第四、五、一人的钱币加上第二人钱币的 $\frac{1}{7}$，第五、一、二人的钱币加上第三人钱币的 $\frac{1}{8}$，各等于马的价钱。求马价与各人所有的钱币。

（9）七人买马，各有钱币若干。第一、二、三人的钱币加上另外四人钱币的 $\frac{1}{2}$，第二、三、四人的钱币加上另外四人钱币的 $\frac{1}{3}$，第三、四、五人的钱币加上另外四人钱币的 $\frac{1}{4}$，第四、五、六人的钱币加上另外四人钱币的 $\frac{1}{5}$，第五、六、七人的钱币加上另外四人钱币的 $\frac{1}{6}$，第六、七、一人的钱币加上另外四人钱币的 $\frac{1}{7}$，第七、一、二人的钱币加上另外四人钱币的 $\frac{1}{8}$，各等于马的价钱。求马价与各人所有的钱币。

（10）7个老人去罗马，每人有7匹骡子，每匹骡子负7个袋子，每只袋子装7块面包，每块面包有7把刀，每把刀有7个鞘。求总数。

（11）某人经商，共有四种秤砣，可用来称1~40之间的所有整数磅。求每种秤砣的重量。[后人称之为"巴歇（Bachet）秤砣问题"。]

1–6. 14世纪印度数学家纳拉亚纳（Nārāyana）提出如下问题：母牛每年生一头小牛。小牛长到3岁后，又可以生自己的小牛。博学的人啊，请告诉我，一头母牛经过20年的繁殖，共有几头牛？

第 2 讲　文明足迹

数学史是人类文化史的核心。

——萨顿

2.1　百牛之祭

真理：她的标志是永恒

一旦愚昧的世界见到她的光芒

毕达哥拉斯定理今天依然正确

犹如初次被传授给兄弟会一样

女神们以这束光芒相馈赠

毕达哥拉斯回祭一份厚礼

一百头牛，烤熟切片

表达对她们的无限感激

从那一天起，当它们猜测

一个新的真理会被揭去面纱

在那恶魔似的围栏里

一阵阵哀鸣立即爆发

无力阻挡真理发现者的暴行

毕达哥拉斯让它们永不安宁

它们瑟瑟颤抖着

绝望地闭上了眼睛

　　据说，这首诗的作者是海涅（H. Heine, 1797—1856）[1]。传说中，公元前6世纪，古希腊毕达哥拉斯学派为庆祝一个定理的发现而宰杀百牛以祭祀缪斯女神。同情弱者的诗人向世人诉说牛的不幸，控诉残忍的屠夫。

　　那么，到底是什么定理，竟让牛和数学家结下了千古仇怨呢？

　　这便是西方以毕达哥拉斯（Pythagoras）来命名的定理：直角三角形斜边上的正方形面积等于两条直角边上正方形面积之和。

图2-1　毕达哥拉斯定理（希腊, 1955）

图2-2　唐老鸭漫游数学奇境，并邂逅毕达哥拉斯学派（塞拉利昂, 1984）

　　毕达哥拉斯是如何发现勾股定理的？数学史家们作了一些推测，其中最可信的一种如图2-3所示。这种方法目前是世界各国数学教材采用最多的方法。

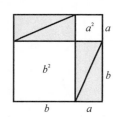
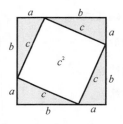
图2-3　毕达哥拉斯定理的证明

图2-4　拉斐尔作品《雅典学派》中的毕达哥拉斯（塞拉利昂, 1983）

图2-5　萨摩斯岛上的毕达哥拉斯塑像

1　参阅Taussky O. From Pythagoras' theorem via sums of squares to celestial mechanics. *The Mathematical Intelligencer*, 1998, **10**(1): 52–55.

莫道君行早，更有早行人。在大英博物馆所藏数学泥版BM 96957（前1800—前1600）上，记载着如下问题：

[一扇门]宽10尺，高40尺，问对角线长几何。

[一扇门]高40尺，对角线41尺，问宽几何。

[一扇门]宽10尺，对角线41尺，问高几何。

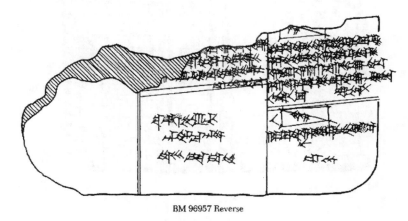

BM 96957 Reverse

图2-6 数学泥版 BM 96957

这是已知直角三角形三边之二，求第三边的问题。

同一博物馆所收藏的另一块数学泥版BM 85194（前1800—前1600）上，有这样的问题：已知圆周长为60尺（直径为20尺），弦所在弓形的高为2尺。求弦长。此为已知直角三角形的股和弦，求勾的问题。

而在BM 85196（前1800—前1600）上，我们看到这样的问题："长30尺的竿子靠墙直立，当上端沿墙下移6尺时，下端离墙移动多远？"亦为已知股和弦，求勾的问题。

属于同一时期的另一块泥版上TMS1上则有："已知三角形三边分别为50、

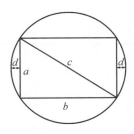

图2-7 数学泥版 BM 85194

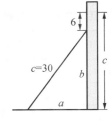

图2-8 数学泥版 BM 85196

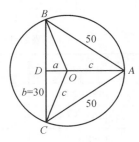

图2-9 数学泥版TMS 1

50 和 60，求外接圆半径。"相当于已知直角三角形的勾弦之和与股，求弦。

这些问题都说明，早在古巴比伦时期（前 1800—前 1600），两河流域的祭司们已经十分熟悉勾股定理了。勾股定理并非毕达哥拉斯学派最早发现的。

图 2-10　普林普顿 322 号泥版（哥伦比亚大学藏）

在迄今发现的共约 300 块巴比伦数学泥版中，最让我们感兴趣的莫过于美国哥伦比亚大学所藏普林普顿 322 号（Plimpton 322）泥版了。泥版上有 15 行、4 列数字（见表 2-1，表中数字已换算成十进制），原来人们还以为它只是一份账目。但是，奥地利著名数学史家诺伊格鲍尔（O. Neugebauer, 1899—1990）经过潜心研究惊奇地发现：第 3 列数与第 2 列数的平方差竟都是平方数！例如：

$$169^2 - 119^2 = 120^2（第 1 行），$$

$$18541^2 - 12709^2 = 13500^2（第 4 行），$$

等等。有四处不满足这一规律，但人们相信这是祭司抄写错误所致。这就表明，它是一张勾股数表。表中我们在错误的数字之后加了正确数字。

表 2-1　普林普顿 322 号泥版上的勾股数（十进制）

$(c/b)^2$	a	c	序　号
1.98340278	119	169	1
1.94915855	3367	11521 [4825]	2
1.91880213	4601	6649	3

（续表）

$(c/b)^2$	a	c	序　号
1.88624791	12709	18541	4
1.81500772	65	97	5
1.78519290	319	481	6
1.71998368	2291	3541	7
1.69270942	799	1249	8
1.64266944	541 [481]	769	9
1.58212257	4961	8161	10
1.56250000	45	75	11
1.48941684	1679	2929	12
1.45001736	25921 [161]	289	13
1.43023882	1771	3229	14
1.38716049	56	53 [106]	15

今天，让我们一口气说出十组勾股数恐怕并非易事，古代巴比伦祭司是如何获得这些勾股数的？那么大的数字，不可能单凭记忆。我们有足够的理由相信，祭司们手头已经有了勾股数公式：

$$a = p^2 - q^2, b = 2pq, c = p^2 + q^2$$

相应的 p 和 q 见表2-2。

表2-2　对普林普顿泥版的部分补充

序　号	p	q	$a = p^2 - q^2$	$b = 2pq$	$c = p^2 + q^2$
1	12	5	119	120	169
2	64	27	3367	3456	4825
3	75	32	4601	4800	6649
4	125	54	12709	13500	18541
5	9	4	65	72	97
6	20	9	319	360	481
7	54	25	2291	2700	3541
8	32	15	799	960	1249

（续表）

序　号	p	q	$a = p^2 - q^2$	$b = 2pq$	$c = p^2 + q^2$
9	25	12	481	600	769
10	81	40	4961	6480	8161
11	—	—	45	60	75
12	48	25	1679	2400	2929
13	15	8	161	240	289
14	50	27	1771	2700	3229
15	9	5	56	90	106

　　英国数学家齐曼（C. Zeeman, 1925—　）指出，如果巴比伦人使用了勾股数一般公式，那么，满足 $q \leqslant 60$，$31° \leqslant A \leqslant 45°$ 且 $\cot^2 A = \dfrac{b^2}{a^2}$（$A$ 是勾 a 所对的角）为有限小数的勾股数只有 16 组。而普林普顿 322 号泥版包含了其中的 15 组！古巴比伦祭司数学水平之高，令人惊叹。

　　欧几里得《几何原本》第一卷命题 47 即为勾股定理。欧几里得的证明如下：

$$\triangle ABF \cong \triangle ADC$$
$$\text{正方形} CF = 2 \triangle ABF$$
$$\text{矩形} AL = 2 \triangle ADC$$
$$\Rightarrow \text{正方形} CF = \text{矩形} AL$$
$$\text{正方形} CK = \text{矩形} BL$$
$$\Rightarrow \text{正方形} CF + \text{正方形} CK$$
$$\text{正方形} AE$$

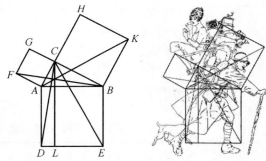

图 2-11　欧几里得对勾股定理的证明——"新娘的坐椅"

　　希腊人将勾股定理称之为"结婚妇女的定理"；法国人称之为"驴桥定理"；阿拉伯人称之为"新娘之图"或"新娘之坐椅"；印度数学家婆什迦罗（Bhāskara, 1114—1185）称之为"小巧结婚妇女的轻便马车"；欧洲后来又有人称之为"孔雀的尾巴"或"大风车"。

　　17 世纪英国哲学家霍布斯（T. Hobbes, 1588—1679）偶然在一位绅士的图书室里看到欧几里得《几何原本》打开着，正好在毕达哥拉斯定理那页上。他读了这个命题。"天啊，"他说，"这是不可能的！"于是他逐字逐句阅读了后面的证明。可是，证明用到了前面的一个命题，于是他只好又读了这个命题。而那个命题又用到前面另一个命题，他又读了这个命题。最后他终于读完毕达哥拉斯定理的整个证明以及所用到的所有命题，终于对它深信不疑。从此，他对几何学产生了浓厚的兴趣。[1]后来，他成了数学家。

图2-12 霍布斯

邂逅《几何原本》那一年，霍布斯已经四十岁了。同时代有很多人都感到惋惜：如果霍布斯能早一点开始学数学，那么他对数学的发展一定能做出很大的贡献。

在中国，《周髀算经》（公元前2世纪）上卷开篇写道：

> "昔者周公问于商高曰：窃闻乎大夫善数也，请问数安从出？商高曰：数之法出于圆方，圆出于方，方出于矩，矩出于九九八十一。故折矩以为勾广三，股修四，径隅五。既方其外，半之一矩。环而共盘，得成三、四、五。两矩共长二十有五，是谓积矩。故禹之所以治天下者，此数之所生也。"

这段文字包含了勾股定理的特例：$3^2 + 4^2 = 5^2$。而陈子在回答荣方问题时说："若求斜至日者，以日下为勾，日高为股，勾股各自乘，并而开方除之，得斜至日。"说的是用一般情形的勾股定理来求地面上物体与太阳之间的距离。有学者认为上引商高的话中已经隐含了对勾股定理的一般证明[2]，但尚需进一步探讨。

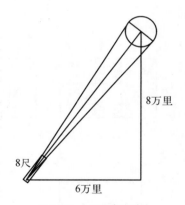

8万里

8尺

6万里

图2-13 人日距离的测量

三国时代平民数学家赵爽不仅给出了勾股定理的一般证明，而且对围绕该定理的勾股理论进行了系统的研究和总结。赵爽在他的"勾股圆方图注"[3]中写道：

> 勾、股各自乘，并之为弦实。开方除之，即弦。按弦图，又可以勾、股

1 Aubrey J. A Brief Life of Thomas Hobbes, 1588–1679. http://oregonstate.edu/instruct/phl302/texts/hobbes/hobbes_life.html.

2 刘钝. 大哉言数. 沈阳：辽宁教育出版社, 1993. 389–390.

3 《周髀算经》卷上. 见：郭书春主编, 中国科学技术典籍通汇·数学卷(一). 郑州：河南教育出版社, 1994. 11–12.

相乘为朱实二,倍之,为朱实四。以勾股之差自相乘,为中黄实。加差实,亦成弦实。

这里讲的就是勾股定理及其证明。如图2-15所示。将相同的四个深色勾股形和一个边长为勾股之差的浅色正方形拼合成两个分别以勾和股为边长的正方形。然后移动其中两个勾股形,将原图另拼为以弦为边长的正方形。由于前后两图面积不变,因此勾股定理得到了证明。

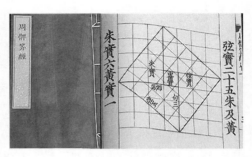

图2-14 赵爽注《周髀算经》时给出的弦图

《九章算术》勾股术曰:"勾股各自乘,并,而开方除之,即弦。"刘徽用出入相补原理对定理作出证明(图2-16)。

清初大数学家梅文鼎(1633—1721)对勾股定理作出了如图2-17所示的动态证明。

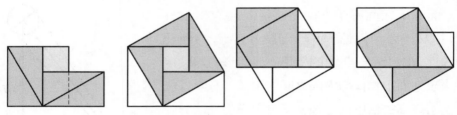

图2-15 赵爽对勾股定理的证明　　　　图2-16 刘徽对勾股定理的证明(清李锐复原)

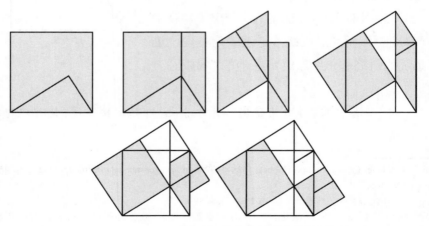

图2-17 梅文鼎对勾股定理的证明

晚清数学家华蘅芳（1833—1902）在少年时代给出了22种证明，令人惊叹！

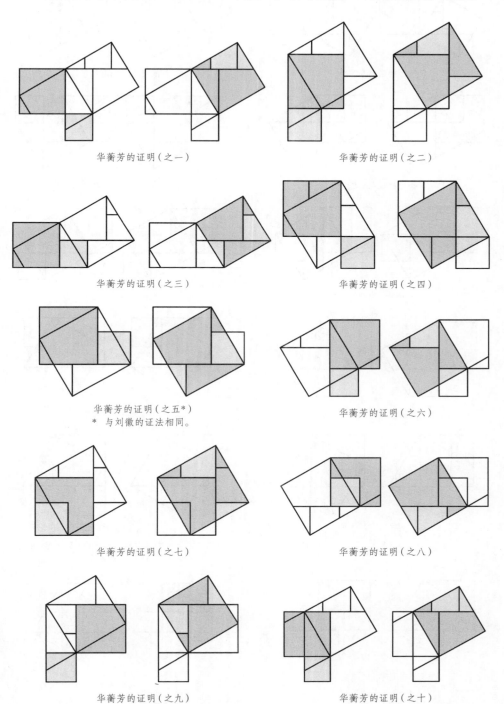

华蘅芳的证明（之一）　　　　　　　　　　华蘅芳的证明（之二）

华蘅芳的证明（之三）　　　　　　　　　　华蘅芳的证明（之四）

华蘅芳的证明（之五*）
*　与刘徽的证法相同。

华蘅芳的证明（之六）

华蘅芳的证明（之七）　　　　　　　　　　华蘅芳的证明（之八）

华蘅芳的证明（之九）　　　　　　　　　　华蘅芳的证明（之十）

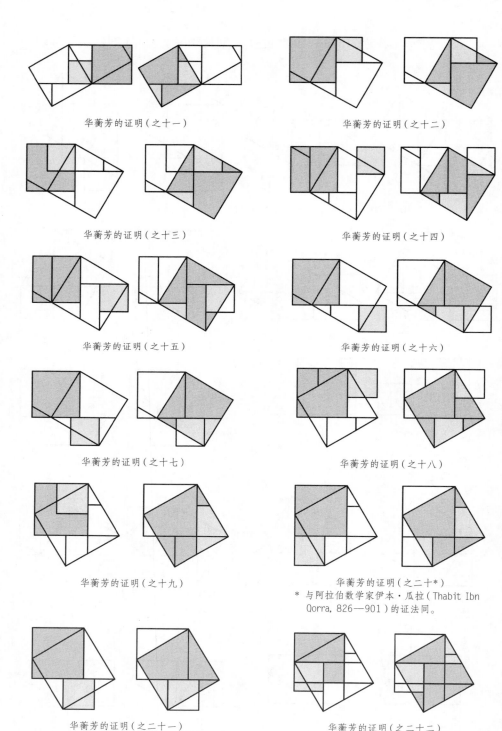

华蘅芳的证明（之十一） 华蘅芳的证明（之十二）

华蘅芳的证明（之十三） 华蘅芳的证明（之十四）

华蘅芳的证明（之十五） 华蘅芳的证明（之十六）

华蘅芳的证明（之十七） 华蘅芳的证明（之十八）

华蘅芳的证明（之十九） 华蘅芳的证明（之二十*）

* 与阿拉伯数学家伊本·瓜拉（Thabit Ibn Qorra, 826—901）的证法同。

华蘅芳的证明（之二十一） 华蘅芳的证明（之二十二）

图2-18 华蘅芳对勾股定理的证明

时光流逝，斗转星移，可是人们对勾股定理的兴趣却不曾改变。文艺复兴时期著名艺术大师达芬奇利用图2-19中的四边形*ACPN*、*MPCB*、*AFEB*和*GFED*两两全等，轻而易举地证明了这个定理。

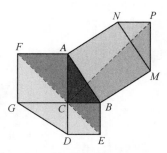

图2-19 达芬奇对勾股定理的证明

在英国伦敦东部地区，有一座教堂，教堂边有一块墓地，墓地里有一块墓碑，墓碑上刻着勾股定理的一种证明。长眠于地下的是一位名叫伯里加尔（H. Perigal, 1801—1898）的牧师。临终的时候，他嘱咐儿子把他发现的勾股定理的证明——今称"水车翼轮法"——刻在他的墓碑上。一位牧师，年近百岁，回首一生，惟有勾股定理让他割舍不下。没有比这更能说明数学的无穷魅力了。

图2-20 伯里加尔

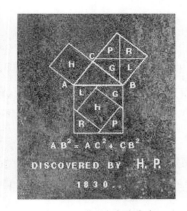

图2-21 伯里加尔的墓碑

伯里加尔的证明见图2-22。

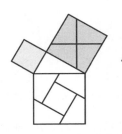

图2-22 伯里加尔的水车翼轮法

图2-23 17世纪油画上的勾股定理

毕达哥拉斯定理的证明方法至今已多达近400 种。其中有不同时空数学家的贡献，也有艺术家和政治家的神来之笔；有中学生的奇思妙想，还包含了一位盲童的聪明才智。

图2-24　美国总统加菲尔德

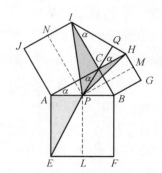

图2-25　美国16岁女中学生安妮·康蒂（Ann Condit）的证明，图中PC是直角三角形ABC斜边AB上的中线。

伟大的物理学家爱因斯坦（A. Einstein, 1879—1955）12岁时，一位名叫雅可比的叔叔给他讲了毕达哥拉斯定理。经过一番努力后，爱因斯坦利用三角形的相似性证明了定理[1]。成功的体验使他对几何学产生了特别的兴趣，以致在获得一本几何小书之后爱不释手，并亲切地称之为"神圣的几何小书"[2]。

勾股定理，这一古老的几何定理，让我们看到了源远流长的数学历史、绚丽多姿的数学文化、精彩纷呈的数学人生！

2.2　隔岸量河

在古代埃及和巴比伦，新庙址的测量乃是按严格的几何和天文方法进行的，而且是法老和僧侣阶级的特权。在埃及神话里，有专门掌管测量的女神。一些测量工具和基本的几何图形，往往成了神圣的符号而被人们用作护身符。图2-26是埃及古墓中出土的形如测量工具的护身符[3]，其中第二种显然是测水准的工具。

1　爱因斯坦. 爱因斯坦自述.富强，译. 北京: 新世界出版社, 2012. 5.

2　Maor E. *The Pythagorean Theorem: A 4000-year History*. Princeton: Princeton University Press, 2007. 117.

3　Schreiber P. Art and architecture. In: Grattan-Guinness I (ed.), *Companion Encyclopedia of the History and Philosophy of Mathematical Sciences*. London: Rourledge, 1994.1594–1595.

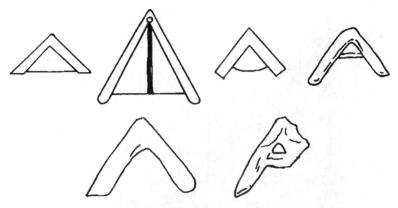

图 2-26　出土的古埃及护身符

古代的水准仪由一个等腰三角形以及悬挂在顶点处的铅垂线组成，如图 2-27 所示。测量时，调整底边的位置，如果铅垂线经过底边中点，就表明底边垂直于铅垂线，即底边是水平的。这就是"边边边"定理的应用。我们有理由相信，埃及人在建造金字塔时必用到这种测量工具。

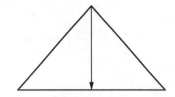

图 2-27　古埃及水准仪

且看图 2-28 中的古罗马墓碑。我们不认识墓碑上刻着的名字，不知道长眠于地下的人生前经历了怎样的跌宕人生，但从墓碑顶上的等腰三角形和中间的铅垂，我们立刻可以断定他是一位土地丈量员。我们可以设想，那简单的等腰三角形，曾经是他每天随身携带的工具。也许，他并不精通数学，但是，他每天却在使用着全等三角形定理。

在文艺复兴时代，这种测量工具仍被广泛地使用着。17 世纪意大利数学家博默多罗（Pomodoro）的《实用几何》一书中的插图（图 2-29）告诉我们，那个时代的测量员正是利用水准仪来测量山的高度。

图 2-28　古罗马墓碑

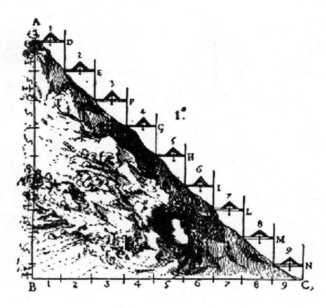

图 2-29　山高的测量

爱奥尼亚学派的创立者泰勒斯（Thales，前640—前546）是著名的古希腊"七贤"之一，被誉为希腊几何学的鼻祖。他生于米利都，青年时代曾游历埃及，测量过金字塔的高度。他发现了许多几何命题：

对顶角相等；

圆为直径所平分；

等腰三角形底角相等；

角边角定理；

半圆上的圆周角为直角；

相似三角形对应边成比例。

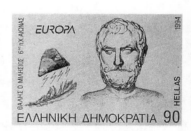

图 2-30　泰勒斯（希腊，1994）

泰勒斯最早将几何学引入希腊，并将其变为一门依赖一般命题的演绎科学。泰勒斯也是一位天文学家，曾预言公元前585年5月28日的一次日食。泰勒斯勤于天文观测，据说一天晚上边走边仰观星象，不幸掉进阴沟里，他的奴隶揶揄："先生，你连地上的路都没看清楚，又怎能看清天上的星星呢？"传说，泰勒斯曾利用天文知识，预测来年橄榄大丰收，于是提前廉价租下当地所有榨坊，等橄榄成熟季节高价转租，一夜致富。他用事实告诉人们：有知识的人更有能力获得金钱，只不过他的兴趣不在此而已！

泰勒斯利用相似三角形性质来测量金字塔的高度，如图2-31。测出金字塔

的影长 s，底面边长之半 a，人站在金字塔影子的末端，测得人的影长为 s_1，身高为 h_1，由于相似三角形对应边成比例，故有

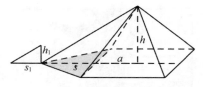

$$\frac{h}{s+a}=\frac{h_1}{s_1}, h=\frac{h_1}{s_1}(s+a)$$

图2-31　泰勒斯利用三角形的相似性测量
金字塔的高度

亚里士多德（Aristotle）的弟子欧得姆斯（Eudemus，前4世纪）把角边角定理（《几何原本》卷1命题26）归功于泰勒斯的发现。普罗克拉斯（Proclus，5世纪）告诉我们：

> "欧得姆斯在其《几何史》中将该定理归于泰勒斯。因为他说，泰勒斯证明了如何求出海上轮船到海岸的距离，其方法中必须用到该定理。"[1]

欧得姆斯大概是有文献记载的第一位数学史家，可惜他的《几何史》失传了。泰勒斯究竟是如何求轮船与海岸距离的？法国数学史家坦纳里（P. Tannery，1843—1904）认为，泰勒斯应该是用图2-32所示的方法来求船到海岸的距离的：设 A 为海岸上的观察点，作线段 AC 垂直于 AB，取 AC 的中点 D，过 C 作 AC 的垂线，在垂线上取点 E，使得 B、D 和 E 三点共线。利用角边角定理，CE 的长度即为所求的距离。

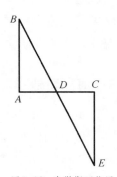

图2-32　泰勒斯可能用
过的测量法

这种方法为后来的罗马土地丈量员所普遍采用。但这种方法仍然受到质疑，因为如果船离海岸很远，岸边很难有足够的平地可供测量。

英国数学史家希思（T. L. Heath，1861—1940）则提出了另一种猜测：如图2-33，泰勒斯在海边灯塔（或高丘）上利用一种简单的工具进行测量。直竿 EF 垂直于地面（利用铅垂线），在其上有一固定钉子 A，另一横竿可以绕 A 转动，但可以固定在任一位置上。将横竿调准到指向船的位置，然后转动 EF（保持与地面垂直），将横竿对准岸上的某一点 C。则根据角边角定理，$DC=DB$。

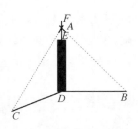

图2-33　希思猜测的测量法

上述测量方法广泛使用于文艺复兴时期。16世纪意大利数学家贝里

1　Smith D E. *The Teaching of Geometry*. Boston: Ginn and Company, 1911.

图2-34　泰勒斯的方法在16世纪

（S. Belli, ?—1575）在出版于1565年的测量著作中有一幅插图，清晰地展示了泰勒斯的测量方法。有一个故事说，拿破仑军队在行军途中为一河流所阻，一名随军工程师运用泰勒斯的方法迅速测得河流的宽度，因而受到拿破仑的嘉奖。可见，从古希腊开始，角边角定理在测量中一直扮演着重要角色。

还有一则故事说，一位志愿军战士利用上述方法测出美军军营与我军之间的距离。这位志愿军战士或许并未受过良好的数学教育，但他不自觉地运用了全等三角形的性质，立下了不朽的军功。

2.3　海岛奇迹

古希腊历史学家希罗多德（Herodotus, 前5世纪）描述了毕达哥拉斯的故乡、萨摩斯岛上的一条约建于公元前530年、用于从爱琴海引水的穿山隧道，设计者为工程师欧帕里诺斯（Eupalinos）。这个隧道后来被人遗忘，直到19世纪末，它才被考古工作者重新发现。20世纪70年代，考古工作者对隧道进行了全面的发掘。隧道全长1 036米，宽1.8米，高1.8米。两个工程队从山的南北两侧同时往里挖掘，最后在山底某处会合，考古发现，会合处误差极小。当时人们挖隧道所用的标准方法是在挖掘过程中在山的表面向下挖若干通风井，以确定所抵达的位置，并校正挖掘的方向。然而，令考古学家惊讶的是，该隧道挖掘过程

图2-35　萨摩斯岛（希腊，1955）

图2-36　萨摩斯岛

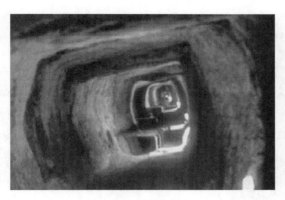

图2-37 萨摩斯隧道

中并未使用这一方法！人们不禁要问：欧帕里诺斯到底是用什么方法来确保两个工程队在彼此看不到的情况下沿同一条直线向里挖的？

在欧帕里诺斯600年后，希腊数学家海伦（Heron）在一本介绍测量方法的小书*Dioptra*中给出一种在山两侧的两个已知出口之间挖掘直线隧道的方法，人们相信：这正是欧帕里诺斯当年用过的方法。

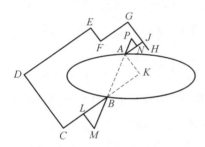

图2-38 海伦所介绍的隧道挖掘法

如图2-38所示，要在两侧山脚的两个入口*A*和*B*之间挖一条直线隧道。从*B*处出发任作一直线段*BC*，过*C*作*BC*的垂线*CD*，然后，依次作垂线*DE*、*EF*、*FG*、*GH*，直到接近*A*点。在每一条线段的一个端点处能看到另一个端点。在最后一条垂线段*GH*上选取点*J*，使得*JA*垂直于*GH*。设*AK*为*CB*的垂线，*K*为垂足，则

$$AK = CD - EF - GJ;\ BK = DE + FG - BC - AJ$$

现在*BC*和*AJ*上分别取点*L*和*N*，过点*L*和*N*分别作*BC*和*AJ*之垂线，在两垂线上分别取点*M*和*P*，使得

$$\frac{LM}{BL} = \frac{PN}{AN} = \frac{AK}{BK}$$

于是，Rt△*BLM*、Rt△*BKA*、Rt△*ANP*为相似三角形。因此，点*P*、*A*、*B*、*M*共线。故只需保证在隧道挖掘过程中，工人始终能看见*P*、*M*处的标志即可。

古希腊的数学文明令人神往，古代工程师的聪明才智令人钦佩，几何学的神奇力量令人惊叹！

图2-39　1833年11月发生的狮
子座流星雨

图2-40　流星（中国，2003）

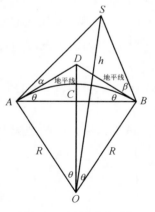

图2-41　流星高度的测量

2.4　天外来客

仰望星空，时有流星划过天际，令我们感叹生命的短暂；而那璀璨夺目的流星雨，又深深震撼着我们凡俗的心灵。流星是什么？从古到今，人们作过无数种猜测。古希腊哲学家亚里士多德说，那是地球上的蒸发物；近代有人进一步认为，那是地球上的磷火升空后的燃烧现象。

10世纪波斯著名数学家、物理学家和天文学家阿尔·库希（al-Kuhi）设计出一种方案[1]，通过两个观测者异地同时观测同一颗流星，来测定其发射点的高度。18~19世纪之交，德国天文学家本森伯格（J. Benzenberg, 1777—1846）和布兰蒂斯（H. W. Brandes, 1777—1834）独立采用了同样的方法。[2]

如图2-41，设有两个观测者在地球上A、B两地同时观察到一颗流星S，仰角分别为α和β，根据AB的长度以及地球的半径R，可得AB所对圆心角的大小，它的一半为θ。在直角三角形AOC中，$AC=R\sin\theta$，于是$AB=2R\sin\theta$。在三角形SAB中，$\angle SAB=\theta+\alpha$，$\angle SBA=\theta+\beta$，故由AB的大小，可以求得SA；在三角形OAS中，$OA=R$，$\angle OAS=\angle OAD+\angle DAS=\dfrac{\pi}{2}+\alpha$，于是可求得$OS$的大小，从中减去$R$，即得流星$S$在发射点处的高度。

阿尔·库希还不知道三角学里的正弦定理；而关于余弦定理，中世纪的数学家只知道《几何原本》中的几何形式，因此他的方法相当繁琐。正弦定理

1　van Brummelen G. Catching a falling star: Meteors in 10th century Persia. *Mathematics in School*, 2003, **32**: 7–9.

2　Loomis E. On shooting stars. *American Journal of Science*, 1835, **28** (1): 95–104.

最早是由13世纪数学家纳绥尔丁·图斯（Nasîr ed-dîn al-Tûsî, 1201—1274）明确提出来的。

纳绥尔丁出生于呼罗珊的图斯城（今伊朗之东北地区）。早年，学习法律、逻辑、数学、哲学、医学和天文学。1214年，去当时的学术中心尼沙普尔学习哲学、医学和数学，并崭露头角。1220年，应邀去了伊斯玛仪教派的宫廷——阿拉木特堡，从事天文学研究。这期间，他撰写数学、哲学、逻辑、天文著作。1256年，旭烈兀攻陷阿拉木特堡，纳绥尔丁投蒙古军，任旭烈兀的随军参事。1258年，蒙古军队攻陷巴格达，纳绥尔丁被任命为主管宗教及遗产的官员。1262年，纳绥尔丁在马拉盖城西山岗上建成一座规模宏大的天文台。该台招聘西班牙、阿拉伯、叙利亚、波斯及中国的天文历算学家，从事观测和研究。

纳绥尔丁在《论四边形》中将球面三角学知识系统化，使三角学脱离天文学，成为一门独立的学科。他在《论扇形图》中首次明确提出了正弦定理：$\dfrac{a}{\sin A} = \dfrac{b}{\sin B} = \dfrac{c}{\sin C}$。

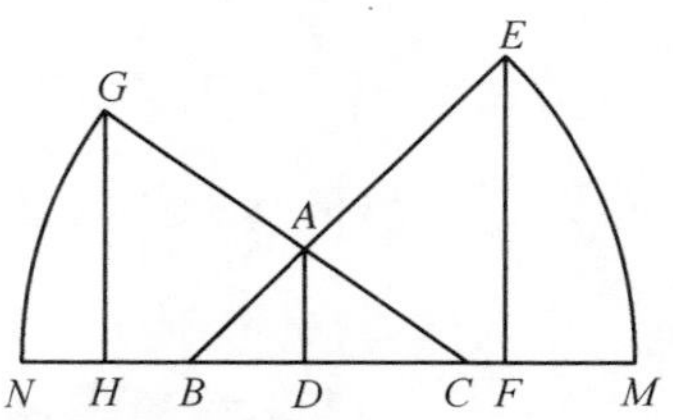

图 2-42　正弦定理的证明

纳绥尔丁的证明如图2-42所示。分别延长BA和CA到点E和G，使得$BE=CG$，以点B和C为圆心，以BE和CG为半径，作圆弧$\overset{\frown}{EM}$和$\overset{\frown}{GN}$。因$\dfrac{AD}{AC} = \dfrac{GH}{CG}$，$\dfrac{AD}{AB} = \dfrac{EF}{BE}$，故得$\dfrac{AD}{b} = \dfrac{\sin C}{R}$，$\dfrac{AD}{c} = \dfrac{\sin B}{R}$，于是$\dfrac{b}{c} = \dfrac{\sin B}{\sin C}$。同理可证$\dfrac{a}{c} = \dfrac{\sin A}{\sin C}$。

有了正弦定理和余弦定理，我们可以相当快捷地解决流星高度问题。在阿尔·库希的图形中，设$AB = 500$公里，因$R = 6\,371$公里，故得

$$\theta = \frac{1}{2} \times \frac{500}{2\pi R} \times 360° \approx 2.248°,$$

从而得$AB = 499.872$公里。设$\alpha = 23.2°$，$\beta = 44.3°$，则

$$\angle ASB = \gamma = 180° - (\alpha + \theta) - (\beta + \theta) = 108.004°.$$

由正弦定理得$\dfrac{AB}{\sin \gamma} = \dfrac{AS}{\sin(\beta + \theta)}$，故得$AS =$

图 2-43　纳绥尔丁（阿塞拜疆，2001）

381.566公里。再由余弦定理得

$$OS = \sqrt{(AS)^2 + R^2 - 2AS \times R \cos(90° + \alpha)} = 6530.74 \text{ 公里}$$

最后得到流星发射点的高度为$h = 159.74$公里。

须知,云层最高不超过15公里,因此可以断定,流星不是地球蒸发物,它一定是天外来客!正是三角学上的两个定理帮助人类迈出正确认识流星的第一步!

数学也让天文学家作出新发现。观察下面的数列

$$0, 3, 6, 12, 24, 48, 96, 192, 384, 768 \cdots$$

很容易发现,从第二项3开始,后面一项是前面一项的2倍。如果每一项加上4,得到另一个毫无特色的数列

$$4, 7, 10, 16, 28, 52, 100, 196, 388, 772 \cdots$$

从第二项开始,该数列的通项公式为$a_n = 3 \times 2^{n-2} + 4 \ (n \geqslant 2)$。

图2-44 提丢斯

图2-45 波德

然而,18世纪德国数学家提丢斯(J. D. Titius, 1729—1796)却将这个数列与行星和太阳之间的相对距离对应起来,得到了一个惊人的法则。这个法则后来引起天文学家波德(J. E. Bode, 1747—1826)的注意,今称提丢斯–波德律。波德律说的是,若以第三项10作为日地距离,则水星、金星、火星、木星与太阳之间的距离相应为4、7、16、52、100,见下表2–3。

表2-3 提丢斯-波德律与真实数据之比较

行　星	提丢斯数列	与太阳实际平均距离（1/10天文单位）
水星	4	3.9
金星	7	7.2
地球	10	10.0
火星	16	15.2
——	28	——
木星	52	52.0
土星	100	95.3
天王星	196	192
海王星	388	301
冥王星	772	396

1781年，英国天文学家赫歇尔（W. Herschel，1738—1822）发现天王星，其与太阳距离基本符合波德律。

图2-46　太阳系（希腊，1980）

问题摆在天文学家的面前：提丢斯数列第五项28是否对应着一颗人类尚未发现的、位于火星和木星轨道之间的行星？天王星的发现大大增加了天文学家们的信念。一个由德国天文学家冯·扎赫（F. X. von Zach，1754—1832）领导的研究小组开始寻找这颗可能存在的未知行星。

图2-47　火星和木星（科摩罗，2010）

图2-48　黑格尔（前民主德国，1970）

德国大哲学家黑格尔（G. W. F. Hegel，1770—1831）对此颇不以为然，他

1　地球至太阳的实际距离为 $1.496×10^8$ 公里，天文学家以此作为天文单位.

认为上述距离应构成更"理性"的数列：

$$1, 2^1, 3^1, 2^2, 3^2, 2^3, 3^3, \cdots$$

火星和木星（与太阳的相对距离为 2^2 和 3^2）之间不会有什么未知的行星。

　　然而，就在1801年元旦，意大利天文学家皮亚齐（G. Piazzi, 1746—1826）还没有加入冯·扎赫的研究小组之前，就率先发现了火星和木星轨道之间的第一颗、也是最大的一颗小行星——谷神星，这是皮亚齐送给世界天文学界最好的新年礼物！从元旦开始到2月11日，皮亚齐总共有24次观测到这颗新星，一开始他还以为这可能是一颗彗星。1月24日，他致信柏林的波德和米兰的天文学家奥利安尼（B. Oriani, 1752—1832），通报自己的新发现。同年9月，皮亚齐的完整的观测数据发表于德文杂志 *Monatliche Correspondenz*。然而，皮亚齐在第24次观测到谷神星后，因病停止了观测。在之后的十个多月里，人们再也没能找到过这颗星。

图2-49　皮亚齐

图2-50　谷神星

图2-51　高斯（德国，1955）

　　24岁的德国数学家高斯（C. F. Gauss, 1777—1855）设计了一种新的轨道计算方法，根据皮亚齐的观测数据，在数周内计算出谷神星的公转周期为4.6年，成功地预测了谷神星的轨道，并把计算结果寄给了冯·扎赫。1801年12月31日夜，德国医生、天文学家奥伯斯（H. W. M. Olbers, 1758—1840）根据高斯的预测，用望远镜再次找到了这颗新星！

　　谷神星与太阳之间的实际距离为27.6，十分接近提丢斯数列的第五项。这或许让黑格尔懊恼不已。尽管对于更远的海王星和冥王星[1]，提丢斯–波德律并不成立，但提丢斯数列已导致了小行星的发现，数学与天文学之间的关系昭然若揭。

2.5 牛刀小试

17世纪，曲线的切线问题是导致微积分诞生的重要课题之一。

为什么数学家要研究曲线的切线呢？

一是解决光学问题。早在公元1世纪，古希腊数学家海伦（Heron）就已经证明了光的反射定律：光射向平面时，入射角等于反射角（图2-53）。海伦还将该定律推广到圆弧的情形[2]，此时，入射光与反射光与圆弧在入射点处的法线所成的角相等（图2-54）。那么，对于其他曲线，光又如何反射呢？这就需要确定曲线的切线。光的反射和折射问题在17世纪十分盛行，法国数学家洛必达（G. L'Hospital, 1661—1704）在其《无穷小分析》[3]中还列专章加以讨论。

图2-52　海伦

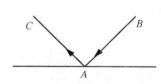

图2-53　光在平面上的反射

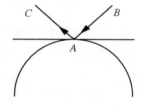

图2-54　光在球面上的反射

二是处理曲线运动的速度问题。对于直线运动，速度方向与位移方向相同或相反，但如何确定曲线运动的速度方向呢？这就需要确定曲线的切线。

三是确定曲线的夹角问题。曲线的夹角是一个古老的难题。自古希腊以来，人们对圆弧和直线构成的角——牛头角（图2-55中$\overset{\frown}{AB}$与切线AC构成的角）和弓形角（图2-56中$\overset{\frown}{ACB}$与直径所构成的角）即有过很多争议。17世纪数学

1　2006年8月24日，国际天文学会在布拉格召开会议，正式确定太阳系行星的标准. 冥王星未能达标，被取消行星资格. 自此，1930年确定的太阳系九大行星减至八大行星. 另一方面，国际天文学会确定了一个新的天体家族——矮行星，冥王星、谷神星、阋神星都是其中的一分子.

2　Heath T L. *A History of Greek Mathematics*. London: Oxford University Press, 1921.

3　L'Hospital G. *Analyse des Infiniment Petits*. http://gallica.bnf.fr/ark:/12148/bpt6k205444w. 本书是历史上第一本微积分教科书.

家遇到的更一般的问题是：如何求两条相交曲线所构成的角呢？这就需要确定曲线在交点处的切线。

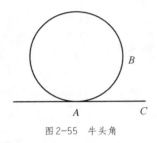

图2-55 牛头角

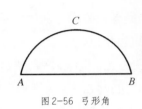

图2-56 弓形角

图2-57 奥运五环（希腊，1967）

因此，切线问题是17世纪上叶的重要数学问题。法国数学家笛卡儿甚至说：切线问题"是我所知道的、甚至也是我一直想要知道的最有用的、最一般的问题"[1]。

那么，如何求曲线的切线？我们在初中已经学过圆的切线的有关性质，在高中又接触过圆锥曲线的切线。圆的切线可以定义为：

与圆只有一个公共点的直线；

过圆上一点，且垂直于该点和圆心连线的直线；

与圆心距离等于半径的直线。

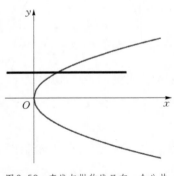

图2-58 直线与抛物线只有一个公共点，但直线不是切线

显然，第二种和第三种定义并不适用于椭圆、双曲线和抛物线；第一种定义并不适用于抛物线，因为平行于抛物线对称轴的任何直线与抛物线都只有一个公共点。可见，要对切线定义作出改进，方能使其适用于其他曲线。

或许，我们可以将圆锥曲线的切线定义为：

与曲线只有一个公共点，且位于曲线一侧（或"不穿过"曲线）的直线。

这正是古希腊数学家的切线定义。基于这样的定义，他们已经找到了求任何圆锥曲线的切线的方法。但在以下各图形（图2-59和图2-60）中，直线是否为曲线在相应点处的切线呢？

1 波耶 C B. 微积分概念史. 上海师范大学数学系翻译组，译.上海：上海人民出版社，1977.

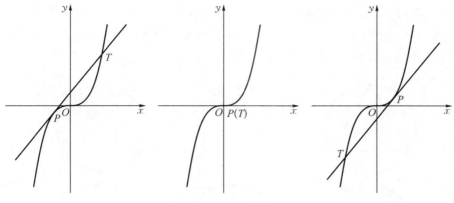

图 2-59　曲线 $y = x^3$ 的切线

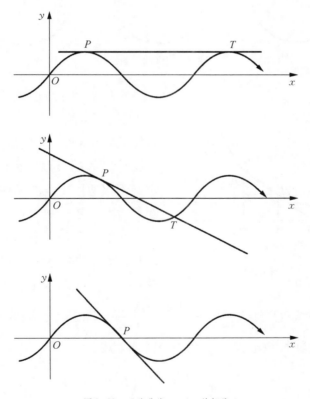

图 2-60　正弦曲线 $y = \sin x$ 的切线

　　17 世纪的数学家们显然也遭遇了这样的认知冲突。看来,修正以后的切线定义虽然适用于圆锥曲线,但并不一定适用于其他曲线,我们还需要寻找求切线的新方法。

让我们回到圆上来。作圆内接正三角形,保持一个顶点不变,再依次作出圆内接正六边形、正十二边形、正二十四边形、正四十八边形、正九十六边形,观察保持不变的那个顶点所在的边的位置变化情况。

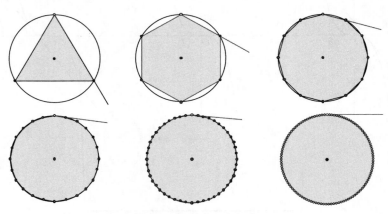

图2-61　圆内接正多边形

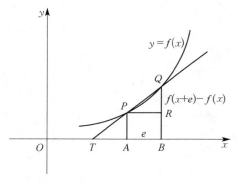

图2-62　一般曲线的切线求法

我们看到:当边数不断倍增下去时,保持不变的那个顶点所在的边越来越接近切线的位置。因此,如果把切线定义为割线的极限位置,那么,这样的定义不仅适用于三次曲线和正弦曲线,而且适用于更一般的曲线。

让我们来看一般曲线的情形。假设我们要求曲线 $y=f(x)$ 在点 $P(x_0, y_0)$ 处的切线。在点 P 附近取一点 $Q=(x_0+e, f(x_0+e))$,则割线 PQ 的斜率为 $\dfrac{f(x_0+e)-f(x_0)}{e}$。现在,让点 Q 越来越接近 P,最后,当 Q 和 P 重合时,PQ 就变成了切线,其斜率为:

$$\lim_{e \to 0} \frac{f(x_0+e)-f(x_0)}{e}$$

我们把上面的极限值称为函数 $y=f(x)$ 在点 x_0 处的导数,记为 $f'(x_0)$,即

$$f'(x_0) = \lim_{e \to 0} \frac{f(x_0+e)-f(x_0)}{e}$$

这样,我们就从几何上引入了导数的概念。

有了导数概念,我们就可以处理瞬时速度问题。设物体或质点的位移函数为$y=f(x)$,其中自变量x为时间,则该物体在时刻x_0处的瞬时速度为$f'(x_0)$。

导致微积分产生的另一问题是最大值或最小值问题。法国数学家费马(P. de Fermat, 1601—1665)专门研究过这个问题。他的方法是这样的:若$y=f(x)$在某点达到最大值或最小值,则有$y=f(x+e)=f(x)$,即$y=f(x+e)-f(x)=0$。消去相同项后,除以e,再去掉含有e的项,即可求得x,这个x就是使函数达到最大或最小值的点。当然,严格地说,这里的最大值或最小值应该为极大值或极小值(即局部最大值或局部最小值)。

图2-63 费马(法国,2001)

我们来看费马的一个例子:将长度为a的线段分成两段,使它们构成的长方形的面积最大。设其中一段为x,则面积函数为

$$f(x)=x(a-x)=ax-x^2$$

这是一个二次函数,用初等方法很容易知道:当$x=\dfrac{a}{2}$时,函数取得最大值$\dfrac{a^2}{4}$。但费马则令

$$a(x+e)-(x+e)^2=x(a-x)$$

得

$$ae-2ex-e^2=0$$

两边除以e得

$$a-2x-e=0$$

令$e=0$,得$x=\dfrac{a}{2}$,从而得到面积最大值为$\dfrac{a^2}{4}$。

利用导数这个工具,费马的方法相当于说,若函数$y=f(x)$在点x_0处取得极值且在该点处存在导数,则

$$f'(x_0)=\lim_{e\to 0}\frac{f(x_0+e)-f(x_0)}{e}=0$$

这就是微积分里著名的费马定理。这个定理的几何意义是,曲线在极值点处的切线是水平的;而它的物理意义则是:作上抛运动的物体达到最高点时,速

度为零。

现在,让我们追溯一下光的折射定律那不平凡的历史。

当光从一种介质进入另一种介质发生折射时,入射角和折射角之间的关系如何?古希腊天文学家托勒密(C. Ptolemy, 85—165)分别就空气和水、水和玻璃、玻璃和空气,对光的入射角和折射角进行测量,得出入射角与折射角成正比的错误结论。

图 2-64　托勒密　　　图 2-65　阿尔·海赛姆(卡塔尔,1971)

阿拉伯数学家阿尔·海赛姆(Al-Haitham, 965—1038)制作仪器,测量入射角和折射角,发现托勒密的结论是错误的,但他自己未能发现折射定律。之后,波兰物理学家、自然哲学家和数学家维特罗(Witelo, 1230?—1300?)在阿尔·海赛姆的基础上进一步研究折射现象,同样无果而终。

1611年,开普勒在《折光》中给出:对于两种固定的媒质,当入射角(i)较小时,入射角和折射角(r)之间的关系是$i=nr$(n为常数)。当光线从空气进入玻璃时,$n=3/2$。英国数学家哈里奥特(T. Harriot, 1560—1621)和荷兰数学家斯内尔(W. Snell, 1591—1626)相继通过实验得出折射定律,但未能给出理论推导。

图 2-66　哈里奥特(几内亚,2009)　　　图 2-67　笛卡儿(法国,1937)

1637年,法国数学家笛卡儿在《折光》(《方法论》之附录)中发表了折射定律,但遗憾的是,他的证明却是错误的!同时代数学家费马因此对笛卡儿的折射定律进行了攻击。直到24年后的1661年,费马才利用最小时间原理导出了折射定律。

1684年,微积分发明者之一、德国数学家莱布尼茨(G. W. Leibniz, 1646—1716)在他的第一篇微积分论文中,小试牛刀,给出了微分的一个应用:在两种媒质中分别有点P和Q,光从P出发到达Q,界面上入射点O 位于何处,光用时最短?

如图2–68,建立直角坐标系,设光在两种媒质中的传播速度分别为v_1和v_2,光从P到Q所需时间为

$$f(x) = \frac{\sqrt{a^2+x^2}}{v_1} + \frac{\sqrt{b^2+(d-x)^2}}{v_2},$$

令

$$f'(x) = \frac{x}{\sqrt{a^2+x^2}} \frac{1}{v_1} - \frac{d-x}{\sqrt{b^2+(d-x)^2}} \frac{1}{v_2} = 0,$$

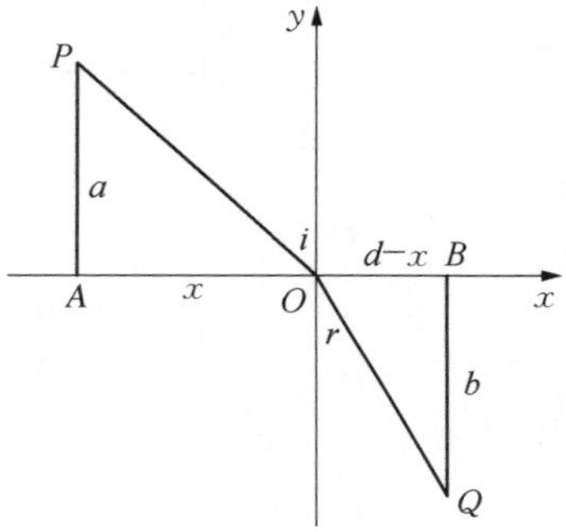

图2-68 折射定律的推导

即得

$$\frac{\dfrac{x}{\sqrt{a^2+x^2}}}{\dfrac{d-x}{\sqrt{b^2+(d-x)^2}}} = \frac{\sin i}{\sin r} = \frac{v_1}{v_2}$$

有了微积分,一个具有1500年漫长历史的古老光学问题,轻而易举得到了解决。莱布尼茨获此结果后惊叹道:"熟悉微积分的人能够如此魔术般地处理的一些问题,曾使其他高明的学者百思而不得其解!" [1]

Gotfried W. LEIBNITZ
(1646-1716)

ROMÂNIA　　5000 L

图2-69 莱布尼茨(罗马尼亚,2004)

有了费马定理,第一讲中的蜂房问题也就迎刃而解了,如图2-70,设蜂房单元底面正六边形边长为a,侧面长棱为b,长、短棱之差为x,则蜂房单元的表面积为

$$f(x) = 6ab - 6 \times \frac{1}{2}ax + 6 \times \frac{\sqrt{3}a}{4}\sqrt{a^2+4x^2}$$

---

1 爱德华 C H. 微积分发展史·张鸿林,译. 北京: 北京出版社, 1987.

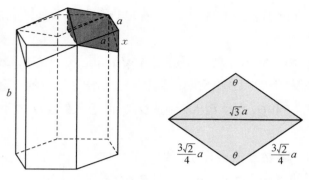

图2-70 蜂房单元的表面积计算

$$= 6ab + \frac{3\sqrt{3}a}{2}\sqrt{a^2 + 4x^2} - 3ax$$

求导得：

$$f'(x) = \frac{3\sqrt{3}a}{2}\frac{4x}{\sqrt{a^2 + 4x^2}} - 3a$$

令 $f'(x) = 0$，得 $x = \frac{\sqrt{2}}{4}a$，从而得 $\cos\theta = -\frac{1}{3}$，$\theta = 109°28'$。

2.6 财富理论

据1982年诺贝尔经济学奖得主斯蒂格勒（G. J. Stigler, 1911—1991）及其同事对世界上五种主要经济学评论杂志上的论文的统计,使用微积分及其他高等技术的论文占全部论文的比率,在1932—1933年为2%,1952—1953年为46%,1989—1990年则升至56%。上述数据客观地说明了数学与经济学之间的关系日趋密切。事实上,早在19世纪,英国著名经济学家杰文斯（W. S. Jevons, 1835—1882）就指出："经济学若要成为一门科学,则必为数学科学。"[1] 在杰文斯看来,政治经济学家们以前得出的所有重要定律,他从数学原理中都能得出。

在荣获诺贝尔经济学奖的工作中,许多工作是相当数学化的,而获奖者中很多都是数学家。美国数学家阿罗（K. J. Arrow）由于对一般经济均衡理论和福利理论的开创性贡献而于1972年获奖;前苏联数学家康托洛维奇（L. V. Kantorovich, 1912—1986）"由于对资源最优分配理论的贡献"而于1975年

---

1 Jevons W S. *The Theory of Political Economy*. London: Macmillan & Co., 1871. 3.

获奖；美国经济学家克莱因（L. R. Klein）因"根据现实经济中实有数据所作的经验性估计，建立起经济体制的数学模型"而于1980年获奖；美国经济学家托宾（J. Tobin, 1918—2002）以其"投资决策的数学模型"而于1981年获奖；法国数学家德布鲁（G. Debreu, 1921—2004）因"在经济理论中引入新的分析方法以及重新建立一般均衡理论"而于1983年获奖；美国数学家纳什（J. Nash）由于"在非合作博弈论中对于均衡的开创性分析"而于1994年获奖。

数学是描述经济学理论的一种语言。19世纪法国数学家、常常被誉为数理经济学之父的库诺（A. A. Cournot, 1801—1877）在其《财富理论之数学原理研究》（*Recherches sur les Principes Mathématiques de la Théorie des Richesses*）中证明使收益达到最大值的商品价格的存在性如下：

> "由于[需求函数]$F(p)$是连续的，则年销售额$pF(p)$必也连续……因$pF(p)$随着p的增大先增大后减小，故必存在p的一个值，使该函数达到最大值。这个值是由方程$F(p)+pF'(p) = 0$给出的。"[1]

这正是费马定理在经济学上的应用。

图2-71　阿罗

图2-72　康托洛维奇

图2-73　克莱因

图2-74　德布鲁

图2-75　托宾

图2-76　纳什

图2-77　库诺

图2-78　萨缪尔森

1　Cournot A A. *Recherches sur les Principes Mathématiques de la Théorie des Richesses*. Paris: Chez L. Hachette, 1838. 56.

为了强调数学对于经济学理论的重要性，1970年诺贝尔经济学奖得主、美国经济学家萨缪尔森（P. A. Samuelson, 1915—2009）讲述了19世纪美国著名物理学家吉布斯（J. W. Gibbs, 1839—1903）的一个故事。有一次，耶鲁大学的教授们正激烈地争论一个问题：是否应要求某些学生修语言或数学？对于这两门学科孰优孰劣，教授们仁者见仁、智者见智，争论不休。最后，只见不善言辞的吉布斯站了起来，说出五个字："数学即语言。"数学的公理化方法和证明技术，将经济学上原先一大堆模糊的、互相矛盾的概念变成了系统的、逻辑上连贯的实体。萨缪尔森指出：

> "经济理论的问题——诸如税收的归宿、货币贬值的影响——本质上都是量的问题……当我们用文字来解决它们时，我们实际上和写出方程式的情形一样是在解方程。大错误出在前提的表述上……数学媒介——或严格地说，数学家惯用的阐述证明的准则，不论用文字还是用符号——的好处之一是，我们不得不摊牌，使所有人都能看到我们的前提。"[1]

在萨缪尔森眼里，数学对于经济学理论的发展是不可或缺的。因此，他忠告年轻人，要想研究经济，就必须打好数学基础。克莱因则在其诺贝尔奖演讲中如是说：

> "我的脑海里原本一直浮着一个想法，就是数学可以应用到经济问题的分析上。我在大学所修的课程，大部分不是数学就是经济学。我并不是富有原创力的数学家，也不是所谓的数学天才，这点我早由自己曾经参与的数学竞赛就知道了。不过我深深被大学的数学课程所吸引，同时产生了数学可以应用到经济学上的念头。例如，用数学式来表现需求曲线或收益的预估……"

数学在经济学上的成功应用使它成为一种知识工具。许多经济理论的提出与完善都是系统应用数学的结果。如：一般均衡理论（微分拓扑与代数拓扑）、理性预期理论（统计推断、动态规划）、博弈论、不确定性经济学（概率论、博弈论）、社会选择理论（代数学）、数理金融学（连续随机过程）、资源最优分配理论（线性规划）等。其中一些理论的作者荣获了诺贝尔经济学奖。

本讲所介绍的数学文化案例揭示了数学与水利工程、军事、天文学、光学、经济学等知识领域之间的密切联系，将数学从"孤岛"中解放出来。区区数例，已足以让我们深深感受到数学之普遍价值、数学之无穷魅力！

---

1 Samuelson P A. Economic theory and mathematics—an appraisal. *American Economic Review*, 1952, **42**(2): 56–66.

问题研究

2–1. 完成安妮·康蒂的对勾股定理的证明。

2–2. 如图 2–79，在直角三角形 *ABC* 的三边上分别作正方形 *BGFC*、*ACED* 和 *AIHB*，连接 *FE*、*DI* 和 *HG*。在 *FE*、*DI* 和 *HG* 上分别作正方形 *FPQE*、*DMNI* 和 *HKLG*，连接 *LP*、*QM* 和 *NK* 并延长，得三角形 *A′B′C′*。在 *LP*、*QM* 和 *NK* 上分别作正方形 *LXYP*、*QSTM* 和 *NUVK*。证明如下结果：

（1）三个三角形 *ADI*、*BHG*、*CFE* 的面积均与 △*ABC* 的面积相等；

（2）*LP* = 4*GF*, *QM* = 4*ED*, *NK* = 4*IH*；

（3）△*ABC* 与 △*A′B′C′* 相似；

（4）梯形 *GLPF*、*EQMD* 和 *INKH* 的面积均等于 △*ABC* 面积的 5 倍；

（5）正方形 *DMNI* 和 *HKLG* 的面积之和等于正方形 *FPQE* 面积的 5 倍；

（6）*CC′* ⊥ *GD*；

（7）正方形 *NUVK* 的面积等于正方形 *LXYP* 和 *QSTM* 面积之和。

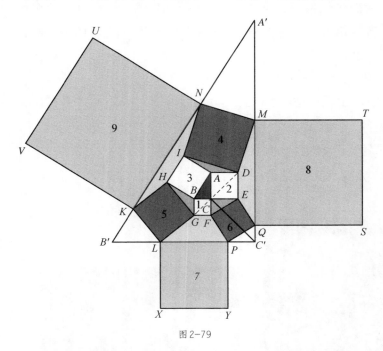

图 2–79

2–3. 用费马的方法解以下问题：（1）将一个正数分成两部分，使其算术平方根之和最大；（2）将一个正数分成两部分，使其中一部分与另一部分的商的和最大。

第3讲　东晴西雨

> 上帝永恒地在将世界几何化。
>
> ——柏拉图

美国《数学情报员》杂志曾于1988年刊出数学上24个著名的定理,让读者给每一个定理打分,评出最美的定理。满分10分。统计结果,前五名如下:

第一名　$e^{i\pi}+1=0$（得分：7.7）

第二名　$V+F-E=2$（得分：7.5）

第三名　素数无限多（得分：7.5）

第四名　正多面体只有五种（得分：7.0）

第五名　$1+\dfrac{1}{2^2}+\dfrac{1}{3^2}+\dfrac{1}{4^2}+\cdots=\dfrac{\pi^2}{6}$（得分：7.0）

瑞士（1957）

前民主德国（1983）

图3-1　欧拉及其公式

最美的定理是 18 世纪瑞士大数学家欧拉（L. Euler, 1707—1783）给出的。该公式的神奇之处在于实现了数学上五个最重要常数 1、0、π、e、i 的大团圆。美国数学史家和数学教育家史密斯（D. E. Smith, 1860—1944）在他的私人图书馆门口写了这样一段话："伏尔泰曾经说过——'很少有人会否认诗歌的一个优点，它比散文说得更多而用词却更少。'同样，我们也可以说，'很少有人会否认数学的一个优点，它比任何其他科学都说得多而用词却更少。'公式 $e^{i\pi}+1=0$ 表达了一个思想的世界，一个真理的世界，一个诗歌的世界和一个宗教精神的世界，因为'上帝永恒地在将世界几何化'。"[1]

本讲介绍后三个常数 π、e、i 的有关历史文化知识。

3.1　千古绝技

世上最长的蛇不过四十尺，

神话传说中的蛇无分轩轻。

组成 Pi 的数字串行进逶迤，

它不会在书页边停步栖息，

它会继续走过书桌，穿过空气，

越过墙壁、树叶、鸟巢、云霓，

直上九霄，

穿过广袤无垠的天际。

那彗星的尾巴显得多么短小，

就像鼠尾和小辫子，

而星光显得多么脆弱，

撞在空间上便弯曲了轨迹。

……………………………………

这是诺贝尔文学奖得主、波兰著名诗人维斯拉瓦·申博尔斯卡（Wislawa Szymborska）所写的关于圆周率的诗，无穷无尽的圆周率激发了诗人的无限遐想。现在，且让我们追溯圆周率的无穷之旅。

古希腊哲学家柏拉图（Plato，前 427—前 347）说："上帝永恒地在将世界几何化。"17 世纪意大利天文学家伽利略（G. Galilei, 1564—1642）有一

—————————

1　von Baravalle H. The number Pi . *Mathematics Teacher*, 1967, **60** (5): 479–487.

句名言："宇宙这部大书是用数学语言写成的,它的文字乃是三角形、圆和别的几何图形。没有这些图形,人类将不识只字;没有这些图形,人类将在黑暗的迷宫中徘徊。"人类的祖先很早就开始阅读宇宙这部大书,逐渐认识了各种图形。而在他们早期所认识的图形中,圆是最让他们感兴趣的,这一点可以从新石器时代的陶器形状得到证明。

图3-2 巴比伦泥版YBC 7302

耶鲁大学所藏古巴比伦时期的泥版YBC 7302上就有一个圆面积问题:已知圆周长$C=3$,求圆面积,答案为$S=\dfrac{45}{60}$。由此可知,祭司所用的圆面积公式为

$$S=\frac{1}{12}C^2$$

这相当于取圆周率为3。

而根据苏萨(Susa)泥版,圆内接正六边形的周长和圆周长之间有如下关系:

$$C_6=\left(\frac{57}{60}+\frac{36}{60^2}\right)C$$

由此可知,古巴比伦最好的圆周率结果为$\pi\approx 3\dfrac{1}{8}$。

在莱因得纸草书问题50中,祭司给出圆面积公式为:

$$S=\left(\frac{8d}{9}\right)^2=\frac{256R^2}{81}$$

易知,祭司实际上得到圆周率的近似值$\pi\approx 3\dfrac{1}{6}$,这是古代埃及关于圆周率的最佳结果。

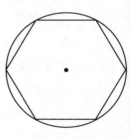

图3-3 苏萨泥版

古希腊数学家阿基米德(Archimedes, 前287—前212)最早采用了科学的计算方法。他通过计算边数倍增的圆外切和内接正多边形的周长来求圆周率近似值,开圆周率古典算法之先河。阿基米德的结果是$3\dfrac{10}{71}<\pi<3\dfrac{1}{7}$。公元2世纪,希腊天文学家托勒密(C. Ptolemy, 85?—165?)得到$\pi\approx 3.14166$。

在我国古代,传说伏羲创造了"规"和"矩",也传说黄帝的大臣倕是"规

矩"和"准绳"的创造者。大
禹"左准绳","右规矩"。这
里规、矩、准、绳是我们祖先
最早使用的数学工具。其中
"规"当然就是作圆的工具。
《墨经》中已经给出"圆,一中
同长也"的定义。我国古代

图3-4 伏羲与女娲

对圆周率的探求有着悠久的历史。李淳风在《隋书·律历志》中称:

> 古之九数,圆周率三,圆径率一,其术疏舛。自刘歆、张衡、刘徽、王
> 蕃、皮延宗之徒,各设新律,未臻折衷。宋末,南徐州从事史祖冲之,更开
> 密法,以圆径一亿为一丈,圆周盈数三丈一尺四寸一分五厘九毫二秒七忽,
> 朒数三丈一尺四寸一分五厘九毫二秒六忽,正数在盈朒二数之间。密率:
> 圆径一百一十三,圆周三百五十五。约率:圆径七,周二十二。又设开差
> 幂、开差立,兼以正圆参之,指要精密,算氏之最者也[1]。

汉代以前,我们的先人采用"周三径一",即将圆周率值取为3。《九章算
术》和《周髀算经》都取3作为圆周率的近似值。东汉著名科学家张衡获得
$\pi = \sqrt{10} \approx 3.16228$,较《九章算术》和《周髀算经》中的"周三径一"已经有了明
显的进步。东汉刘歆(？~23年)为新朝王莽所制造的"律嘉量斛"上的铭文称:

> 律嘉量斛,方尺而圆其外,庣旁九厘五毫,幂百六十二寸,深尺,积
> 一千六百二十寸,容十斗[2]。

根据铭文中的数据,不难计算得到圆周率的近似值(如
图3-5所示):

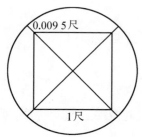

0.009 5尺

1尺

$$\pi = \frac{1.62}{\left(\dfrac{\sqrt{2}}{2} + 0.0095\right)^2} \approx 3.15466。$$

这个结果又比张衡精确一些。

图3-5 律嘉量斛上的尺寸

三国时期数学家刘徽在注《九章算术》时提出了著名的"割圆术",用无穷
分割求和原理证明了《九章算术》中的圆面积公式,并得到圆周率的两个近似

1 魏徵,等. 隋书·律历志. 北京:中华书局,1994.387–388.
2 魏徵,等. 隋书·律历志. 北京:中华书局,1994.409.

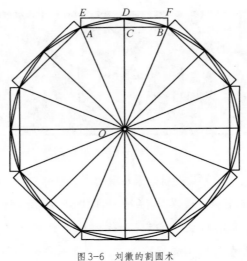

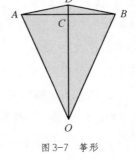

图 3-6　刘徽的割圆术　　　　　　　　　图 3-7　筝形

值：3.14 和 3.1416。

（1）如图 3-7，AB 是圆 O 的内接正 n 边形的边长，AD 和 BD 是圆 O 的内接正 $2n$ 边形的边长。筝形 $OADB$ 的面积为

$$S_{OADB} = \frac{1}{2}AB \cdot OD = \frac{1}{2}a_n R$$

故圆内接正 $2n$ 边形的面积为

$$S_{2n} = \frac{1}{2}na_n R$$

于是圆面积

$$S = \lim_{n \to \infty}S_{2n} = \lim_{n \to \infty}\frac{1}{2}na_n R = \frac{1}{2}CR$$

刘徽说："割之弥细，所失弥少。割之又割，以至于不可割，则与圆合体，而无所失矣。"

（2）由圆内接正多边形边长递推公式（"刘徽倍边公式"）

$$a_{2n} = \sqrt{\left(\frac{a_n}{2}\right)^2 + \left[R - \sqrt{R^2 - \left(\frac{a_n}{2}\right)^2}\right]^2}$$

取 $R = 1$ 尺，即有

$$a_{2n} = \sqrt{2 - \sqrt{4 - (a_n)^2}}$$

利用面积公式依次求得S_6, S_{12}, S_{24}, S_{48}, 再求得

$$S_{96} = 313\frac{584}{625}（平方寸），S_{192} = 314\frac{64}{625}（平方寸）。$$

求得圆周率的近似值$\frac{157}{50}$。

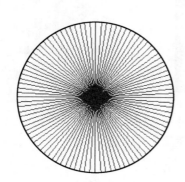

图3-8 圆内接正96边形

图3-9 "割圆术"（密克罗尼西亚，1999）

（3）利用"率消息"（有人称之为"组合加速技术"[1]）得加速公式

$$S = S_{96} + (S_{192} - S_{96}) + (S_{384} - S_{192}) + (S_{768} - S_{384}) + \cdots$$

$$= S_{96} + (S_{192} - S_{96}) + \frac{1}{4}(S_{192} - S_{96}) + \frac{1}{4^2}(S_{192} - S_{96}) + \cdots$$

$$= S_{96} + \left(1 + \frac{1}{4} + \frac{1}{4^2} + \cdots\right)(S_{192} - S_{96})$$

$$= S_{96} + \frac{4}{3}(S_{192} - S_{96})$$

$$= S_{192} + \frac{1}{3}(S_{192} - S_{96})$$

$$= 314\frac{64}{625} + \frac{1}{3} \times \frac{105}{625}$$

$$\approx 314\frac{100}{625}（平方寸）$$

$$= \frac{3927}{1250}（平方尺）$$

---

1 王能超. 千古绝技"割圆术". 数学的实践与认识, 1996, **26**(4): 315–321.

刘徽说,如果按原来的方法继续割圆,必须计算出圆内接1536边形的边长,从而算出圆内接3072边形的面积,方可得到这个结果!

图3-10 祖冲之(马里,2011)   图3-11 祖冲之(中国,1955)

南朝数学家祖冲之(429—500)求得圆周率的结果是

$$3.1415926 < \pi < 3.1415927$$

若祖冲之是按照刘徽的程序求的,那么他就必须计算出圆内接正12288边形的边长a_{12288}和圆内接正24576边形的面积S_{24576}。祖冲之的这一纪录在世界上保持了千年之久,直到15世纪才为中亚数学家阿尔·卡西(al-kāshī, 1380—1429)所突破。

表3-1   用来命名小行星的中国人

永久编号	国际命名	中文译名	发现日期	发现地点	发 现 者
1802	Zhang Heng	张 衡	1964年10月9日	南 京	紫金山天文台
1888	Zu Chong-Zhi	祖冲之	1964年11月9日	南 京	紫金山天文台
1972	Yi Xing	一 行	1964年11月9日	南 京	紫金山天文台
2012	Guo Shou-Jing	郭守敬	1964年10月9日	南 京	紫金山天文台
2027	Shen Guo	沈 括	1964年11月9日	南 京	紫金山天文台
7145	Linzexu	林则徐	1996年6月7日	兴 隆	施密特CCD小行星项目组
7853	Confucius	孔 子	1973年9月29日	帕洛马	范·豪滕(C. J. van Houten)等
7854	Laotse	老 子	1977年10月17日	帕洛马	范·豪滕等

（续表）

永久编号	国际命名	中文译名	发现日期	发现地点	发现者
12620	Simaqian	司马迁	1960年9月24日	帕洛马	范·豪滕等
16757	Luoxiahong	落下闳	1996年9月18日	兴 隆	施密特CCD小行星项目组
28242	Mingantu	明安图	1999年1月6日	兴 隆	施密特CCD小行星项目组
145588	Sudongpo	苏东坡	2006年8月15日	鹿 林	叶泉志

表3-2　用来命名小行星的数学家

永久编号	国际命名	数 学 家	发现时间	发 现 者
1001	Gaussia	卡尔·弗里德里希·高斯（Carl Friedrich Gauss）	1923	谢尔盖·伊万诺维奇·别利亚夫斯基（Sergei Ivanovich Belyavsky）
1005	Arago	弗朗西斯·阿拉戈（François Arago）	1923	别利亚夫斯基
1006	Lagrangea	约瑟夫·路易·拉格朗日（Joseph Louis Lagrange）	1923	别利亚夫斯基
1858	Lobachevskij	尼古拉·罗巴切夫斯基（Nikolai Lobachevsky）	1972	茹拉夫列娃（L. V. Zhuravleva）
1859	Kovalevskaya	索菲亚·柯瓦列夫斯卡娅（Sofia Kovalevskaya）	1972	茹拉夫列娃
1888	Zu Chong-Zhi	祖冲之	1964	紫金山天文台
1996	Adams	约翰·库奇·亚当斯（John Couch Adams）	1961	印第安纳小行星项目组（Indiana Asteroid Program）
1997	Leverrier	于尔班·让·约瑟夫·勒威耶（Urbain Jean Joseph Le Verrier）	1963	印第安纳小行星项目组
2002	Euler	莱昂哈德·欧拉（Leonhard Euler）	1973	塔玛拉·米哈伊洛芙娜·斯米莫娃（Tamara Mikhailovna Smimova）
2010	Chebyshev	帕夫努季·切比雪夫（Pafnuti Chebyshev）	1969	布尔纳舍娃（B. Burnasheva）
2587	Gardner	马丁·加德纳（Martin Gardner）	1980	鲍厄尔（E. Bowell）
4354	Euclides	欧几里得（Euclid）	1960	范·豪滕和汤姆·格雷尔斯（Tom Gehrels）

（续表）

永久编号	国际命名	数 学 家	发现时间	发 现 者
4628	Laplace	皮埃尔-西蒙·拉普拉斯（Pierre-Simon Laplace）	1986	埃尔斯特（E. W. Elst）
6765	Fibonacci	列昂纳多·斐波那契（Leonardo Fibonacci）	1982	拉吉斯拉夫·布罗热克（Ladislav Brožek）
6143	Pythagoras	毕达哥拉斯（Pythagoras）	1993	埃尔斯特
12493	Minkowski	赫尔曼·闵可夫斯基（Hermann Minkowski）	1997	孔巴（P. G. Comba）
27500	Mandelbrot	伯努瓦·芒德布罗（Benoît Mandelbrot）	2000	孔巴
29552	Chern	陈省身（Shiing-Shen Chern）	1998	施密特CCD小行星项目组

图3-12 月球背面的祖冲之环形山

《隋书》记载了祖冲之的另一著名结果 $\pi \approx \dfrac{355}{113}$。这个结果是如何得到的，学术界历来有种种推测。其中较为普遍的是所谓"调日法"。"调日法"的理论依据是：设实数 x 的不足近似值和过剩近似值分别为 $\dfrac{b}{a}$ 和 $\dfrac{d}{c}$，即 $\dfrac{b}{a} < x < \dfrac{d}{c}$，则分数 $\dfrac{mb+nd}{ma+nc}$ 是 x 的更为精确的近似值，这里 m, n 为任意正整数。

现在，若以刘徽的 $\dfrac{157}{50}$ 为不足近似值，以 $\dfrac{22}{7}$ 为过剩近似值，则取 $m=1, n=9$ 时即得密率：

$$\frac{157+9\times 22}{50+9\times 7}=\frac{355}{113}$$

17世纪日本数学家的有关工作增加了上述推测的可信度，尽管祖冲之未必就以 $\dfrac{157}{50}$ 作为弱率，以 $\dfrac{22}{7}$ 作为强率。被誉为"和算之圣"的日本数学家关孝和（1642—1708）在其《括要算法》（1712年）中从圆周率的不足和过剩近似值 $\dfrac{3}{1}$

和 $\frac{4}{1}$ 出发，对不足近似值，分子、分母分别加上 $\frac{4}{1}$ 的分子和分母；对过剩近似值，分子、分母分别加上 $\frac{3}{1}$ 的分子和分母，依次得到[1]

$$\frac{3^-}{1} \to \frac{7^+}{2} \to \frac{10^+}{3} \to \frac{13^+}{4} \to \frac{16^+}{5} \to \frac{19^+}{6} \to \frac{22^+}{7} \to \frac{25^+}{8} \to \frac{29^+}{9} \to \frac{32^+}{10} \to \frac{35^+}{11} \to \frac{38^+}{12}$$

$$\to \frac{41^+}{13} \to \frac{44^+}{14} \to \frac{47^-}{15} \to \frac{51^+}{16} \to \frac{54^+}{17} \to \frac{57^+}{18} \to \frac{60^+}{19} \to \frac{63^+}{20} \to \frac{66^+}{21} \to \frac{69^-}{22} \to \frac{73^+}{23}$$

$$\to \frac{76^+}{24} \to \frac{79^+}{25} \to \frac{82^+}{26} \to \frac{85^+}{27} \to \frac{88^+}{28} \to \frac{91^-}{29} \to \frac{95^+}{30} \to \frac{98^+}{31} \to \frac{101^+}{32} \to \frac{104^+}{33} \to \frac{107^+}{34}$$

$$\to \frac{110^+}{35} \to \frac{113^-}{36} \to \frac{117^+}{37} \to \frac{120^+}{38} \to \frac{123^+}{39} \to \frac{126^+}{40} \to \frac{129^+}{41} \to \frac{132^+}{42} \to \frac{135^-}{43} \to \frac{139^+}{44}$$

$$\frac{142^+}{45} \to \frac{145^+}{46} \to \frac{148^+}{47} \to \frac{151^+}{48} \to \frac{154^+}{49} \to \frac{157^-}{50} \to \frac{161^+}{51} \to \frac{164^+}{52} \to \frac{167^+}{53} \to \frac{170^+}{54}$$

$$\frac{173^+}{55} \to \frac{176^+}{56} \to \frac{179^-}{57} \to \frac{183^+}{58} \to \frac{186^+}{59} \to \frac{189^+}{60} \to \frac{192^+}{61} \to \frac{195^+}{62} \to \frac{198^+}{63} \to \frac{201^+}{64}$$

$$\frac{205^+}{65} \to \frac{208^+}{66} \to \frac{211^+}{67} \to \frac{214^+}{68} \to \frac{217^+}{69} \to \frac{220^+}{70} \to \frac{223^-}{71} \to \frac{227^+}{72} \to \frac{230^+}{73} \to \frac{233}{74}$$

$$\frac{236^+}{75} \to \frac{239^+}{76} \to \frac{242^+}{77} \to \frac{245^-}{78} \to \frac{249^+}{79} \to \frac{252^+}{80} \to \frac{255^+}{81} \to \frac{258^+}{82} \to \frac{261^+}{83} \to \frac{264^+}{84}$$

$$\frac{267^-}{85} \to \frac{271^+}{86} \to \frac{274^+}{87} \to \frac{277^+}{88} \to \frac{280^+}{89} \to \frac{283^+}{90} \to \frac{286^+}{91} \to \frac{289^-}{92} \to \frac{293^+}{93} \to \frac{296}{94}$$

$$\frac{299^+}{95} \to \frac{302^+}{96} \to \frac{305^+}{97} \to \frac{308^+}{98} \to \frac{311^-}{99} \to \frac{315^+}{100} \to \frac{318^+}{101} \to \frac{321^+}{102} \to \frac{324^+}{103} \to \frac{327^+}{104}$$

$$\frac{330^+}{105} \to \frac{333^-}{106} \to \frac{337^+}{107} \to \frac{340^+}{108} \to \frac{343^+}{109} \to \frac{346^+}{110} \to \frac{349^+}{111} \to \frac{352^+}{112} \to \frac{355^+}{113}$$

关孝和将 $\frac{3}{1}$ 称为"古法"，$\frac{22}{7}$ 称为"密率"，$\frac{25}{8}$ 称为"智术"，$\frac{63}{20}$ 称为"桐陵法"，$\frac{79}{25}$ 称为"和古法"，$\frac{142}{45}$ 称为"陆绩率"[2]，$\frac{157}{50}$ 称为"徽率"。从上述专门名称来看，祖冲之以前中国人所用的圆周率近似值显然不限于李淳风在《隋书·律历志》中

---

1 平山谛，等，主编. 关孝和全集. 大阪：大阪教育图书株式会社，1974.
2 实际上应为"王蕃率".

之所举。

在西方,祖冲之密率直到1573年才为德国人鄂图(V. Otho, 1550?—1605)重新发现,1585年又为荷兰人安托尼兹(A. Anthonisz, 1543—1620)重新得到。值得注意的是,安托尼兹也利用了上述"调日法"[1]:取过剩近似值$\frac{377}{120}$和不足近似值$\frac{333}{106}$,分子分母各相加,即得$\frac{355}{113}$。

第一个对中国数学家的圆周率成果作全面介绍的外国人是日本著名数学史家三上义夫(1875—1950)。早在1910年,三上义夫就在《数学文献》杂志上发表论文,介绍中国数学家在圆周率方面的成就。在1913出版的英文《中日数学发展史》中,三上义夫列专章论述中国数学家的有关结果,关于祖冲之的约率和密率,三上义夫评论道:

> 祖冲之所得约率即为好几百年前希腊阿基米德的结果;但在数学史上,密率在祖冲之以前却未曾见于世界上任何一个国家。希腊人没有这个值;印度人对其一无所知;即便是后来有学问的阿拉伯人亦未能重新发现它。在近代欧洲,直到1585年它才被荷兰数学家、梅丢斯之父安托尼兹获得。因此中国人拥有这个最不寻常的圆周率分数值,要比欧洲人早整整一千多年。有鉴于此,我们强烈希望将它命名为"祖冲之率"。[2]

然而,20世纪20年代以来,祖冲之密率的独创性受到一些西方数学史家的怀疑和否定。

意大利的洛利亚(G. Loria, 1862—1954)认为祖冲之是从阿基米德著作中学得求圆周率方法的[3];比利时教士赫师慎(L.van Hée, 1873—1951)否定三上义夫的结论,认为《隋书·律历志》中关于祖冲之圆周率的记载是后人"受爱国之心驱使"抄袭安托尼兹的结果而添入的,毫不足信[4]。意大利汉学家、科学史家华嘉(G. Vacca, 1872—1953)同样认为祖冲之密率是"西方的舶来品"[5]。赫师慎的说法不久即受到三上义夫的有力驳斥[6]:东京一家图书馆藏有一部1530年左

1　Terquem O. Sur la quadrature du cercle. *Nouvelles Annales de Mathématiques*, 1853, **12**: 298–302.

2　Mikami Y. *Development of Mathematics in China and Japan*. Leipzig, 1913. 50.

3　Loria G. The debt of mathematics to the Chinese people. *Scientific Monthly*. 1921, **12**: 517–521.

4　Van Hée L. The Chhou Jen Chuan of Juan Yuan. *Isis*, 1926, **8**: 103–118.

5　Vacca G. Some points on the history of science in China. *Journal of the North-China Branch of the Royal Asiatic Society*. 1930, **56**: 10–19.

6　Mikami Y. The Ch'ou-Jen Chuan of Yuan Yuan. *Isis*, 1928, **11**: 123–126.

右修订的《隋书》元刻本,在该版本中,关于祖冲之圆周率的那段话赫然在目!史实就是史实。不经详细考证而只是凭空怀疑、一味否定的赫师慎、洛利亚、华嘉等人的结论毕竟是站不住脚的[1]。

3.2 泥版一角

古代两河流域的陶碗以及中国仰韶文化彩陶钵上的花瓣纹表明,新石器时代的人们已经知道用圆弧来构造若干对称图形了。

图3-13 陶碗(两河流域,约前5000)　　　图3-14 花瓣纹彩陶钵(中国仰韶文化)

大英博物馆所藏古巴比伦时期(前1800—前1600)的数学泥版BM 15285(残缺不全)上,我们看到很多圆弧或圆弧与线段所围图形的面积问题,这些问题很可能是当时祭司编制的学校数学练习题[2]。图3-16给出泥版的一小部分。所有问题涉及的图形都是在一个由16个方格构成的正方形中作出的,许多图形都有自己的名称。如图3-17所示的由一个等腰三角形和半圆面所构成的图形被称为"风筝"。可以想象,"儿童散学归来早,忙趁东风放纸鸢"的情景在草长莺飞的美索不达米亚也是常见的。如图3-18,两圆公共部分称为"小舟",同样可以想象,"君看一叶舟,出没风波里"也是巴比伦人的母亲河——底格里斯河和幼发拉底河的写照。四个共点圆所形成的花瓣形显然是祭司们很喜欢的图形,如图3-19所示。在两河流域,它有着十

1 汪晓勤. 祖冲之圆周率在西方的历史境遇. 自然杂志, 2000 (5): 300–304.

2 Swetz F. Mathematical pedagogy: an historical perspective. In: Katz V J (Ed.), *Using History to Teach Mathematics*. Washington: Mathematical Association of America, 2000. 11–16.

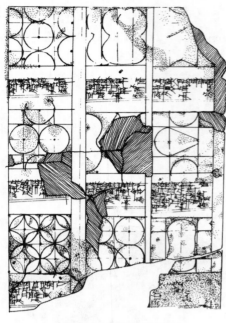
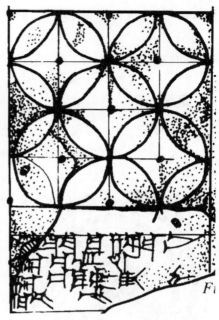

图 3-15　泥版 BM 15285　　　　　　　　　图 3-16　BM 15285 一角

分悠久的历史，公元前 7 世纪的皇宫觐见室门槛上[1]，还装饰着花瓣形，有四瓣的情形，也有六瓣的情形（图 3-20）。

　　由两个 120 度弧及直径所在直线所围成的图形称为"弓形"，图 3-21 是由两个弓形所构成，即两相交圆构成的图形。图 3-22 所示三个相交圆所构成的图形也出现在同一泥版上，形状像花生。

　　在 BM 15285 上，有一个基本的图形，即每一个小方格中挖去四分之一圆后余下的部分，被称为"楔形"。个数不等的楔形可构成许多不同的图案。有趣的是，我们在中国仰韶文化的彩陶上也发现了图 3-23 所示的几何纹。如图 3-24，四个楔形构成的"凹四边形"被称为"牛鼻子"，它由四个两两相切的四分之一圆弧所围成[2]。不难求得这些图形的面积。

　　虽然在泥版 BM 15285 上，我们没有见到圆弧所围其他图形的面积问题，但毕竟这只是一块偶然发掘的孤立的泥版而已。对于一个失落的古代文明里的数

1　Robson E. The uses of mathematics in ancient Iraq, 6000–600BC. In: Selin H (Ed.), *Mathematics Across Cultures: the History of Non-Western Mathematics*. Dordrecht: Kluwer Academic Publishers, 2000. 93–113.

2　http://motivate.maths.org/conferences/conf88/bm15285-trans.doc.

学,通过已经发掘的数百块泥版,我们到底能了解多少呢?那些埋藏在地下数千年、至今尚未发掘的数学泥版上又会有多少秘密呢?无论如何,我们有理由相信,巴比伦的祭司是决不会仅仅满足于上述图形的。因为他们知道长方形、三角形和直角梯形面积,也知道圆和特殊扇形的面积(当然,圆周率一般取3),风筝、小舟、楔形、牛鼻等问题对于在校学习数学的学生来说,或有相当的难度,但对于祭司来说,何难之有?不同个数、不同位置的楔形,楔形与半圆或四分之一圆,都可以构成种种不同的图形,图3-25~图3-29乃是其中的一部分,这些图形几乎不会逃过祭司们的眼睛。或许,古巴比伦时期的学校数学比今天的学校数学更有趣,学生也比今天的学生更喜欢数学!

但祭司们所研究的图形很可能仅仅局限于半径相等的圆弧,这使他们与更

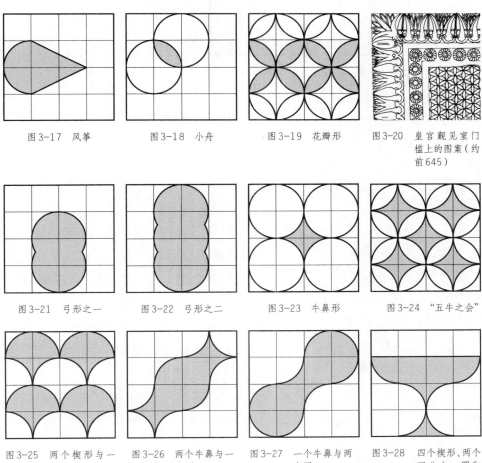

图3-17　风筝　　　　图3-18　小舟　　　　图3-19　花瓣形　　　图3-20　皇宫觐见室门槛上的图案(约前645)

图3-21　弓形之一　　图3-22　弓形之二　　图3-23　牛鼻形　　　图3-24　"五牛之会"

图3-25　两个楔形与一个半圆　　图3-26　两个牛鼻与一个圆　　图3-27　一个牛鼻与两个圆　　图3-28　四个楔形、两个四分之一圆和两个小正方形

多有趣的图形失之交臂。继古巴比伦祭司之后,对圆弧所围图形做研究的是古希腊数学家。公元前5世纪,希波克拉底(Hippocrates)在研究化圆为方问题时,求得了某些特殊弓月形的面积。在图3–30中,希波克拉底发现,等腰直角三角形斜边上的半圆与以直角顶点为圆心、直角边为半径的四分之一圆弧所围成的弓月形面积与等腰直角三角形的面积相等。在图3–31中,希波克拉底发现,大圆内接正六边形相邻三边上的小半圆与大圆所围成的三个弓月形连同其中一个小半圆的面积与等腰梯形面积相等[1]。

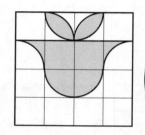

图3-29　两个楔形、两只
船与一个半圆

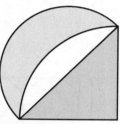

图3-30　弓月形之一

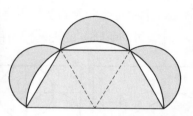

图3-31　弓月形之二

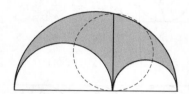

图3-32　"鞋匠刀"形

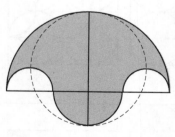

图3-33　"盐瓶"形

之后,大数学家阿基米德也研究过若干半圆所围成的有趣图形。如图3–32,大半圆直径上的一点将直径分成两段,在每一段上作半圆,则三个半圆所围成的图形叫"鞋匠刀形"。阿基米德发现,鞋匠刀形的面积恰好等于以图中大圆的半弦为直径的圆面积。如图3–33,将大半圆直径分成三段(其中左右两段相等),在左右两段上分别作半圆(与大半圆同侧),在中间一段上作半圆(与大半圆异侧),则四个半圆所围成的图形叫"盐瓶形"[2]。阿基米德发现,这个盐瓶形的面积恰好等于以大半圆直径中垂线介于大半圆和中间小半圆之间的线段为直径的圆面积。

文艺复兴时期,意大利艺术大师达芬奇研究过圆弧所围成的许多图形的面积问题,如图3–34,达芬奇用出入相补的方法求得图3–34中每一片"银杏叶"

1　Heath T L. *A History of Greek Mathematics*. London: Oxford University Press, 1921.
2　同上。

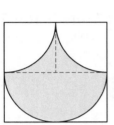 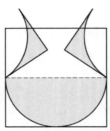 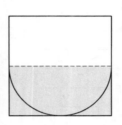

图 3-34 "银杏叶"的面积：达芬奇的求法

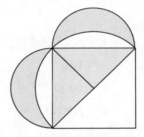

图 3-35 达芬奇的"猫眼"

的面积[1]。达芬奇还求得了图 3-35 所示的"猫眼"图（阴影部分）的面积。他发现，阴影部分实际上就是两个希波克拉底弓月形，故其面积等于圆外切正方形面积之半（图 3-36）。当然，我们也可以像古代巴比伦人那样求出中间小船形的面积。

尽管古巴比伦祭司所拥有的数学知识与古希腊之后的数学家已不可同日而语，但如果追寻圆弧所围图形的历史，我们会发现：后人一直是在沿着祭司们的足迹前进。尽管岁月沧桑，物换星移，但人们对美的追求是不变的！

图 3-36 猫眼图的变形

3.3 精彩纷呈

用经典的几何方法来求圆周率是很不容易的。在德国数学家固灵（L. van Ceulen，1540—1610）的墓碑上，刻着他生前焚膏继晷、夜以继日算出 的35位圆周率值。这是固灵所生活的时代的最佳结果。

到了 17 世纪，微积分诞生了，圆周率计算进入了分析时代。各种公式层出不穷，圆周率的精度日益提高。

$$\frac{\pi}{2} = \cfrac{1}{\sqrt{\frac{1}{2}} \cdot \sqrt{\frac{1}{2} + \frac{1}{2}\sqrt{\frac{1}{2}}} \cdot \sqrt{\frac{1}{2} + \frac{1}{2}\sqrt{\frac{1}{2} + \frac{1}{2}\sqrt{\frac{1}{2}}} \cdots}} \qquad \text{（韦达，1592）}$$

$$\frac{\pi}{4} = \frac{2 \cdot 4 \cdot 4 \cdot 6 \cdot 6 \cdot 8 \cdot 8 \cdot 10 \cdot 10 \cdot 12 \cdot 12 \cdots}{3 \cdot 3 \cdot 5 \cdot 5 \cdot 7 \cdot 7 \cdot 9 \cdot 9 \cdot 11 \cdot 11 \cdot 13 \cdots} \qquad \text{（沃利斯，1655）}$$

1 Fauvel J, van Maanen J. *History in Mathematics Education*. Dordrecht: Kluwer Academic Publishers, 2000.

$$\frac{\pi}{4} = \cfrac{1}{1+\cfrac{1^2}{2+\cfrac{3^2}{2+\cfrac{5^2}{2+\cfrac{7^2}{2+\cfrac{9^2}{2+\cdots}}}}}}$$

（布劳内克，1658）

$$\frac{\pi}{4} = 1 - \frac{1}{3} + \frac{1}{5} - \frac{1}{7} + \frac{1}{9} - \cdots$$

（莱布尼茨）

尽管这个级数是最美的交错级数，但很遗憾，它的收敛速度慢得出奇：

$n = 100$	3.131592903
$n = 1000$	3.131592902
$n = 10000$	3.141492653
$n = 100000$	3.141582653

$$\frac{\pi}{4} = 4\arctan\frac{1}{5} - \arctan\frac{1}{239}$$

（马青）

$$\pi = \frac{3\sqrt{3}}{4} + 24\left(\frac{1}{3 \cdot 2^3} - \frac{1}{5 \cdot 2^5} - \frac{1}{7 \cdot 2^7} - \frac{1}{9 \cdot 2^9} - \cdots\right)$$

（牛顿）

$$\frac{\pi^2}{6} = 1 + \frac{1}{2^2} + \frac{1}{3^2} + \frac{1}{4^2} + \cdots$$

（欧拉）

上面最后一个公式是欧拉年轻时最漂亮的成果之一。等式右边级数的收敛速度较莱布尼茨交错级数要快得多，见表3–3。

表3–3　欧拉自然数平方倒数级数的部分和

n	π的近似值
100	3.132076531
1000	3.140638056
10000	3.141497163
100000	3.141583104
1000000	3.141591698
10000000	3.141592558
100000000	3.141592644
1000000000	3.141592652

$$\frac{1}{\pi} = \sum_{n=0}^{\infty} (C_{2n}^n) \frac{42n+5}{2^{12n+4}}$$

$$\frac{2}{\pi} = 1 - \left(\frac{1}{2}\right)^3 + 9\left(\frac{1 \times 3}{2 \times 4}\right)^3 - 13\left(\frac{1 \times 3 \times 5}{2 \times 4 \times 6}\right)^3 + \cdots$$

$$\frac{4}{\pi} = 1 + \left(\frac{1}{2}\right)^2 + \left(\frac{1}{2 \times 4}\right)^2 + \left(\frac{1 \times 3}{2 \times 4 \times 6}\right)^2 + \left(\frac{1 \times 3 \times 5}{2 \times 4 \times 6 \times 8}\right)^2 + \cdots$$

$$\frac{1}{\pi} = \frac{1}{72} \sum_{n=0}^{\infty} (-1)^n \frac{(4n)!}{(n!)^4 4^{4n}} \frac{(4n)!(23 + 260n)}{18^{2n}}$$

$$\frac{1}{\pi} = \frac{1}{3258} \sum_{n=0}^{\infty} (-1)^n \frac{(4n)!}{(n!)^4 4^{4n}} \frac{(1123 + 21460n)}{882^{2n}}$$

$$\frac{1}{\pi} = 12 \sum_{n=0}^{\infty} (-1)^n \frac{(6n)!}{(3n)!(n!)^3} \cdot$$

$$\frac{(1657145277365 + 212175710912\sqrt{61}) + (107578229802750 + 13773980892672\sqrt{61})n}{[5280(236674 + 30303\sqrt{61})]^{3n+3/2}}$$

$$\frac{\pi}{6} = \frac{1}{\sqrt{3}} + \left(1 - \frac{1}{3 \cdot 3} + \frac{1}{3^2 \cdot 5} - \frac{1}{3^3 \cdot 7} + \frac{1}{3^4 \cdot 9} - \frac{1}{3^5 \cdot 11} + \cdots\right) \quad （夏普，1717）$$

$$\frac{1}{\pi} = \frac{2\sqrt{2}}{9801} \sum_{n=0}^{\infty} \frac{(4n)!(1103 + 26390n)}{(n!)^4 396^{4n}} \qquad （拉马努金）$$

印度数学天才拉玛努金（S. A. Ramanujan, 1887—1920）的这个级数具有惊人的收敛速度。1985 年，戈斯帕（B. Gosper）利用它计算出 π 的 17000000 位！

$$\frac{1}{\pi} = 12 \sum_{n=0}^{\infty} \frac{(-1)^n (6n)!(13591409 + 545140134n)}{(3n)!(n!)^3 640320^{3n+3/2}} \qquad （丘德诺夫斯基兄弟）$$

$$\pi = \sum_{n=0}^{\infty} \frac{1}{16^n} \left[\frac{4}{8n+1} - \frac{2}{8n+4} - \frac{1}{8n+5} - \frac{1}{8n+6}\right]$$

$$\pi^2 = \sum_{n=0}^{\infty} \frac{1}{16^n} \left(\frac{16}{(8n+1)^2} - \frac{16}{(8n+2)^2} - \frac{8}{(8n+3)^2} - \frac{16}{(8n+4)^2}\right.$$
$$\left. - \frac{4}{(8n+5)^2} - \frac{4}{(8n+6)^2} + \frac{2}{(8n+7)^2}\right)$$

图 3–37 ENIAC

1949年，美国著名数学家冯·诺伊曼（John von Neumann，1903—1957）利用ENIAC 算得 2037位，耗时70小时，标志着圆周率计算进入计算机时代。1955年，美国海军军械研究中心(NORC)利用计算机算得 3089 位，耗时13分钟。计算机时代的历史纪录如表3–4。

表 3–4 计算机时代的圆周率历史纪录

时　间	作　者	位　数
1957	费尔顿（G. Felton）	7480
1958	热尼（F. Genuys）	10000
1958	费尔顿	10021
1959	热尼	16167
1961	丹尼尔·尚克斯（Daniel Shanks）和伦奇（J. Wrench）	100265
1966	吉尤（J. Guilloud）和菲利亚特（J. Filliatre）	250000
1967	吉尤和迪尚（Dichampt）	500000
1973	吉尤和布耶（M. Bouyer）	1001250
1981	三好和金田（康正）	2000036
1982	吉尤	2000050
1982	田村	2097144
1982	田村和金田	4194288
1982	田村和金田	8388576
1982	金田、吉野和田村	16777206
1983	宇城和金田	10013395
1985	戈斯帕（B. Gosper）	17526200
1986	贝利（D. Bailey）	29360111
1986	金田和田村	33554414

（续表）

时 间	作 者	位 数
1986	金田和田村	67108839
1987	金田和田村等	134217700
1988	金田和田村	201326551
1989	丘德诺夫斯基兄弟（Chudnovskys）	480000000
1989	丘德诺夫斯基兄弟	525229270
1989	金田和田村	536 870898
1989	丘德诺夫斯基兄弟	1011196691
1989	金田和田村	1073741799
1991	丘德诺夫斯基兄弟	2260000000
1994	丘德诺夫斯基兄弟	4044000000
1995	高桥和金田	3221225466
1995	高桥和金田	4294967286
1995	高桥和金田	6442450938
1996	丘德诺夫斯基兄弟	8000000000
1997	高桥和金田	51539600000
1999	高桥和金田	68719470000
1999	高桥和金田	206158430000
2002	高桥等	1241100000000

我们有理由相信，圆周率的计算永不会停止，因为，人类的好奇心是永远无法得到满足的！

3.4 世界纪录

世界各地都有背诵圆周率的诗歌（每个单词的字母数对应圆周率的一位数字）如：

Kur e shoh e mesoj sigurisht. (阿尔巴尼亚语)

Kak e leco i bqrzo izchislimo pi, kogato znaesh kak. (保加利亚语)

Iye 'P' naye 'I' ndivo vadikanwi. 'Pi' achava mwana. (津巴布韦语)

Eva, o lief, o zoete hartedief uw blauwe oogen zyn wreed bedrogen. (荷兰语)

How I wish I could enumerate pi easily, since all these horrible mnemonics prevent recalling any of pi's sequence more simply. (英语)

Sir, I bear a rhyme excelling

In mystic force and magic spelling

Celestial sprites elucidate

All my own striving can't relate. (英语)

Now I, even I, would celebrate

In rhymes unapt, the great

Immortal Syracusan, rivaled nevermore,

Who in his wondrous lore,

Passed on before,

Left men his guidance

How to circles mensurate. (英语)

Now I know a spell unfailing

An artful charm for tasks availing

Intricate results entailing

Not in too exacting mood.

(Poetry is pretty good). Try the talisman.

Let be adverse ingenuity. (英语)

How I want a drink, alcoholic of course, after the heavy chapters involving quantum mechanics. One is, yes, adequate even enough to induce some fun and pleasure for an instant, miserably brief. (英语)

Que j'aime à faire apprendre

Un nombre utile aux sages!

Glorieux Archimède, artiste ingénieux,

Toi,de qui Syracuse loue encore le mérite! (法语)

Que j'aime à faire apprendre un nombre utile aux sages!

Immortel Archimède, artiste ingénieux

Qgement peut priser la valeur?

Pour moi ton problème eut de pareils avantages. (法语)

Wie o! dies π

Macht ernstlich so vielen viele Müh!

Lernt immerhin, Jünglinge, leichte Verselein,

Wie so zum Beispiel dies dürfte zu merken sein! (德语)

Dir, o Held, o alter Philosoph, du Riesen-Genie!

Wie viele Tausende bewundern Geister,

Himmlisch wie du und göttlich!

Noch reiner in Aeonen

Wird das uns strahlen

Wie im lichten Morgenrot! (德语)

Che n'ebbe d'utile Archimede da ustori vetri sua somma scoperta? (意大利语)

Kto v mgle I slote

Vagarovac ma ochote,

Chyba ten ktory

Ogniscie zakochany,

Odziany vytwornie,

Gna do nog bogdanki

Pasc kornie. (波兰语)

Sou o medo e temor constante do menino vadio.(葡萄牙语)

Asa e bine a scrie renumitul si utilul numar.(罗马尼亚语)

Sol y Luna y Cielo proclaman al Divino Autor del Cosmo. (西班牙语)

Soy π lema y razón ingeniosa

De hombre sabio que serie preciosa

Valorando enunció magistral

Con mi ley singular bien medido

El grande orbe por fin reducido

Fue al sistema ordinario cabal. (西班牙语)

Ack, o fasa, π numer fœrringas

Ty skolan låter var adept itvingas

Räknelära medelst räknedosa

Och sa ges tilltron till tabell en dyster kosa.

Nej, låt istallet dem nu tokpoem bibringas! (瑞典语)

圆周率成了人类记忆的试金石。表3–5列出了圆周率记忆的历史纪录。

表3–5　圆周率的背诵纪录

时　间	人　物	国　籍	位　数
？	戴维·理查德·斯潘塞（David Richard Spencer）	加拿大	511
1973	奈杰尔·霍奇斯（Nigel Hodges）	英国	930
1973	弗雷德·格雷厄姆（Fred Graham）	加拿大	1111
1973	蒂莫西·皮尔逊（Timothy Pearson）	英国	1210
1974	爱德华·伯布里克（Edward C. Berberich）	美国	1505
1974	迈克尔·约翰·波尔特尼（Michael John Poultney）	英国	3025

（续表）

时 间	人 物	国 籍	位 数
1975	西蒙·普劳费（Simon Plouffe）	加拿大	4096
1977	迈克尔·约翰·波尔特尼	英国	5050
1978	戴维·桑克（David Sanker）	美国	6350
1978	戴维·桑克	美国	10000
1979	戴维·菲奥里（David Fiore）	美国	10625
1979	汉斯·埃伯斯塔克（Hans Eberstark）	奥地利	11944
1979	有赖秀昭	日本	15151
1979	克赖顿·卡尔韦洛（Creighton Carvello）	英国	15186
1979	有赖秀昭	日本	20000
1980	克赖顿·卡尔韦洛	英国	20013
1985	拉詹·马哈德万（Rajan Mahadevan）	印度	31811
1987	有赖秀昭	日本	40000
1995	后藤敬之	日本	42195
2005	原口证	日本	83431
2006	原口证	日本	100000

1995年2月，日本游戏设计师后藤敬之（Hiroyuki Goto，21岁）花9小时背出42195位，创造了吉尼斯纪录。十年后，日本退休工程师、心理健康顾问原口证（Akira Haraguchi）刷新纪录，背出83431位。2006年，原口证打破自己创造的纪录，成功背出100000位！这是迄今为止的最好的纪录。

3.5 小趣闲觅

从实用的角度说，利用计算机所得到的圆周率值并没有什么意义。但是，人们试图在其中寻找某种规律。

π的一百万小数位数包括了99959个0、99758个1、100026个2、100229个3、100230个4、100359个5、99548个6、99800个7、99985个8以及100106个9。表3–6分别给出了前一千万、一亿、十亿、百亿、千亿、万亿小数位数中各个数字出现的频数。

表3–6 圆周率小数部分中各数字的出现频数

数字	1~10^6	1~10^7	1~10^8	1~10^9	1~10^{10}	1~10^{11}	1~10^{12}
0	99959	999440	9999922	99993942	999967995	10000104750	99999485134
1	99758	999333	10002475	99997334	1000037790	9999937631	99999945664
2	100026	1000306	10001092	100002410	1000017271	10000026432	100000480057
3	100229	999964	9998442	99986911	999976483	9999912396	99999787805
4	100230	1001093	10003863	100011958	999937688	10000032702	100000357857
5	100359	1000466	9993478	99998885	1000007928	9999963661	99999671008
6	99548	999337	9999417	100010387	999985731	9999824088	99999807503
7	99800	1000207	9999610	99996061	1000041330	10000084530	99999818723
8	99985	999814	10002180	100001839	99999172	10000157175	100000791469
9	100106	1000040	9999521	100000273	1000036012	9999956635	99999854780

一些特殊数字串, 如111111111111、123456789等所出现的位置如表3–7所示。

表3–7 圆周率小数部分中特殊数字串出现的位置

重复数字	出现位置
777777777777	第368299898266位
999999999999	第897831316556位
111111111111	第1041032609981位
888888888888	第1141385905180位
666666666666	第1221587715177位
01234567890	第53217681704位
01234567890	第148425641592位
01234567890	第461766198041位
01234567890	第542229022495位
01234567890	第674836914243位
01234567890	第731903047549位
01234567890	第751931754993位
01234567890	第884326441338位
01234567890	第1073216766668位

人们也找到了关于圆周率的许多巧合,如:

π 的前 144 个位数加起来等于 666,而 144 恰好等于 $(6+6)\times(6+6)$;

大象的高度(从足到肩)等于 $2\times\pi\times$ 象足的直径。

π 的十亿个位数若以平常的形式印刷,则它的长度将长达一千两百英里;

数值上的巧合:

$\sqrt{2}+\sqrt{3}\approx 3.14626436994$

$\dfrac{333}{106}=3.14\overset{\centerdot}{1}509433962264$

$1.1\times 1.2\times 1.4\times 1.7=3.1416$

$1.09999901\times 1.19999911\times 1.39999931\times 1.69999961\approx 3.141592573$

$\dfrac{47^3+20^3}{30^3}-1=3.141592593$

$\sqrt[4]{97+\dfrac{9}{22}}=3.14159265258264612520603717 9644$

$\sqrt[5]{\dfrac{77729}{254}}=3.1415926541$

$\sqrt[3]{31+\dfrac{62^2+14}{28^4}}\approx 3.14159265363$

$\dfrac{1700^3+82^3-10^3-9^3-6^3-3^3}{69^3}\approx 3.1415926535881$

$\sqrt[4]{100-\dfrac{2125^3+214^3+30^3+37^3}{82^5}}\approx 3.141592653589780$

$\dfrac{9}{5}+\sqrt{\dfrac{9}{5}}\approx 3.1416407864998738$

$\dfrac{19\sqrt{7}}{16}\approx 3.1418296818892$

$\left(\dfrac{296}{167}\right)^2\approx 3.14159704543$

$$2+\sqrt{1+\left(\frac{413}{750}\right)^2}\approx3.141592920$$

$$\left(\frac{63}{25}\right)\left(\frac{17+15\sqrt{5}}{7+15\sqrt{5}}\right)\approx3.14159265380$$

$$\sqrt[4]{9^2+\frac{19^2}{22}}=3.141592652\cdots$$

$$2+\sqrt[4!]{4!}=3.141586440\cdots$$

$$\sqrt[4]{\frac{2143}{22}}=3.141592652\cdots$$

$$\sqrt[3]{31+\frac{25}{3983}}=3.1415926534\cdots$$

$$\sqrt[3]{31}=3.14123806\cdots$$

$$2+4!\sqrt{4!}=3.141586440\cdots$$

$$\left(\sqrt{\sqrt{\sqrt{\cdots\sqrt{\sqrt{7}}}}}\right)^{\sqrt{9!}}=3.141603591\cdots$$

$$\left(\sqrt{\sqrt{\sqrt{\cdots\sqrt{\sqrt{7}}}}}\right)^{\sqrt{9!-\sqrt{\sqrt{4!}}}}=3.141592624\cdots$$

关于圆周率,还有一些悬而未决的问题,如:

问题1:在π中,0, 1, 2, 3, 4, 5, 6, 7, 8, 9是否都会出现无穷多次?

问题2:布劳威尔(L. E. J. Brouwer, 1881—1966)问题:在π展开中,是否会有连续1000个零?

问题3:在π中,是否每一位数出现的频率相等?

问题4:π是否正则?即在π展开中,对于每一种进位制,是否每一给定长度的位数出现的频率相等?

问题5:如果π是正则的,那么前100万位将从某点开始重复出现。会从第几位开始呢?

3.6 并非玩笑

1963年诺贝尔奖得主、匈牙利—美国著名数学家和
物理学家威格纳（E. Wigner, 1902—1995）在一篇论文
中谈到这样一则故事：两位高中同学谈到他们的工作，
其中一位现任统计工作，从事人口趋势的研究，将他的
一篇论文拿给旧日同窗看，那篇论文开篇首先谈到高斯
分布曲线。这位统计人员向旧日同窗解释代表实际人
口和平均人口数目的各种符号的意义，但他的老同学有
点难以置信，不能肯定是否在开玩笑，就反问统计人员：
"你怎样学会这些？这个符号又是什么？"统计人员回答

图3-38 威格纳

说："噢！这是圆周率。""那是什么？""那是圆的周长和直径的比。"那位老同
学就说："好呵！现在我才晓得你这个玩笑开得太大了，人口实在和圆周长毫无
关系呀！"

无独有偶，19世纪英国数学家德摩根（A. de Morgan, 1806—1871）也讲述
了一则真实的故事：一位朋友去他家拜访他，看到桌子上有一篇论文的清样稿。
这篇论文研究的是某地区人口经过一段时间之后，仍然活在世上的人数位于某区
间内的概率，德摩根用π来表达他的结果。那位朋友指着那个希腊字母问："这是
什么？"德摩根答："Pi。"朋友再问："π表示什么呢？""圆周率。"德摩根回答
道。"圆周率是什么呢？""圆周长与直径之比。"那位朋友很吃惊："噢，我亲爱
的朋友！这一定是个误会；圆怎么可能与一定时间之后仍活在世上的人数有关
系呢？""我无法证明给你看，但这确实已得到证明。"德摩根回答。"噢，无稽之
谈！我觉得你用微积分能证明任何事情。凭空虚构的事，靠它都能成立。"[1]

3.7 连续复利

自从人类有了贫富差距，借贷现象就应运而生。在约公元前1700年的古
巴比伦泥版上有这样一个问题：以20%的年息贷钱给人，何时连本带利翻一
番？如果一年复利一次，那么一年后的本利和为1+0.2 = 1.2000000000 ；如果
每半年复利一次，那么一年后的本利和为

1　De Morgan A. *A Budget of Paradoxes*. Chicago: The Open Publishing Co, 1915.285–286.

$$\left(1+\frac{0.2}{2}\right)^2 = 1.2100000000$$

比一年复利一次多了点；如果一个季度复利一次，那么一年后的本利和为

$$\left(1+\frac{0.2}{4}\right)^4 = 1.2155062500$$

比半年复利一次又多了点；如果每月复利一次，那么一年后的本利和为

$$\left(1+\frac{0.2}{12}\right)^{12} = 1.2193910849$$

比一季度复利一次又多了点；如果每天复利一次，那么一年后的本利和为

$$\left(1+\frac{0.2}{365}\right)^{365} = 1.2213358581$$

比每月复利一次又多了点。如果每时、每分、每秒复利，一年后的本利和分别为

$$1.2213999696、1.2214027117、1.2214027574$$

从上面的计算可以看出，年率一定，分期复利，周期缩短，本利和缓慢增大；但无论周期怎么缩短，本利和并不会无限制地增大，而是有一个"封顶"，永远超过不了。这个封顶就是时时刻刻都在复利时一年后的本利和，用数学语言来讲就是周期趋向于零时一年后本利和的极限。稍懂点微积分就能算出这个极限等于

$$e^{0.2} = 1.2214027581$$

它的底数 e 是在年息 100%、每时每刻连续复利的情况下，1 元钱一年后的本利和，相应复利周期下的本利和分别为：

$$\left(1+\frac{1}{1}\right)^1 = 2.000000000$$

$$\left(1+\frac{1}{2}\right)^2 = 2.250000000$$

$$\left(1+\frac{1}{4}\right)^4 = 2.441406250$$

$$\left(1+\frac{1}{12}\right)^{12} = 2.613035290$$

$$\left(1+\frac{1}{365}\right)^{365} = 2.714567482$$

$$\left(1+\frac{1}{8760}\right)^{8760} = 2.718126691$$

$$\cdots\cdots\cdots\cdots\cdots\cdots\cdots\cdots\cdots\cdots\cdots\cdots$$

每时每刻连续复利的情况下，本利和等于极限

$$\mathrm{e} = \lim_{n\to\infty}\left(1+\frac{1}{n}\right)^{n} = 2.7182818284\cdots$$

它就是自然对数的底。18世纪，欧拉首次用字母 e 来表示它，一直沿用至今。

我们不知道巴比伦人是否考虑过连续复利的问题，但肯定的是，他们并不知道 e 这个数。直到1683年，瑞士著名数学家雅各·伯努利在研究连续复利时，才意识到问题需以 $\left(1+\frac{1}{n}\right)^{n}$ 当 $n\to\infty$ 时的极限来解决，但伯努利只估计出这个极限在2和3之间。欧拉利用无穷级数

$$1+\frac{1}{1}+\frac{1}{1\times2}+\frac{1}{1\times2\times3}+\frac{1}{1\times2\times3\times4}+\cdots$$

首次算出 e 的18位近似值，还利用连分数证明了 e 是个无理数。1873年，法国著名数学家埃尔米特（C. Hermite, 1822—1901）证明了 e 是一个超越数。

3.8 真伪之辨

二次世界大战后期，盟军收复比利时之后，荷兰保安人员开始搜捕纳粹同党。在一家曾经把许多艺术品卖给德国人的公司的档案中，他们发现了一位银行家的名字，他曾是将17世纪荷兰著名画家简·弗美尔（Jan Vermeer, 1632—1675）的油画《奸妇》（*Woman Taken in Adultery*）出售给纳粹头目戈林（H. Göring）的中间人。从银行家口中还得知，他是荷兰三流画家范·米格伦（H. A. Van Meegeren, 1889—1947）的代表。

图3-39　范·米格伦的伪造作品《奸妇》

图3-40　法庭上的范·米格伦

1945年5月29日，范·米格伦被控犯有通敌罪而被捕入狱。同年7月12日，范·米格伦在狱中传出震惊世人的话，声称他从不曾把《奸妇》真品卖给戈林。他还说，这幅画和另一幅名画《艾牟斯的信徒》（*Disciples at Emmaus*），还有其他四幅冒充弗美尔真迹的油画以及两幅冒充17世纪荷兰画家德胡斯（P. de Hoogh，1629—1684）真迹的油画都是他自己的作品！人们都认为范·米格伦在撒谎，其目的是逃避叛国罪。为证明自己所说属实，范·米格伦在狱中开始伪造弗美尔的作品《耶稣在医生们中间》（*Jesus Amongst the Doctors*），试图证实：他的确是伪造弗美尔作品的高手。

然而，当这幅画接近尾声的时候，范·米格伦获悉，他的通敌罪已被改为伪造罪。于是，他拒绝最后完成这幅画并将画变古，以使调查者们不能发现其中的秘密。

为了解决这个问题，由著名化学家、物理学家和艺术史家受命组成国际专案小组，来调查这个秘密。专案小组用X光透视画件，以确定这些伪画是否画在旧画之上。另一方面，他们对画上所用的颜料和画上的某些陈迹进行了分析。

图3-41　范·米格伦在伪造《耶稣在医生们中间》

然而，范·米格伦对于这些鉴定方法知悉颇详，为了避免被发现，他将不值钱的古画的颜料括去，仅保留画布，而尝试使用弗美尔可能使用过的颜料。范·米格伦也熟知旧的油彩非常硬，也无法溶解。因此，他很狡猾地将一种名叫Phenol formaldehyde 的化学物质混入油彩里，然后当完成的油画在烤箱中加热时，油画就会硬化，因而他人不易知道那是伪画了。

图3-42　米格伦的伪造作品《艾牟斯的信徒》

智者千虑，必有一失。范·米格伦在他的几幅伪画中有所疏忽。鉴定小组发现了一种现代颜料钴蓝的踪迹。另外，他们在数幅画中也发现了 Phenol formaldehyde，这种物质直到 19 世纪初才被发现。基于这些证据，范·米格伦于 1947 年 10 月 12 日被判伪造名画罪，入狱一年。在狱期间，他的心脏病发作，于 1947 年 12 月 30 日去世。

但是，面对这些证据，仍有许多人拒绝相信名画《艾牟斯的信徒》是范·米格伦所伪造的，因为其他赝品和范·米格伦近乎完成的"耶稣在医生们中间"的质量都相当低劣。他们认为，《艾牟斯的信徒》的创作者绝对不会画出如此拙劣的作品。事实上，该作品曾于 1937 年被著名艺术史家布雷丢斯（A. Bredius）鉴定为弗美尔的真迹，而被伦勃朗学会以 300000 美元的高价购得。鉴定小组对这些持怀疑态度的人的答复是：范·米格伦对于他在艺术界毫无地位深感失望，他在画《艾牟斯的信徒》时，竭尽全力，为的是证明自己并非三流画家。在完成这幅杰作之后，他的意志力就消失了。同时，既然《艾牟斯的信徒》已证明了他的绘画水平，他就不再那么认真地对待其他伪画了。这种解释并不能使怀疑者们信服，他们希望有完全科学的和令人信服的证据，以证实《艾牟斯的信徒》是伪画。

1967 年，美国卡耐基·梅伦大学的科学家们进行了这项研究。研究的数学工具是微分方程[1]，而 e 正是其中的主角。e 又一次闪亮登场了。

3.9　孰与争锋

数学上除了两个十分重要的函数——自然指数函数、自然对数函数与 e 有关外，还有一个重要的函数——双曲函数离不开 e。这种函数的表达式是：

$$y = \cosh x = \frac{e^x + e^{-x}}{2}$$

双曲函数有着广泛的实际应用，它就存在于我们的身边。在公园里或街道旁，常能看见成排的水泥和金属柱子之间两两连以铁链，你是否想过自然下垂的铁链形状是什么曲线？

也许你怎么看都会想到抛物线。其实，你只是重复了历史上数学家的错误

1　Braun M. *Differential Equations and Their Applications*. New York: Springer–Verlag, 1993. 11–17. 参阅：林朝枝. 伪画鉴定. 数学传播，1983，**7**（3）：11–16.

图3-43　自然下垂的铁链

图3-44　夜色中的香港青马大桥

而已。17世纪意大利著名天文学家伽利略、荷兰著名数学家吉拉尔都曾误认为链条自然下垂时的形状是抛物线。连雅各·伯努利这样的一流数学家都一筹莫展。后来，德国大数学家莱布尼茨正确地给出了铁链的曲线方程：$y = a\cosh\dfrac{x}{a}$，这正是一条双曲余弦曲线。接着，雅各·伯努利的弟弟约翰·伯努利（John Bernoulli, 1667—1748）也成功解决了悬链线问题。年仅24岁、刚拿到博士学位、新婚不久的约翰带着自己的得意之作来到巴黎，悬链线成了他跻身以哲学家和数学家马勒布兰奇（N. Malebranche, 1638—1715）为中心的法国学术界的通行证。

法国著名昆虫学家、自称"蛛网测量员"的法布尔在其《昆虫记》第九卷中有一段文字专门讲 e 这个神奇的数[1]：

　　每当地心引力和扰性同时发生作用时，悬链线就在现实中出现了。当一条悬链弯曲成两点不在同一垂直线上的曲线时，人们便把这曲线称为悬链线。这就是一条软绳子两端抓住而垂下来的形状；这就是一张被风吹鼓起来的船帆外形的那条线条，这就是母山羊奔拉下来的乳房装满后鼓起来的弧线。而这一切都需要 e 这个数。

　　一小段线头里有多么深奥的科学啊！我们不要对此感到惊奇。一个挂在线端的小铅丸，一滴沿着麦秸淌的露水，一洼被微风轻拂吹皱的水面，总之，随便什么东西，当必须加以计算的时候，都要用上大量的数字。我们

1　法布尔. 昆虫记(卷九). 鲁京明，梁守锵，等，译.广州: 花城出版社, 2001. 100–101.

要有海格立斯的狼牙棒，才能够降伏一只小飞虫。

图3-45 挂满水珠的蜘蛛网

现在，这个奇妙的数e又出现了，就写在蜘蛛丝上。在一个浓雾弥漫的清晨，让我们检视一下夜间刚刚织好的网吧。粘性的蜘蛛丝，负着水滴的重量，弯曲成一条条悬链线，水滴随着曲线的弯曲排成精致的念珠，整整齐齐，晶莹别透。当阳光穿过雾气，整张带着念珠的网映出彩虹般的亮光，就像一丛灿烂的宝石。e这个数是多么地辉煌！

瞧！连蜘蛛网都有如此美丽的时刻，如果我们用数学的眼光去看这个世界，甭提她有多美了。谁会有理由不热爱这个世界，热爱自己的生命呢？

你小时候也许都吹过肥皂泡吧！信不信由你，介于空中两个平行圆面之间的肥皂膜就是上述悬链线绕一条轴旋转而成的旋转体。

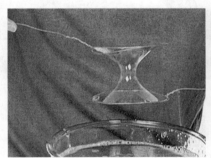 

图3-46 肥皂膜上的悬链线

乡间旅行时，你看到过石拱桥了吗？石拱是什么形状的？也许你会说，是半圆形或抛物线形。如果你是学建筑的，这样幼稚的问题当然难不倒你。20世纪40年代以来，西方桥梁建筑中出现了先进的悬链线形拱桥，可谓坚不可摧。

在美国密苏里州密西西

 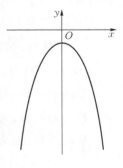

图3-47 美国密苏里州圣路易拱门与直角坐标系中相应的图像

比河畔,矗立着一座高耸的拱门,该拱门由芬兰－美国建筑师萨里南(Eero Saarinen)和结构工程师班德尔(Hannskarl Bandel)设计于1947年,1963年动工,1965年建成。拱门高192米,底宽192米,是一条悬链线,其方程为

$$y = -127.7\cosh\frac{x}{127.7}(长度单位:英尺)$$

连建筑学也与 e 攀上亲戚,这的确令人惊叹不已。而更出人意料的是,在我国江南水乡浙江绍兴,桥梁建筑史家发现了两座近似悬链线形的清代石拱桥,一座为浙江新昌县桃源乡刘门坞村迎仙桥,始建于道光24年(1844年);一座为浙江嵊州市谷来镇砩头村玉成桥,始建于道光16年(1836年)。中国古代桥梁建筑技术之高超,由此可见一斑。

图3-48　浙江新昌县桃源乡刘门坞村迎仙桥

图3-49　浙江嵊州市谷来镇砩头村玉成桥

3.10　艰难之旅

比起0、1、e和π来,欧拉公式中的 i 这个数可谓时乖命蹇,尝尽世态炎凉、人情冷暖。最初,16世纪意大利数学家卡丹(G. Cardan, 1501—1576)在他的数学名著《大术》中提出如下问题:将10拆成两份,使两份之乘积等于40。在实数(包括有理数和无理数)范围内,这个问题是没有解的。卡丹写道:

“显然,该问题是不可能的。不过我们可以用这样的方式来求解:平分10,得5,自乘,得25。减去乘积自身(即40),得－15。从5中减去和加上该数的平方根,即得乘积为40的两部分,即$5+\sqrt{-15}$和$5-\sqrt{-15}$……抛开精神上的痛苦,将$5+\sqrt{-15}$乘以$5-\sqrt{-15}$,得25－(－15),即40……这的确很矫揉造作,因为利用它我们并不能实施在纯负数情形中所能进行的运算。”[1]

1　Kleiner I. Thinking the unthinkable: The story of complex numbers. *Mathematics Teacher*, 1988. **81**: 583–592.

显然，卡丹并没有真正接受这种"矫揉造作"的数。

后来，尽管意大利数学家邦贝利（R. Bombelli, 1526—1572）、荷兰数学家吉拉尔等人倾向于接受这类数，但笛卡儿却给它取了"虚数"(imaginary number)之名：言下之意是这玩意不过是人们虚构出来的东西。

17世纪，德国著名数学家莱布尼茨在解二元二次方程组 $x^2 + y^2 = 2, xy = 2$ 时遇到了极大的困惑。一方面，根据代数恒等式易得 $x + y = \sqrt{6}$；另一方面，分别计算 x 和 y，却发现它们都不是实数。面对等式

$$\sqrt{1 + \sqrt{-3}} + \sqrt{1 - \sqrt{-3}} = \sqrt{6}$$

图3-50 莱布尼茨（德国，1996）

莱布尼茨百思而不得其解。他在给荷兰数学家惠更斯（C. Huygens, 1629—1695）的信中写道：

> "我不明白，一个用虚数或不可能数表示的量怎么会是实数呢？我怀疑是不是哪里出错了，于是回头检查每一步计算，但结果都一个样。在一切分析中，我从来没有见过比这更奇异、更矛盾的事实了。"[1]

图3-51 惠更斯（荷兰，1928）

惠更斯读信后同样很惊讶："含有虚数的不可开根相加结果竟就是一个实数，你的这一结果令人惊讶，前所未有。人们决不相信 $\sqrt{1 + \sqrt{-3}} + \sqrt{1 - \sqrt{-3}}$ 会等于 $\sqrt{6}$，这里面隐藏着我们无法理解的东西。"

约翰·伯努利、欧拉、棣莫佛都研究过这种数，欧拉还专门用 i 来表示 $\sqrt{-1}$。但他仍然声称负数的平方根"只存在于想象之中"。实际上，i 不过是英文单词 imaginary（想象的）的首字母而已。

尽管后来挪威的一位名不见经传的土地测量员魏塞尔（C. Wessel, 1745—1818）、瑞士的一位小小簿记员阿甘德（J. R. Argand, 1768—1822）和德国大数学家高斯给出复数的几何表示法，为人们理解虚数奠

1　McClenon R B. A contribution of Leibniz to the history of complex numbers. *American Mathematical Monthly*, 1923, **30**: 369–374.

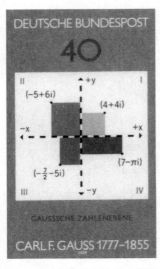

图3-52 高斯复平面（德国，1977）

定了直观基础，但直到19世纪，虚数仍未为人们所普遍理解和接受。英国著名数学家德摩根在其《数学学习与困难》中仍然说虚数是"假想的数"。剑桥大学的教授们仍然无情地排斥"令人厌恶的$\sqrt{-1}$"，一些数学课本中仍然写着：$\sqrt{-1}$不是一个数。

20世纪上半叶，美国国家标准局（1988年后改称为国家标准与技术研究所）的物理学家们制作出液态空气。当时，来标准局参观的人络绎不绝。由于人手不够，标准局安排物理学家每天轮流担任导游，负责解说。一位参观者在观看了液态空气样品之后，问物理学家：液态空气（liquid air）是用来做什么的？物理学家思索半晌，回答说："用来润滑—1的平方根！"[1]这则故事说明，在20世纪，一些物理学家眼里的虚数依然是虚无缥缈的。

谁知，i竟也有出人头地、扬眉吐气的那一天。18世纪，法国数学家达朗贝尔（d'Alembert, 1717—1783）将复变函数理论应用于流体动力学；建筑堤坝这样的水利工程就得与这个数打交道。瑞士数学家兰伯特（J. H. Lambert, 1728—1777）将复变函数理论应用于地图制作。20世纪，物理学的其他许多领域都少不了它。

图3-53 兰伯特　　图3-54 达朗贝尔（法国，1959）

3.11　荒岛寻宝

俄国数学家和物理学家伽莫夫（G. Gamow, 1904—1968）曾试图揭开复数的奥秘。他出了这样一道难题：有一张破旧发黄的羊皮纸，上面指出某一无人岛上海盗宝藏的位置，同时指示：岛上有两棵树A和B，还有一座断头台。从断头台开始直线走向A树并记下步数，到达后向左转90°继续直走相同的步数，

1 Nahin P J. *An Imaginary Tale: The Story of $\sqrt{-1}$*. Princeton: Princeton Unversity Press, 1998.

然后在停止处钉下一根钉子。再回到断头台直线走向
B 树，到达后右转 90°继续直走相同的步数，同样在停
止处钉下一根钉子。这时只要在两钉连线的中点处挖
掘，就可以找到宝物[1]。

　　一个年轻的探险家在他曾祖父的遗物中幸运地发
现了这张羊皮纸，于是租了一艘船，乘风破浪、披星戴
月、满怀信心地前往该岛。他毫不费力地找到了那两
棵树，然而令他沮丧的是，断头台却荡然无存了！断
头台所在地的一切痕迹也因年代过久而消失于荒烟蔓
草之中。找不到这个断头台，年轻人无法找到宝藏，只好失望地空手而归。

图 3-55　伽莫夫

　　如果我们按照羊皮纸上的说明绘
制出平面图，设点 C 为断头台位置，D
和 E 是前后两次所钉的钉子的位置，
T 为 DE 的中点，即宝藏的位置，如图
3-56 所示。以两树 A 和 B 所在直线为 x
轴，以 AB 的中点为原点，建立直角坐
标系。设，$|AB|=d$，$\overrightarrow{OC}=a+b\mathrm{i}$，于是
利用复数的运算法则，

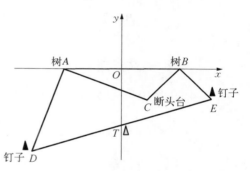

图 3-56　荒岛宝藏图

$$\overrightarrow{AC}=\left(a+\frac{d}{2}\right)+b\mathrm{i},\ \overrightarrow{BC}=\left(a-\frac{d}{2}\right)+b\mathrm{i}$$

$$\overrightarrow{AD}=\left[\left(a+\frac{d}{2}\right)+b\mathrm{i}\right]\times(-\mathrm{i})=b-\left(a+\frac{d}{2}\right)\mathrm{i}$$

$$\overrightarrow{BE}=\left[\left(a-\frac{d}{2}\right)+b\mathrm{i}\right]\times\mathrm{i}=-b+\left(a-\frac{d}{2}\right)\mathrm{i}$$

$$\overrightarrow{OD}=\left(b-\frac{d}{2}\right)-\left(a+\frac{d}{2}\right)\mathrm{i}$$

$$\overrightarrow{OE}=-\left(b-\frac{d}{2}\right)+\left(a-\frac{d}{2}\right)\mathrm{i}$$

因此

$$\overrightarrow{OT}=\frac{1}{2}(\overrightarrow{OD}+\overrightarrow{OE})=-\frac{d}{2}\mathrm{i}$$

1　伽莫夫.从一到无穷大.暴永宁，译.北京：科学出版社，2002.31-33.

可见，年轻的探险家肯定没有学过复数，否则决不会无功而返：宝藏的位置其实与断头台并没有关系，我们只要从A树出发，沿着AB走到AB的中点O，记下走过的步数；然后向右转90°，继续沿直线走相同的步数，即可到达宝藏位置。

问题研究

3–1. 利用复数证明：$(a^2+b^2)(c^2+d^2)=u^2+v^2=p^2+q^2$，其中 a、b、c、d、u、v、p、q 均为正整数，且 $p \neq u, q \neq v, p \neq v, q \neq u, ad \neq bc, ac \neq bd, a \neq b, c \neq d$。

3–2. 利用复数证明三角形三条中线交于一点。

3–3. 设C_n和C_n'分别为圆内接和外切正n边形的周长，证明以下递推公式：

$$C_{2n}' = \frac{2C_n C_n'}{C_n + C_n'}$$

$$C_{2n} = \sqrt{C_n \cdot C_{2n}'}$$

3–4. 设S_n和S_n'分别为圆内接和外切正n边形的面积，证明以下递推公式：

$$S_{2n} = \sqrt{S_n S_n'}$$

$$S_{2n}' = \frac{2S_n' S_{2n}}{S_n' + S_{2n}}$$

3–5. 证明：数列$\left(1+\frac{1}{1}\right)^1, \left(1+\frac{1}{2}\right)^2, \left(1+\frac{1}{3}\right)^3, \cdots, \left(1+\frac{1}{n}\right)^n, \cdots$是单调递增的，且任一项都不超过3。

第4讲 赏心悦目

> 若没有对称和比例，则没有一座教堂会有合理的结构。
>
> ——维特鲁威

从历史上看，数学与建筑之间的关系十分密切。事实上，19世纪以前，人们往往把建筑学看作是应用数学的一部分。建筑需要美，美源于和谐，和谐要用数学来创造。早在公元前1世纪，罗马著名建筑师维特鲁威（Vitruvius）在《建筑十章》中即宣扬数学在艺术和建筑中的作用，该书对建筑理论和实践的影响一直延续到18世纪末。19世纪意大利著名建筑师马尔蒂尼（F. G. Martini, 1439—1501）说："人类没有任何一种艺术可以离开算术和几何而获得成就。"[1]20世纪瑞士-法国著名建筑师柯布西耶（Le Corbusier, 1887—1966）则说，"通过计算，工程师运用了几何形体，用他们的几何来满足我们的双眼，用他们的数学来满足我们的理解。"[2]

4.1 几何之美

在古代埃及和巴比伦，宗教以及官方建筑都具有规则的几何形状，而世俗建筑则常常被设计成倾斜和不规则的。自古希腊以来，建筑师一直利用规则几何图形来表达美与和谐。在欧洲中世纪，教堂和修道院的

---

1 陈志华. 外国建筑史. 北京: 中国建筑工业出版社, 1999.

2 Courbsier L. *Toward an Architecture*. Los Angeles: Getty Publications, 2008. 99.

建筑都必须符合特定的规则,其中,正多边形(尤其是正三角形、正方形、正六边形和正八边形)占有统治地位,而修道院的世俗部分则建成倾斜的形状。

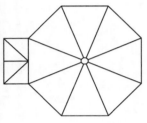

图 4-1 佛罗伦萨圣乔凡尼礼拜堂及其剖面图

建于1059~1128年间的意大利佛罗伦萨圣乔凡尼教堂就是一个典型的例子。该教堂外形为一正八棱柱加正八棱锥顶,从教堂内部看,藻井为一系列同心的正八边形,地面的正中位置也镶嵌着正八边形。

图 4-2 圣乔凡尼礼拜堂的藻井与地板

意大利南部阿皮利亚(Apulia)山上的古城堡(约建于1240年)被建筑史家誉为中世纪"建筑上无与伦比的纪念碑"[1]。城堡为神圣罗马帝国皇帝腓特烈二

1　Gotze H. Friederich II and the love of geometry. *Mathematical Intelligencer*, 1995, **17**(4): 48–57.

世所建,用于军事目的。其内外墙均为正八棱柱,外墙的每一个角上又分别建有一个正八棱柱。从剖面图看,城堡内八边形相应八角星的每个顶点恰恰位于角上正八边形的中心;角上正八边形朝内的顶点正是外八边形的一个顶点。外八边形、内八边形和角上八边形边长之比为 $2:1:(\sqrt{2}-1)$。

图 4-3 阿皮利亚山古城堡

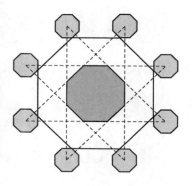

图 4-4 阿皮利亚山古城堡剖面图

如果再按同样的方法不断在每一个小八边形外作出八个更小的正八边形,并保留朝外的五个,那么最后所得的图形乃是一个漂亮的分形图案。

图 4-5 根据阿皮利亚山古城堡构图法得到的分形图

16世纪德国艺术家雅尼泽(W. Jamnitzer, 1507—1585)发现,用正多面体、半正多面体和星形多面体来装饰的建筑物会很吸引人。他总结了120种正多面体的漂亮图案,如图 4-6 所示。

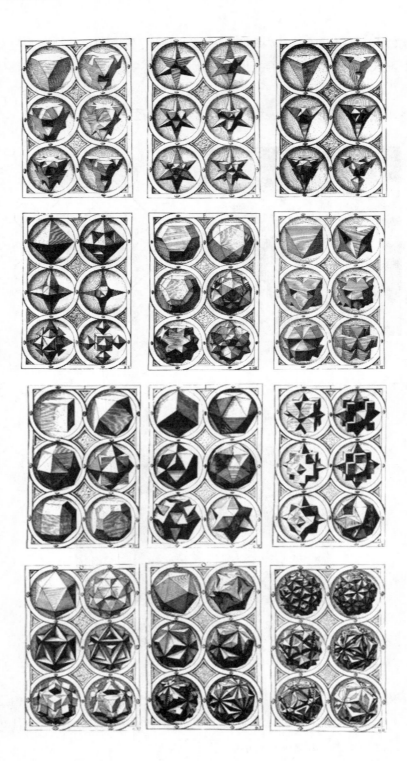

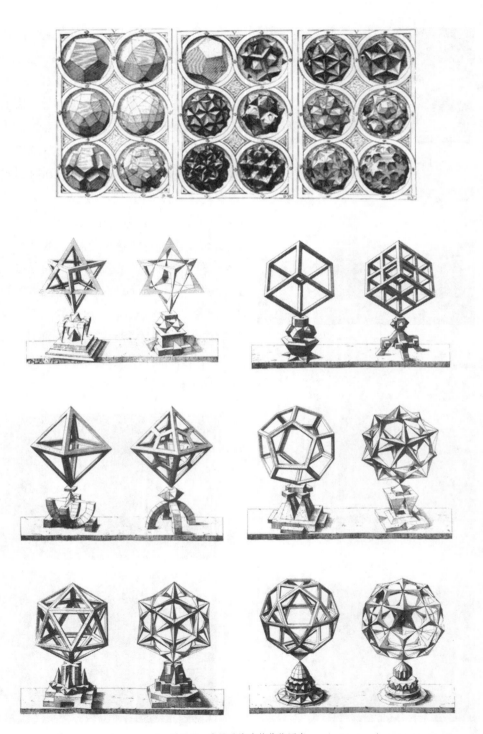

图4-6 雅尼泽的建筑装饰图案

图 4-7　布雷的作品：牛顿纪念堂

图 4-8　列杜的作品：农村公安队宿舍

图 4-9　斯德哥尔摩的巨蛋体育馆

图 4-10　贝聿铭作品：卢浮宫前的玻璃金字塔

18世纪，受启蒙思想的影响，法国建筑师们追求简朴的建筑风格，他们在设计中大量使用了规则几何形体，其中，球体最受青睐。著名建筑师布雷（É.-L. Boullée, 1728—1799）设计的牛顿纪念堂是圆柱形台基上的一个圆球；建筑师列杜（C. N. Ledoux, 1736—1806）设计的农村公安队宿舍则是放置于长方形水池中的圆球。这些作品尽管当时没能建造出来，但从某种意义上说，18世纪热爱数学的建筑师们的理想在今天已经完全得到了实现：斯德哥尔摩的巨蛋体育馆、巴黎的晶球电影院、北京的国家大剧院等等，都已成为当地地标性的建筑。

当代华裔美国建筑大师贝聿铭的建筑作品中充满了几何元素。

图 4-11　劫后余生的富勒球

4.2 比例之谐

维特鲁威认为，人体的各种比例是最完美的
比例，因此，庙宇的建筑必须遵循这样的比例。
文艺复兴时期意大利著名建筑师帕拉第奥（A.
Palladio, 1508—1580）在《建筑四章》中写道：
"音调的纯粹比例听着和谐，空间的纯粹比例看着
和谐。这样的和谐给予我们快乐的感觉。"[1]德国
艺术史家维特柯华（R. Wittkower, 1901—1971）
研究发现，文艺复兴时期的建筑均可归结为一种
或几种比例理论。

1855年，德国学者洛贝（F. Röber）最先提
出：几乎所有古埃及金字塔（但未包括胡夫金字
塔）的设计中都普遍使用了黄金数（或黄金比
例）[2]：金字塔侧面与底面夹角 α 的正割，即侧面高

与底面边长之半的比等于$\sec \alpha = \dfrac{\sqrt{5}+1}{2}$。

在几何上，黄金比例是如何得到的？欧
几里得在《几何原本》第二卷给出命题："将
一条线段分成两段，使得整段与其中一分段
所含矩形等于另一分段上的正方形。"其中的分点就是所谓的黄金分割
点。欧几里得的作图法如下：在 AB 上作出正方形 $ABCD$，取 AD 的中点
E，在 DA 延长线上取点 F，使 $EF=EB$。在 AB 上取点 H，使得 $AH=AF$。
于是点 H 即为所求。另一种作图法是古希腊数学家海伦给出的，今天更
为常用。

图4-12 达芬奇的维特鲁威人（摩纳
哥，2000）

图4-13 吉萨金字塔（刚果，1978）

1 Schreiber P. Art and architecture. In: Grattan-Guinness I (ed.). *Companion Encyclopedia of the History and Philosophy of Mathematical Sciences* (Vol.II), Lodon: Routledge, 1994. 1593–1611.

2 Herz-Fischler R. The golden number and division in extreme and mean ratio. In: Grattan-Guinness I (ed.). *Companion Encyclopedia of the History and Philosophy of Mathematical Sciences*(Vol.I), Lodon: Routledge, 1994. 1576–1584.

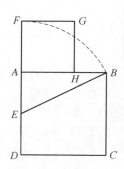

图4-14 黄金分割的欧氏作图法

图4-15 欧几里得黄金分割作图法(日本,1986)

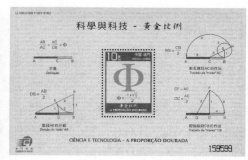

图4-16 黄金分割的海伦作图法与黄金数(澳门,2007)

图4-17 帕西沃里与黄金分割(意大利,1994)

设 $BH=1$,$AH=x$。由 $\dfrac{x+1}{x}=\dfrac{x}{1}$,得一元二次方程

$$x^2-x-1=0$$

其正根即为黄金数 $\phi=\dfrac{1+\sqrt{5}}{2}=1.61803\cdots$。

1977年,美国数学家和诗人布鲁克曼(P. S. Bruckman)在《斐波纳契季刊》中发表短诗"恒常的比例"以记之[1]:

> 黄金比例可真荒唐,
>
> 荒唐得有点不寻常。
>
> 如果你把它倒一倒,
>
> 与自身减一没两样;
>
> 如果你把它加个一,
>
> 得到自己的二次方。

黄金分割已经为古希腊毕达哥拉斯学派(亦称"兄弟会")所熟悉,因为该学派选择五角星作为兄弟会的会标,并赋以"健康"的含义。古希腊作者杨布利丘(Iamblichus)告诉我们一则故事:一位毕达哥拉斯学派的成员客死他乡,临终前,他告诉所住旅店的店主,只要在店门口挂上一个五角星,便会有人来帮助偿还他因住店和看病所欠下的债务。不久,果然有一位路过的

---

1 Bruckman P S. Constantly mean. *Fibonacci Quarterly*, 1977, **15** (3): 236.

人进旅店帮助那位已经离世的人还清了生前的债务。这小小的神秘的五角星,它所代表的含义其实不仅仅是健康,它同时也是友爱、戒律、智慧的标志,有着无穷的魅力。不难证明,正五边形各对角线交点都是相应对角线的黄金分割点(问题研究[4–2])。

今天,如果你让一个幼儿园的孩子画一颗星星,他准给你画出一个五角星。而在历史上,早在新石器时代,两河流域就已经出现五角星图案了。或许,人类对这种一笔画对称图案有着天然的爱好,并非只有毕达哥拉斯学派喜爱它。这就不难说明,为什么世界上超过六十个国家的国旗上都有这个图案了。

图 4-18　五角星(古巴,1975)

图 4-19　黄金分割与对数螺线(瑞士,1987)

长和宽之比等于黄金比(黄金数)的长方形叫黄金矩形。奇妙的是,从一个黄金矩形中去掉一个以宽为边长的正方形,余下的矩形还是黄金矩形。从某一个黄金矩形开始,去掉一个正方形,再从余下的黄金矩形中去掉一个正方形,这样一直下去,所得到的一系列黄金分割点恰恰位于同一条对数螺线上!

1876 年,德国实验心理学家古斯塔夫·费希内(Gustav Fechner, 1801—1887)曾经做过一个著名的实验。他展出以下各种矩形:

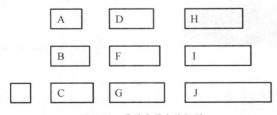

图 4-20　费希内展出的矩形

要求参观者投票选择各自认为最美的和最丑的矩形。结果,最美矩形中,长与宽接近 0.618 的矩形所得票数最高。以后又有许多人如拉罗(Lalo)做了更多的实验。下表给出费希内和拉罗的实验结果[1]。

1　Huntley H E. *The Divine Proportion*. New York: Dover Publications, 1970. 64.

表4-1　费希内与拉罗的实验结果

宽与长之比	最佳矩形（%）		最坏矩形（%）	
	费希内	拉罗	费希内	拉罗
1.00	3.0	11.7	27.8	22.5
0.83	0.2	1.0	19.7	16.6
0.80	2.0	1.3	9.4	9.1
0.75	2.5	9.5	2.5	9.1
0.69	7.7	5.6	1.2	2.5
0.67	20.6	11.0	0.4	0.6
0.62	**35.0**	**30.3**	**0.0**	**0.0**
0.57	20.0	6.3	0.8	0.6
0.50	7.5	8.0	2.5	12.5
0.40	1.5	15.3	35.7	26.5
	100.0	100.0	100.0	100.0

可见，宽与长之比接近0.618的长方形最受人们的喜爱！我们不妨关注一下生活中常用的各种卡片（银行卡、交通卡、校园卡、社保卡、购物卡……）的尺寸，它们大多与黄金矩形相近。

图4-21　银行卡（法国，2001）

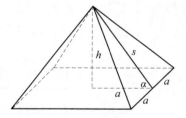

图4-22　胡夫金字塔中的黄金比

1859年，英国作家约翰·泰勒（John Taylor, 1781—1864）在其《大金字塔》一书中提出：古埃及人在建造胡夫金字塔时利用了黄金比例。泰勒还引用古希腊历史学家希罗多德（Herodotus）的记载：胡夫金字塔的每一个侧面的面积都等于金字塔高的平方。

如图4-22，若$as=h^2$，则由勾股定理，$as=s^2-a^2$，即

$$\left(\frac{s}{a}\right)^2-\frac{s}{a}-1=0,$$

因此, $\sec\alpha = \dfrac{s}{a}$ 为黄金数。

检查希罗多德《历史》第二卷第124节, 发现希罗多德只是说金字塔的高与底面边长相等, 均为8普列特隆(约800英尺)[1]。看来, 希罗多德实际上并未记载黄金数, 泰勒为了给自己的理论提供依据, 篡改了他的原文。那么, 胡夫金字塔是否含有黄金比例呢? 实测得到的数据是[2]: 金字塔底面平均边长为 $2a = 755.79$ 英尺, 高为 $h = 481.4$ 英尺, 由勾股定理可得侧面斜高 $s = 612.01$ 英尺。于是, $\sec\alpha = \dfrac{s}{a} = 1.62$, 与黄金比例真的十分接近!

美国作家迪特里希(W. Dietrich)的历史冒险小说《拿破仑的金字塔》反映了人们对黄金比例的无限崇尚。小说的主人公、美国人盖奇随拿破仑的

图4-23　远征埃及(法国, 1972)

军队来到埃及, 并随地理学家若马尔来到吉萨, 对金字塔进行测量。若马尔告诉盖奇:

> "金字塔的长、宽、高等代表至圣至高的神。几千年来, 建筑师和工程师们发现某些比例和形状与其他的相比更加赏心悦目。这些比例和形状十分有趣, 相互之间存在某些数学方面的关联。有人认为这种神圣的关系揭示了根本的、普遍的真理。我们的祖先在建造哥特式大教堂时, 试图运用建筑的大小和几何比例去表现宗教观念和宗教理想, 实质上, 在最初的设计中便赋予建筑物以神圣的理念。'何为神?'明谷的圣贝尔纳曾经发问。'神就是长度、宽度、高度和深度。'"[3]

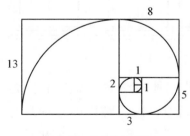

图4-24　斐波纳契螺线

盖奇在胡夫金字塔上发现了鹦鹉螺化石; 若马尔由此想到了斐波纳契数列, 并将其"几何化", 在塔顶画出一条斐波纳契螺线(图4-24)。

1　希罗多德. 历史(上). 周永强, 译. 西安: 陕西师范大学出版社, 2008. 138.
2　Livio M. *The Golden Ratio: The History of Phi, The World's Most Astonishing Number*. New York: Broadway Books, 2002. 81.
3　迪特里希　威廉. 拿破仑的金字塔. 吴晓妹, 等, 译. 上海: 上海文艺出版社, 2010. 191.

若马尔据此又想到了黄金比（关于斐波纳契数列与黄金比之间的关系，参阅第1讲的问题研究1-4）。他坚信，金字塔的坡度一定准确地体现了黄金比。

古希腊毕达哥拉斯学派发现，音的和谐与弦长的整数比有密切关系：1:2、2:3和3:4分别对应八度、五度和四度音程。有理由相信，这一发现，连同该学派"万物皆数"的哲学观念对于古希腊的建筑产生过深远的影响。

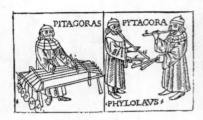

图4-25　毕达哥拉斯与音乐

图4-26　用吉他可以解释毕达哥拉斯的发现。若3弦空弦为1，则3弦5品（3:4）为4，3弦7品（2:3）为5，3弦12品（1:2）为i

雅典著名的帕提农神殿建于公元前447~前432年，是古希腊庙宇建筑的典范。神殿高（从台基到屋顶）与宽（南北向）的比为黄金比。负责神殿内雕塑的菲狄亚斯（Phidias，前480?—前430）在他的众多雕塑作品中都使用了黄金比。

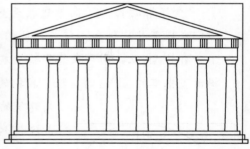

图4-27　帕提农神殿

图4-28　帕提农神殿上的黄金分割

帕提农神殿的设计师还使用了另一个比4:9[1]。神殿台基的长（东西向）为69.5米，宽为30.88米；圆柱底径为1.905米，高为10.44米；圆柱中心轴距为4.293米；内中堂长宽分别为48.30米和21.44米。不难发现：台基的宽和长之比、圆柱底径与中心轴间距之比、水平檐口高（柱高加檐部高3.29米）与台基宽之比、内中堂宽与长之比均为4:9！

1　O'Connor J J, Robertson E F. Mathematics and architecture. http://turnbull.mcs.st-and.ac.uk/~history / HistTopics/Architecture html.

人们在巴黎圣母院、沙特尔大教堂、印度泰姬陵等著名建筑中都发现了黄金比。

在建筑学上，在15世纪之后相当长的时间内，黄金分割似乎被人们遗忘。20世纪20年代，柯布西耶在建筑设计中重新开始使用黄金分割。柯布西耶建立了模度理论。一个

图4-29　沙特尔大教堂（摩纳哥，1973）

6英尺（1.829米）高的人，一只手向上举至2.260米，将其置于一个正方形内，如图4-30所示。身高与肚脐眼高（1.130米）为黄金比；从脚到所举的手的总高（2.260米）与下垂手臂肘的高度（1.397米）为黄金比；等等。柯布西耶将他的模度理论大量运用于建筑设计，一幅幅美妙的作品从他的手里相继诞生。

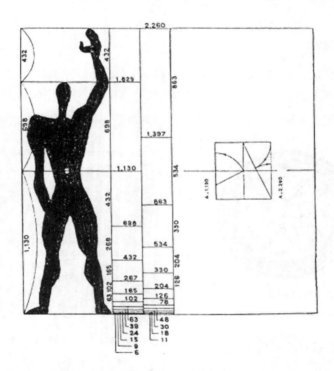

图4-30　柯布西耶的模度理论

法国巴黎的埃菲尔铁塔（以设计者埃菲尔命名，1889年建成）高300米，在离地57米、115米和276米处各有平台，第二层平台接近整座铁塔的黄金分割点。多伦多电视塔高553.33米，观光台离地342米，为黄金分割点。纽约联合国总部大楼（1950年建成）的宽与每十层高之间构成黄金比。

图4-31 埃菲尔铁塔（法国，1939）　　　　图4-32 多伦多电视塔

4.3 重逢对称

　　人类很早就喜爱对称。古代两河流域的先民已经广泛使用了对称性，这一点可以从出土的陶碗、印章上的图案中得到证明。在希腊语中，"对称"这个术语原来指的就是一座建筑、一尊雕塑或一幅绘画从部分到整体的形状和比例的

图4-33 两河流域陶碗（约公元前6000年）

图4-34 两河流域圆柱印章上的图案（约公元前3000年）

图4-35 苏美尔艺术作品中的对称（公元前2700年）（采自外尔的《对称》）典范

重复[1]。从数学上讲，对称有平移、旋转、反射、滑动反射等情形。自古以来，建筑中的反射对称可谓司空见惯。中世纪法国哥特式教堂具有显著的对称性特征。中国故宫的太和殿、印度的泰姬陵等等，都是对称性的典范。

图 4-36 故宫太和殿

图 4-37 泰姬陵

　　文艺复兴时期的建筑设计大多遵循对称性原则，帕拉第奥的众多作品都具有完美的对称性。今天，美籍华人建筑大师贝聿铭作品中的对称美仍然在"满足我们的双眼"。

图 4-38 帕拉第奥作品：Emo别墅（约1558）

图 4-39 苏州博物馆新馆

　　中世纪欧洲哥特式教堂建筑最典型的元素之一是圆花窗（又称玫瑰窗）。圆花窗的图案完全由圆弧和直线段构成，具有旋转对称性，是中世纪建筑师的一大创新，是他们爱好几何的明证。多数圆花窗既是中心对称图形，也是轴对

1　Schreiber P. Art and architecture. In: Grattan-Guinness I (ed.). *Companion Encyclopedia of the History and Philosophy of Mathematical Sciences* (Vol.II). Lodon: Routledge, 1994. 1593–1611.

称图形。图4-40是最早的、也是最简单的圆花窗图案[1],见于法国兰斯大教堂,建于1211~1221年间。图4-41则为同一座教堂更为复杂的圆花窗图案。

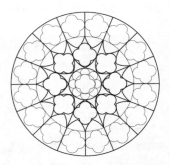

图4-40　兰斯大教堂的简单圆花窗　　　　图4-41　兰斯大教堂的复杂圆花窗

在欧洲,每一座哥特式的教堂无不带有圆花窗。图4-42和图4-44分别是斯特拉斯堡大教堂和巴黎圣母院的圆花窗,从教堂里面看这些花窗,五彩缤纷,美不胜收。

图4-42　法国斯特拉斯堡大教堂圆花窗　　图4-43　巴黎圣母院(法　　图4-44　巴黎圣母院圆花窗
　　　　　　　　　　　　　　　　　　　　　　　国,1992)

在我国苏州园林里,我们也常常能看到具有反射对称性或旋转对称性的花窗。

4.4　二次曲面

现代建筑设计中,二次曲面的使用已是稀松平常的事情。建筑上常用的二次曲面有球面、椭球

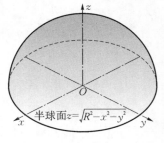

图4-45　半球面

1　Artmann B. The cloisters of Hauterive. *The Mathematical Intelligencer*, 1991, **13** (2): 44-49.

面、单叶双曲面和双曲抛物面。

球心在原点、半径为R的球面方程为$x^2+y^2+z^2=R^2$。球面的一部分广泛用于建筑设计。

图4-46 罗马小体育宫

图4-47 悉尼歌剧院

图4-48 巴西议会大厦

图4-49 上海世博会罗马尼亚馆

中心在原点的椭球面的方程为$\dfrac{x^2}{a^2}+\dfrac{y^2}{b^2}+\dfrac{z^2}{c^2}=1$ ($a>0$, $b>0$, $c>0$)，如图4-50。

典型的建筑是中国国家大剧院。

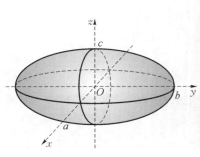

图4-50 椭球面

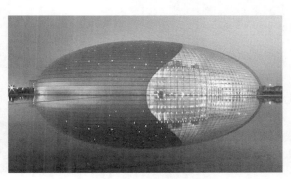

图4-51 中国国家大剧院

单叶双曲面方程为 $\dfrac{x^2}{a^2} + \dfrac{y^2}{b^2} - \dfrac{z^2}{c^2} = 1$，如图 4-52。它是一种直纹面，也就是说，尽管它是曲面，但其上含有两族直线，因此，该曲面在建筑上有广泛应用。日本神户港塔、巴西利亚大教堂、广州电视塔等都具有单叶双曲面形状。

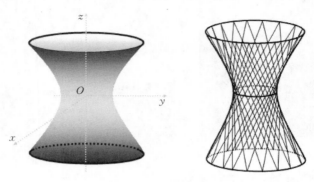

图 4-52　单叶双曲面

图 4-53　日本神户港塔高 108 米，建于 1963 年

图 4-54　曼彻斯特市政街步行桥

图 4-55　巴西利亚大教堂

图 4-56　圣路易斯科学中心天文馆（美国，密苏里）

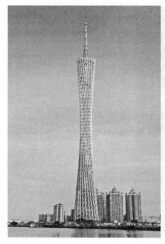

图 4-57 广州电视塔

图 4-58 法国 Cruas 核电站冷却塔

图 4-59 冷却塔(荷兰,1962)

双曲抛物面(马鞍面)的方程为 $\dfrac{x^2}{a^2} - \dfrac{y^2}{b^2} = 2z$,如图4-60。它也是一种直纹面,和单叶双曲面一样,在建筑上有广泛应用。图4-61~4-64是一些著名的双曲抛物面建筑。

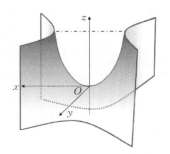

图 4-60 双曲抛物面

图 4-61 慕尼黑奥林匹克体育馆

图 4-62 圣玛利亚大教堂(作者摄于2011年9月)

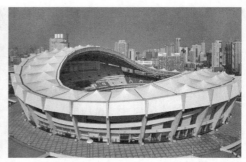

图 4-63　德国斯图加特州立美术馆新馆　　　　　图 4-64　上海体育场

4.5　数学之魅

　　在古希腊和古罗马，建筑师往往都是数学家。查士丁尼大帝统治时期（527—565）建成的拜占庭帝国最辉煌的建筑、君士坦丁堡（今伊斯坦布尔）的圣索菲亚大教堂是由两位小亚细亚数学家伊西多鲁洛斯（Isidoros）和安泰缪斯（Anthemius）负责设计的。上万名工人参加教堂的建造，花费32万两黄金，历时五年才建成。当时的拜占庭历史学家普洛可比乌斯（Procopieus，约490—562）这样描述该教堂：

> "人们觉得自己好像来到了一个可爱的百花盛开的芳草地，可以欣赏到紫色的花、绿色的花；有些是艳红的，有些闪着白光。大自然像画家一样把其余的染成斑驳的色彩。一个人到这里来祈祷的时候，立即会相信：并非人力、并非艺术，而是只有上帝的恩泽才能使教堂成为这样，他的心飞向上帝，飘飘荡荡，觉得离上帝不远……"[1]

正是数学和艺术才具有如此神奇的力量！

图 4-65　圣索菲亚大教堂（土耳其，　　　　　图 4-66　圣索菲亚大教堂
　　　　　1955）

1　陈志华. 外国建筑史. 北京: 中国建筑工业出版社, 1999.

文艺复兴时期，艺术家和建筑师往往也都是数学家。意大利艺术家和数学家达芬奇、德国数学家布拉默（B. Bramer, 1588—1652）、比利时数学家法伊尔（J. C. de la Faille, 1597—1652）等都是军事工程师。达芬奇设计过防御工事、教堂、桥梁、别墅等。意大利数学家古尔里尼（G. Guarini, 1624—1683）是著名的建筑师，他设计了都灵以及其他欧洲城市的众多公共和私人建筑，如圣罗伦兹教堂、卡里加诺宫、拉科尼基城堡等等。古尔里尼认为，建筑依靠的是数学。

图4-67　雷恩　　　　　图4-68　雷恩设计的格林威治天文台弗拉姆斯蒂德楼

著名建筑师克里斯多弗·雷恩（Christopher Wren, 1632—1723）被牛顿誉为那个时代最好的英国数学家之一。他设计了伦敦的50座教堂，还设计了格林威治天文台弗拉姆斯蒂德楼、剑桥大学三一学院图书馆、伦敦大火纪念塔等，他的重要助手胡克（R. Hooke, 1635—1703）也是数学家。

今天，建筑师和数学家集于一身的情形已不多见，但这并不意味着建筑与数学的分道扬镳。驻足欣赏北京水立方的华丽，国家大剧院的惊艳，上海体育场的飘逸，广州电视塔的巍峨，我们分明是在欣赏数学的美。

问题研究

4–1. 用尺规作出一个黄金矩形。

4–2. 证明：正五边形对角线交点是相应对角线的黄金分割点。

4–3. 证明：从一个黄金矩形中去掉一个以宽为边长的正方形，余下的矩形还是黄金矩形。

4–4. 分别用黄金数Φ来表示$\sin 9°$, $\sin 18°$, $\sin 27°$, $\sin 36°$, $\sin 45°$, $\sin 54°$, sin 63°, sin 72°和sin 81°。

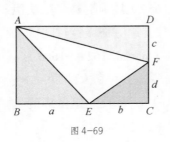

图 4-69

4-5. 如图4-69，在矩形ABCD中作内接三角形AEF。（1）在什么情况下三个小三角形ABE、ECF、ADF面积相等？（2）在什么条件下△AEF为等腰三角形（EA＝EF）？

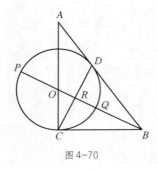

图 4-70

4-6. 在直角三角形ABC中，BC＝3，AC＝4，AB＝5。∠ABC的平分线交AC于O。以O为圆心，OC为半径作圆，交BO与P、Q，于AB相切于D，连CD，交BQ于R。证明：点Q是线段BP的黄金分割点。

4-7. 按阿皮利亚古城堡的方法，在角八边形外作更小的八边形，记内八边形面积为S_0，以后每次所作的每一个八边形面积分别为S_1, S_2, ⋯。求$\lim\limits_{n \to \infty}(S_0 + S_1 + S_2 + \cdots + S_{n-1})$。

第5讲 完美结合

没有数学,就没有艺术。

—— 帕西沃里

5.1 数学工具

让我们先来欣赏中世纪的两幅绘画作品。一幅是意大利拉韦纳圣威托教堂(526~548)里的马赛克——"亚伯拉罕与天使",一幅是"查理曼救援教皇亚德里安"。两幅作品有一个共同点:人物与背景不成比例,换言之,它们"不像"我们在三维空间看到的真实场景。

图 5-1　亚伯拉罕与天使

图 5-2　查理曼救援教皇亚德里安

为什么会这样呢?原因是中世纪的画家没有掌握一种特殊的工具。

文艺复兴时期成了绘画艺术史的分水岭,因为艺术家拥有了数学工具——透视学,他们能够在二维画布上逼真地再现三维空间的真实场景,这使他们的作品富有现实主义。

图5-3 布鲁内列斯基(意大利,1977)

图5-4 佛罗伦萨大教堂

据说公元前400年左右古希腊哲学家德谟克里特(Democritus)最早研究了透视的法则(可能用于剧院舞台布景的设计,但没有文字记载)。以设计佛罗伦萨大教堂圆顶而闻名的意大利建筑师和雕塑家菲利波·布鲁内列斯基(Filippo Brunelleschi, 1377—1446)是第一个掌握作透视画精确方法的人。而第一本论透视的著作是阿尔贝蒂(Leon Battista Alberti, 1404—1472)的《论绘画》(*della Pittura*,拉丁文版1435年,意大利文版1536年)。书中,阿尔贝蒂介绍了布鲁内列斯基的方法(但没有提到他的名字)。阿尔贝蒂认为数学是艺术和科学的共同基础,主张利用透视法进行艺术创作。他认为,做一个合格的画家,首先要精通几何学;借助于数学,自然界将变得更加迷人。在《论绘画》中,他写道:

> 如果一名画家尽可能精通所有的自由艺术,那将令人愉悦;但首先我希望他懂几何学。我喜欢古代画家潘菲洛斯(Pamphilos)的格言……他认为,如果不懂几何学,没有哪个画家能画好画。本书解释了一切完美的绝对的绘画艺术,对此,几何学家很容易理解,但不懂几何者却无法理解。因此,我认为画家有必要学习几何学。"[1]

将三维空间真实场景中的不同平行线画在二维画布上时,需满足三个定理:

定理1 与画面垂直的平行线交于一点,该点称为主没影点;

定理2 与画面既不垂直、也不平行的两族平行线各交于一点,称为对角没影点,两个对角没影点与主没影点共线,且与主没影点等距;

定理3 与画面平行的一族平行线仍然是平行的。

图5-5 两条平行线在远处相交

1 Alberti L B. *On Painting*. Cambridge: Cambridge University Press, 2011.

文艺复兴时期最重要的透视学家是15世纪意大利艺术家和数学家弗朗西斯卡（Piero della Francesca, 1415—1492）。在《透视绘画论》中，他开始利用透视法来绘画，在其后半生的20年间，他写了三篇论文，试

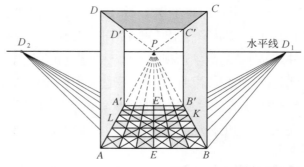

图5-6　透视学原理

图证明利用透视学和立体几何原理，现实世界就能够从数学秩序中推演出来。

图5-7　弗朗西斯卡纪念邮票（梵蒂冈，1992）

图5-8　弗朗西斯卡作品《耶稣受鞭图》

图5-9　《耶稣受鞭图》之主没影点

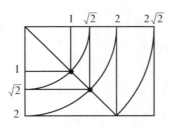

图5-10　《基督受鞭图》之构图分析

图5-11　达芬奇和他的作品

达芬奇对透视学作出了重要贡献。在《论绘画》(*Treatise on Painting*, 约1510)中, 达芬奇列出在他看来同样重要的三种透视方法:一是远距离物体尺寸的减小(与数学透视有关), 一是颜色的变淡, 一是轮廓的消失。他说:"欣赏我的作品的人, 没有一个人不是数学家。"他认为, 绘画的目的是再现自然, 而绘画的价值就在于精确的再现。甚至纯粹抽象的创造物, 如果能在自然中存在, 那么它也必定会出现。因此, "绘画是一门科学, 而一切科学都以数学为基

图 5-12　达芬奇《最后的晚餐》(1494)

图 5-13　《最后的晚餐》之主没影点

图 5-14　达芬奇《博士来拜》之透视研究

础。人类的任何探究活动都不能称为科学，除非这种活动通过数学表达方式和经过数学证明来开辟自己的道路。"他还认为，"一个人如果怀疑数学的极端可靠性，就会陷入混乱，他永远不可能平息科学中的诡辩，只会导致空谈和毫无结果的争论。"达芬奇藐视那些轻视理论而声称仅仅依靠实践也能进行艺术创造的人，认为正确的信念是"实践总是建立在正确的理论之上"。他将透视学看作是绘画的"舵轮与准绳"。

达芬奇广泛研究了人体的各种比例。著名的维特鲁威人（图4–12）是他对人体的详细研究的作品，图中标明了黄金分割的应用。这是一张他为朋友、数学家帕西沃里（L. Pacioli, 1445—1517）的《神奇的比例》（1509）所作的图解。

黄金分割还出现在达芬奇未完成的作品《圣徒杰罗姆》中。该画约作于公元1483年。在作品中，圣徒杰罗姆的像完全位于一个黄金矩形内。应该说，这不是偶然的巧合，而是达芬奇有意识地使画像与黄金分割相一致。

实际上，15世纪和16世纪早期几乎所有的绘画大师，包括西诺莱利（L. Signorelli, 1445?—1523）、布拉曼德（D. Bramante, 1444—1514）、米开朗琪罗（Michelangelo, 1475—1564）、拉斐尔（Raphael, 1483—1520）以及其他许多艺术家，都对数学有着浓厚的兴趣，而且力图将数学应用于艺术。

图 5-15　拉斐尔《雅典学派》

图 5-16　德·胡赫（Pieter De Hoogh, 1629—1684)作品——《与两个男人共饮的女人和她的女仆》

图 5-17　作品《与两个男人共饮的女人》之透视

图5-18　荷兰画家弗美尔作品——
　　　　《音乐课》

图5-19　《音乐课》之透视

5.2　画中幻方

　　阿尔布雷特·丢勒（Albrecht Dürer, 1471—1528）是第一个将透视学引进德国的画家，他同时也是数学家、机械师和建筑学家。年轻时曾到意大利学习数学和透视，著有《尺规测量艺术引论》《人体解剖学原理》等。丢勒认为，创作一幅画时，应依据透视的数学原理进行构图。

　　丢勒也是一位自然几何学家，寻求将人体的形状归结为数学原理，这在他的数以百计的素描中得到了证明。他还设计了三种作椭圆的仪器[1]。图5-23左

图5-20　丢勒（迪拜，1971）

图5-21　丢勒作品《圣徒杰罗姆在
　　　　书房》（雕版画，1514）

1　Walton K D. Albrecht Durer's Renaissance connections between mathematics and art. *The Mathematics Teacher*, 1994 (4): 278-282.

图所示齿轮仪器用于画螺线和摆线；图5-23右所示仪器则用于画椭圆。

丢勒在《画家手稿》(*The Painter's Manual*, 1538)中创造了许多德文数学术语，如称椭圆为Eierlinie (蛋形线)，称双曲线为Gabellinie (叉形线)。他称抛物线为Brennlinie，指的抛物镜的燃烧性质。

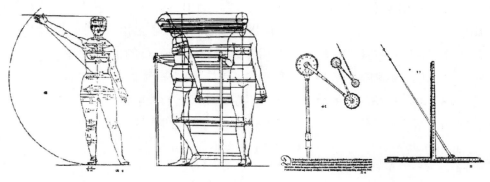

图5-22 丢勒的人体素描　　　　　　　图5-23 丢勒的作图仪器

丢勒对数学的爱好可以从他的铜版画《忧郁》(*Melencolia*, 1514)中反映出来。除了中心透视的应用，墙上的幻方、复杂的多面体、球体，都象征着对于数学难题的长期思索无获而产生的忧郁情感。这是他所画过的最好的自画像。

图5-24 丢勒名画（蒙古，1971）

图5-25 多面体

图5-26 幻方

II			I
16	3	2	13
5	10	11	8
9	6	7	12
4	15	14	1
III			IV

图5-27 丢勒幻方

麦吉利夫雷(C. H. MacGillavry)认为，《忧郁》中多面体的表面似乎由两个等边三角形和六个不规则的多边形构成。他还猜想：丢勒不是根据模型，而是根据一个大的方解石晶体来画多面体的。多奈(J. D. H. Donnay)认为，如果上述猜想是对的，那么第一篇晶体学的时间应该向前推大约100年。

《忧郁》中的幻方有以下性质：

（1）每行、每列和每条对角线上的数字之和为34；

（2）关于两对角线交点对称的任意两数的和为 17 ；

（3）每一象限（I、II、III、IV）的数字之和为 34 ；

（4）I、III象限的上行数字之和相等，且等于II、IV象限的下行数字之和；I、III象限下行数字之和相等，且等于II、IV象限的上行数字之和。

（5）I、III象限的右列数字之和相等，且等于II、IV象限的左列数字之和；I、III象限左列数字之和相等，且等于II、IV象限的右列数字之和。

（6）第一行和第四行的平方和相等，第二行和第三行的平方和相等。

（7）第一列和第四列的平方和相等，第二列和第三列的平方和相等。

（8）两条对角线上的数字和等于不在对角线上的数字和。

（9）两条对角线上的数字平方和等于不在对角线上的数字平方和。

（10）两条对角线上的数字立方和等于不在对角线上的数字立方和。

图5-28　埃舍尔的素描

5.3　绝妙镶嵌

平面的规则分割称作"镶嵌"，即将封闭平面图形互不重叠排列起来，完全覆盖平面而不留空隙。如铺在地板上的正方形地砖。前面提及，古希腊毕达哥拉斯学派已经知道三种规则镶嵌。

荷兰著名艺术家艾舍尔（M. C. Escher, 1898—1972）对于镶嵌的兴趣始于1936年旅行西班牙的时候。在西班牙南部，艾舍尔足足花了三天时间研究并描摹摩尔人的镶嵌装饰画，后来他自己声称，这是他"曾经发掘过的最丰富的灵感的源泉"。1957年，他写了一篇关于填充画的文章，文中评论说：

在数学方面，人们已经从理论上考虑过平面的规则划分……这是否意味着它仅仅是一个数学问题呢？在我看来，不是的。数学已经打开了通往一片广阔领域的大门，但它还没有进入这一领域。它对于如何打开大门的方式，比门后面的花园更感兴趣。

　　艾舍尔在他的平面镶嵌画中开拓性地使用了一些基本的图案，并应用了反射、滑动反射、平移、旋转等数学方法，获得了更多的图案。他还将基本的图形进行变形，成为爬行动物（图 5-29）、鸟、虫、鱼、人物和别的图形。变化后的图形服从三重、四重或六重对称，效果既惊人又美观。如图 5-30～图 5-37。

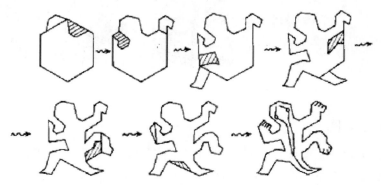

图 5-29　艾舍尔镶嵌图案的构造

图 5-30　艾舍尔及其镶嵌画
（荷兰，1998）

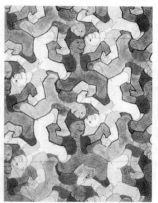

图 5-31　艾舍尔的镶嵌画之一
（1938）

图 5-32　艾舍尔的镶嵌画之二
（1939）

图 5-33　艾舍尔的镶嵌画之三
（1942）

图 5-34　艾舍尔的镶嵌画之四
（1946）

图 5-35　艾舍尔的镶嵌画之五
（1948）

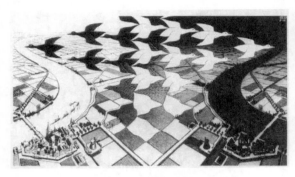

图5-36　昼与夜（1938）　　　　　　　　　　　图5-37　爬虫（1943）

5.4　宇宙之图

　　艾舍尔对于正多面体特别着迷，他的许多作品都以此为主题。我们知道，世界上只有五种正多面体——柏拉图立体：正四面体、正方体、正八面体、正十二面体和正二十面体。在木刻画《四种正多面体》（图5-38）中，艾舍尔将四种正多面体画在一起，他们的对称轴是同一条直线；四种图形是半透明的，每一个图形都可以从别的图形中看出来。

　　将正多面体的每一面代以一个正棱锥体，即可将正多面体变成许多有趣的星形体。一个很漂亮的例子是艾舍尔《秩序与混乱》（图5-39）中的十二面星体。星体居于一个透明的球体之中，象征着秩序；四周的碎片杂物则象征着混乱。

　　在雕版画《星星》（图5-40）中，我们看到相交的正八面体、正四面体和正方体。艾舍尔在这些多面体中画了两条变色龙，促使人们以新的眼光来看他作品中的事物。我们可以想象：宇宙间的一个巨人看我们这个星球上的芸芸众

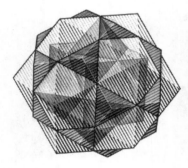

图5-38　四个正多面体（木刻，黑、黄、　　图5-39　秩序与混乱（1950）　　图5-40　星星（1948）
红三色，1961）

生，是否就像我们看那正多面体中的变色龙一样呢？

《双小行星》（图5-41）是由两座结构极为复杂的四面体相互交叉而成。其中一座上面有怪石嶙峋，奇花异木，象征着自然的造化；另一座上则有危楼高塔、飞檐雕栋，代表人类的工艺。整座双小行星的结构，杂乱与和谐、蛮荒与文明交相辉映，堪称鬼斧神工。

《四面体小行星》（图5-42）也是一幅精美绝伦的作品。正四面体的四个面、六条棱和四个尖角上的人与物都受重力牵引，不至飘浮于太空。球形的大气层包围着这颗小行星，四个尖角穿出大气层——按照艾舍尔的解释，尖角上的空气仍足够上面的人呼吸。再细看其结构，可以发现每个面上的环岛附近，都有可供小舟划行的水道，水道四通八达，可通往小行星其他各面。

图5-41 双小行星

图5-42 四面体小行星

《扁虫》（图5-43）里的大眼睛扁虫，悠游于一处由四面体及八面体块构筑的空间里。这样的建筑并非常见的方形砖块所砌成，也不含水平的地板或垂直的墙，并不适合人类居住，却恰恰能让扁虫们自由自在地漫游其间。

图5-43 扁虫

5.5 莫氏奇带[1]

我们在小时候，或许已许多次不经意间和莫比乌斯带邂逅。在小学手工课上，经常需要把纸裁成带然后再粘合为环。

---

1 本小节由作者的同事刘攀博士撰写.

这个任务对小朋友来说是很简单的。但有时总会有些马大哈会犯糊涂，在把纸带两端粘成环之前不小心翻了个面——把一个长方形的纸带扭转180度——后再把对边粘接起来，他们得到的就是莫比乌斯带。

图5-44　莫比乌斯带（卢森堡，1969）

莫比乌斯带是德国数学家莫比乌斯（A. F. Möbius, 1790—1868）在1858年研究一个著名数学猜想——"四色定理"时发现的一个副产品。关于莫比乌斯带的发现流传着这样一个有趣的故事：早在莫比乌斯之前即有数学家提出——是否可以用一张长方形的纸条，首尾相粘，做成一个圈，然后只用一种颜色，在纸圈上的一面涂抹，最后把整个纸圈全部涂成一种颜色，不留下任何空白？一个看来十分简单的问题，却困惑着科学家们许多年……后来莫比乌斯对此发生了浓厚兴趣。有一天，他到野外去散步。回眸处，田间一片片肥大的玉米叶子，在他眼里变成了"绿色的纸条儿"。他随便撕下一片，顺着叶子自然扭的方向对接成一个圆圈儿，然后惊喜地发现，这"绿色的圆圈儿"就是他梦寐以求的那种圈圈——莫比乌斯圈。

莫比乌斯带不同于常见的平环。平环有正反两个面——即所谓的双侧曲面；因此，它的两个面可涂成黑白不同的颜色。而莫比乌斯带只有一个面——单侧曲面，一只蚂蚁可以爬遍整个曲面而不必跨过它的边缘！

艾舍尔对于拓扑学亦很感兴趣，创作了许多莫比乌斯带。

在《莫比乌斯带Ⅱ》中，几只悠然散步的蚂蚁，正享受着单侧曲面的无限乐趣。

如果我们将一个普通的圆环沿着中间剪开，会产生两个新的圆环，两者可以完全分开。但是，如果在莫比乌斯带上进行同样的操作，我们不会得到两个分离的部分——它们依旧连在

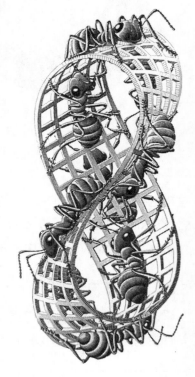

图5-45　莫比乌斯带（Ⅱ）（1963）

一起。埃舍尔在《莫比乌斯带I》中告诉了我们这一点。在这幅画里,每条蛇都咬着另一条蛇的尾巴。整个图案就是一个纵向剪切的莫比乌斯带。若沿着蛇的方向看,它们似乎始终都是连在一起的;但是,如果我们将带子拉开一点,就会得到一个带有两个半周的带子。

在《骑士》中,我们看到了两个半周的莫比乌斯带。红与蓝相间的骑士图案,焕发出奇妙的拓扑色彩。

图5-46 莫比乌斯带(I)(1961)

图5-47 骑士(1946)

问题研究

5-1. 如图5-48,设三角形ABC三边分别为a,b,c。弗朗西斯卡给出AC在AB上的射影为$x = \dfrac{c^2 + b^2 - a^2}{2c}$。试据此推导关于$AB$上的高$h$的计算公式

$$h = \frac{\sqrt{(a+b+c)(b+c-a)(a+c-b)(a+b-c)}}{2c}$$

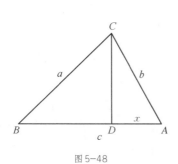

图5-48

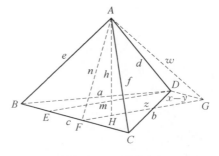

图5-49 四面体的高线

5-2. 弗朗西斯卡把求三角形高的问题推广到了求四面体的高。如图5-49

所示，已知四面体$A-BCD$，分别过顶点A和D作BC边上的高AF、DE。过F作$FG\parallel ED$且$FG=ED$，连接DG。则四边形$DEFG$为矩形，且面AFG垂直于底面。过A作FG上的高AH，则AH即为四面体的高。于是，

$$EC=x=\frac{c^2+b^2-a^2}{2c}, \quad FC=y=\frac{f^2+c^2-e^2}{2c}, \quad DE^2=m^2=b^2-x^2,$$

$$AF^2=n^2=f^2-y^2, \quad AG^2=w^2=d^2-(x-y)^2,$$

$$HG=z=\frac{w^2+m^2-n^2}{2m}, \quad AH^2=h^2=w^2-z^2$$

试由弗朗西斯卡的四面体求高公式，推导四面体体积公式：

$$144V^2=-a^2b^2c^2-a^2b^2e^2-b^2d^2f^2-c^2e^2f^2+a^2c^2d^2+b^2c^2d^2+a^2b^2e^2+b^2c^2e^2+$$
$$b^2d^2e^2+c^2d^2e^2+a^2b^2f^2+a^2c^2f^2+a^2d^2f^2+c^2d^2f^2+a^2e^2f^2+b^2e^2f^2-$$
$$c^4d^2-c^2d^4-b^4e^2-b^2e^4-a^4f^2-a^2f^4$$

5–3. 利用艾舍尔的方法设计一种平面镶嵌图案。

第6讲　跨越鸿沟

　　数学和文学乃是互补的事业，数学代表着收敛的创造性，文学代表着发散的创造性。

——马丁·迪克（1977）

　　在今天看来，数学和文学似乎是相互对立的两个学科，分属英国学者斯诺（C. P. Snow, 1905—1980）所说的"两种文化"，但如果翻开文学史的画卷，我们会发现：数学常常为文学家所利用；一些数学家同时也是作家或诗人；一些作家热爱数学，并对数学教育做出过贡献。

6.1　数学主题

　　早在公元前5世纪，古希腊喜剧作家阿里斯托芬（Aristophanes）在其剧本《鸟》（最早上演于公元前414年）中提到，天文学家默冬（Meton）用直尺和圆规作出某个图形，"使圆变成了正方形"。尽管实际上默冬并非在化圆为方，而只是将圆四等分，但阿里斯托芬至少告诉我们一个信息：化圆为方问题在他所生活的时代已经广为人知了[1]。

图6-1　阿里斯托芬

1　Heath T L. *A History of Greek Mathematics*. London: Oxford University Press, 1921. 220–221.

古希腊另一几何难题倍立方问题的起源则是古代某个悲剧诗人在其作品中给出的一个故事：米诺斯（Minos）为海神格劳克斯（Glaucus）修建了一座坟墓，但他对坟墓边长100英尺感到不满意。于是米诺斯错误地说，必须将边长增加一倍，以便把坟墓造得两倍大[1]。

19世纪，英国著名作家查尔斯·狄更斯（Charles Dickens, 1812—1870）在其《艰难时世》（1854）中利用比例来刻画国会议员葛擂硬的"事实"哲学。葛擂硬口袋里"经常装着尺子、天平和乘法表，随时准备称一称、量一量人性的任何部分"，一切都"只是一个数字问题、一个简单的算术问题"[2]。他在焦煤镇办了一所学校，实施"事实"教育。西丝·朱浦，一位马戏团丑角的女儿，在这所学校接受教育。以下是第9章中西丝和葛擂硬的大女儿露意莎——一个被她父亲强迫嫁给比她大30岁的焦煤镇银行家庞得贝的悲剧性人物——之间的对话：

"你不知道，"西丝几乎哭着说，"我是多么愚蠢的女孩。在学校里我总是出错。麦却孔掐孩先生和他的太太让我站起来回答问题，我一次又一次出错。我对他们毫无用处。他们似乎对我已经习以为常了。"

"我想，麦却孔掐孩先生和他的太太是从来不会出错的，是吗，西丝？"

"哦，从不出错！"她急切地回答说，"他们什么都知道。"

"跟我讲讲你的错误吧。"

"我简直羞于启口，"西丝不太情愿地说。"今天，麦却孔掐孩先生向我们解释什么是'自然的（Natural）繁荣'。"

"我想一定是'国家的（National）繁荣'吧，"露意莎说道。

"是是，是国家繁荣。——但不都一样吗？"她胆怯地问。

"你最好说'国家'（National），像他说的一样。"露意莎以她干巴巴的矜持态度说道。

"那就说国家的繁荣。他说，现在，比方这个教室就是一个国家。在这个国家里，有五千万金镑。这是不是一个富裕的国家呢？二十号女孩，这是不是一个富裕的国家，你是不是生活在一个繁荣的国家里呢？"

"那你怎么说？"露意莎问道。

1　Heath T L. *A History of Greek Mathematics*. London: Oxford University Press, 1921. 245.

2　狄更斯. 艰难时世. 全增嘏, 胡文淑, 译. 上海: 上海译文出版社, 2008.

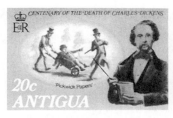

图6-2　狄更斯及其小说中的场景（安提瓜，1970）

"露意莎小姐，我说我不知道。我当时想，我是不可能知道这个国家是不是富裕、我是不是生活在一个繁荣国家里的，除非我知道谁拥有这些钱，是不是有一些属于我。但这与那个问题无关，答案根本就不在这个数目里。"西丝一边擦眼泪一边说道。

"这你就大错特错了。"露意莎说。

"是的，露意莎小姐，我现在明白我是错了。然后麦却孔掐孩先生说他要再考考我。他接着说，这个教室好比是个大城市，有100万居民，一年之中，只有25人饿死在街头，你对这个比例有何评论？我的评论是——因为我也想不出更好的了——我觉得这对那些饿死的人太不公平了，不管其他人有100万也好，有100万的100万也好。结果我又错了。"

"当然错了。"

"然后麦却孔掐孩先生说，他要再次考考我。他说，这里是口吃（Stutterings）——"

"是统计（Statistics），"露意莎说。

"是的，露意莎小姐——它们常常让我想起口吃（Stutterings）。这是我的另外一个错误——关于海难。麦却孔掐孩先生说：在一个给定的时间里，10万人航行出海，他们当中只有500人淹死或烧死。百分比是多少？我回答说，小姐，"说到这里西丝悔恨万分，呜咽着承认她犯了大错；"我说，什么都没了。"

"什么都没了，西丝？"

"对死者的亲属和朋友来说，什么都没了，小姐，"西丝说，"最糟糕的是，尽管我可怜的父亲寄我以厚望，尽管我因此也急于学习，但恐怕我并不喜欢。"

图6-3 刘易斯·卡洛尔

图6-4 《爱丽丝漫游奇境记》（英国，1979）

这里，狄更斯借西丝的"错误"，对葛擂硬的"事实"哲学进行了辛辣的讽刺和批判。

查尔斯·道奇森（Charles Dodgson, 1832—1898）是维多利亚时代牛津大学基督堂学院的一位数学讲师，笔名刘易斯·卡洛尔（Lewis Carroll）。基督堂学院院长利德尔（H. Liddell, 1811—1898）的女儿爱丽丝10岁时请求卡洛尔为她写一部爱丽丝的冒险故事。这便是《爱丽丝漫游奇境记》（1865）和《爱丽丝镜中奇遇记》（1871）的缘起。维多利亚女王深深为爱丽丝的故事所迷，她对下人说：以后凡是卡洛尔写的书，都要送给她看。谁知，卡洛尔的下一本书竟是《行列式初论》，可想而知，女王是多么的惊讶和失望！

在《爱丽丝漫游奇境记》和《爱丽丝镜中奇遇记》中，卡洛尔利用怪诞的数学和逻辑来反映"表面上看起来毫无意义的世界里人类的荒谬状态"[1]。还有人说，爱丽丝在奇境中的许多场合里都不过是一张在不同变换之下保持不变性质的几何图形而已[2]。

爱丽丝掉进兔子洞之后，为了检验自己是否还记得以前知道的事情，就背起乘法口诀来："四乘以五等于十二，四乘以六等于十三，四乘以七等于……啊，天啊！照这么背下去，永远也到不了二十啦！"[3]真的到不了二十吗？我们检验一下：

$$4\times5 = 1\times18 + 2 = 12_{18}（18进制），$$
$$4\times6 = 1\times21 + 3 = 13_{21}（21进制），$$
$$4\times7 = 1\times24 + 4 = 14_{24}（24进制），$$

1 Pycior H M. Mathematics and prose literature. In: Grattan-Guinness I (ed.). *Companion Encyclopedia of the History and Philosophy of Mathematical Sciences*(Vol.I), Lodon: Routledge, 1994.

2 Buchanan S. *Poetry and Mathematics*. Philadelphia: J. B. Lippincott Company, 1962.

3 卡洛尔. 爱丽丝漫游奇境记. 贾文浩，等，译.北京: 北京燕山出版社, 2001. 12.

$$4 \times 8 = 1 \times 27 + 5 = 15_{27} \text{（27 进制）,}$$

$$4 \times 9 = 1 \times 30 + 6 = 16_{30} \text{（30 进制）,}$$

$$4 \times 10 = 1 \times 33 + 7 = 17_{33} \text{（33 进制）,}$$

$$4 \times 11 = 1 \times 36 + 8 = 18_{36} \text{（36 进制）,}$$

$$4 \times 12 = 1 \times 39 + 9 = 19_{39} \text{（39 进制）,}$$

$$4 \times 13 = 1 \times 42 + 10 = 110_{42} \text{（42 进制）,}$$

$$\cdots\cdots\cdots\cdots\cdots\cdots\cdots\cdots\cdots\cdots\cdots\cdots$$

果不其然，永远不会出现 20。

爱丽丝和帽子匠、兔子之间的对话：

　　爱丽丝："至少——至少我说的就是我心里想的——反正是一码事，你知道了吧！"

　　帽子匠："你还不如说：'凡我吃的，我都看得见'跟'凡我看得见的，我都吃'也是一码事呢！"

　　兔子："你也不如说：'凡我得到的，我都喜欢'跟'凡我喜欢的，我都得到'也是一码事！"

这里，为什么帽子匠和兔子说得不对呢？如果我们把帽子匠和兔子的说法表达成命题，那么帽子匠将原命题"如果我吃一样东西，那么我就看得见它"和逆命题"如果我看见一样东西，那么我就会吃它"等价起来；兔子则将原命题"如果我得到一样东西，那么我就喜欢它"和逆命题"如果我喜欢一样东西，那么我就得到它"等价起来。原命题和逆命题不一定同时成立，帽子匠和兔子的话成了有趣的反例。

以下是《爱丽丝镜中奇遇记》第 9 章中爱丽丝、白棋皇后和红棋皇后之间的一段对话[1]：

　　"上课的时候不教礼仪，"爱丽丝说，"上课的时候教的是加减乘除这种东西。"

　　"你会算加法吗？"白棋王后问道，"那么，一加一加一加一加一加一加一加一加一加一加一加一加一加一加一加一等于几？"

　　"我算不出来，"爱丽丝说，"我数不清了。"

　　"她不会算加法，"红棋王后对白棋王后说，"你会算减法吗？八减九等

1　卡洛尔. 爱丽丝漫游奇境记. 贾文浩，等，译.北京: 北京燕山出版社，2001. 172.

于几?"

"八减九,我不会算,"爱丽丝脱口而出回答道,"可是……"

"她不会算减法,"白棋王后说,"你会算除法吗?一只面包除以一把刀子等于什么?"

"我想……"爱丽丝刚开口,红棋王后就替她回答了:"当然是面包和奶油了。再算另外一道减法题吧。一只狗减去一根骨头,等于什么?"

爱丽丝想了一下,说:"要是我把骨头拿走,那根骨头当然就没了,狗也没了,因为它会跑来咬我。我敢肯定,我也没了!"

"那么,你以为什么也没了?"红棋王后问道。

"我认为答案就是这样。"

"又错了,"红棋王后说,"那条狗的脾气还在。"

"可我看不出怎么……"

卡洛尔一生为儿童编了许多趣味数学问题。如[1]:

加法游戏:从1开始,两人轮流加上一个不超过10的正整数。谁先得到100,就算胜方。如何获胜?

魔法数字:将142857依次乘以2、3、4、5、6、7,得数是多少?(142857×2 = 285714;142857×3 = 428571;142857×4 = 571428;142857×5 = 714285;142857×6 = 857142;142857×7 = 999999)

卡洛尔更多的趣味问题我们将在第8讲中介绍。

去世四周前,卡洛尔还在日记中写道:"一直在思考寄自纽约的一个很吸引人的问题,凌晨四点才睡下。求三个面积相等的有理直角三角形。我找到了两个,即(20,21,29)和(12,35,37),但未能找出第三个。"[2]他构造了一个童话世界,却终生生活在数学世界里。

另一位维多利亚时代的英国作家阿波特(E. A. Abbott, 1838—1926)是伦敦一市立中学的校长。他在数学幻想小说《平面国传奇》里,为我们虚构了一个社会等级森严的二维世界[3]:

1 Watkins J J. Review of Lewis Carroll in Numberland: His Fantastical Mathematical Logical Life. *Mathematical Intelligencer*, 2009, **31**(4): 60–62.

2 Wilson R. *Lewis Carroll in Numberl and: His Fantastical Mathematical Logical Life*. New York: W. W. Norton & Company, 2008. 149–170.

3 Newman J R (ed). *The World of Mathematics* (Vol. 4). New York: Simon and Schuster, 1956. 2383–2396.

平面国的性质

我把我们的世界称作平面国（Flatland），这并不是说我们自己如是称呼她，而是因为我想把她的本质更清楚地告诉给你——我快乐的、有幸生活在空间世界里的看官。

想象有一张巨大的纸，上有直线、三角形、正方形、五边形、六边形以及别的图形，它们不是各居其位，而是可以在面上自由走动，不过它们没有能力上升或下沉，这颇有点像影子，只不过它们是坚硬的，并且还带有发光的边缘。这下你对于我的国家和国民该有相当正确的了解了吧！啊哈！若干年前，我本该说"我的宇宙"，但现在我已经见过世面，对于事物已有更高的看法。

你马上就会看出：在这样一个国度，不可能会有你称为"立体"的任何东西；但我敢说：你一定会猜想我们至少总能区分四处行走的三角形、正方形以及别的图形。可是完全相反：我们根本无法区分两个不同的图形。对我们而言，除了直线以外什么都看不到；这一点我会很快证明给你看。

在空间里，在你的一张桌子中间放上一便士硬币，从上往下看，它是一个圆。

现在，退回到桌子的边缘；把头渐渐放低看（这样你就越来越像平面国的居民了），你会发现：硬币变得越来越椭了。最后，当眼睛与桌边齐平时（这时，你就像一个平面国居民了），你所看到的硬币就不再是椭圆形，而是一条直线了。

用同样的方法去看三角形、正方形，或别的什么图形，结果也是一样。一旦你从桌子的边缘去看它，你会发现它不再是一个图形，而是一条直线。以等边三角形——在我们这里代表商人阶级——为例。图1（图6-5）表示你从上往下看一个商人的形状。图2（图6-6）和图3（图6-7）表示你的眼睛越来越接近桌面，但还没有完全与桌面齐平时看到的商人的形状。如果你的眼睛完全位于桌面上（就像在我们平面国里看他一样），你就只能看到一条直线。

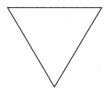  

图6-5　从上往下看到　　图6-6　斜看等边三　　图6-7　斜看等边三
的等边三角形　　　　　角形（一）　　　　角形（二）

当我在空间世界上时，我曾听说你们的水手在海上航行，看到远处的海岛或地平线上的海岸线时，也有类似的经历。远处的陆地可能会有各种海湾、岬、突角等，但在远处你丝毫看不到这些（除非太阳光照射到其上，显示出投影或隐退处什么的），看到的只是一条灰色的、不间断的水上直线而已。

好了，这就是在平面国里，当一个三角形或其他熟人走近我们时，我们所见到的情形。由于我们既没有太阳，也没有别的可以产生阴影的光源，我们没有任何你在空间世界上所具有的可助视力的东西。如果我们的朋友走近我们，我们只能看到他的线变大；如果他离开我们，他的线变小；但他看起来仍像一条直线；不管他是三角形、正方形、五边形、六边形、圆，他看上去都是直线一条，而不是别的东西。

或许你会问：在这些不利的情况下，我们怎能区分出不同的两个朋友呢？这是个自然而然的问题。当我介绍完平面国居民之后，答案就很容易找到了。我们暂且不表这个问题，让我先说说我们国家的气候和房屋吧。

平面国的气候和房屋

和你一样，我们的指南针上也有北、南、东、西四个方向。

由于既没有太阳，也没有别的什么天体，我们不可能像通常那样来确定正北向。但我们有自己的方法。根据我们这里的自然规律，引力方向乃是朝正南的；虽然在适宜的气候下，这个引力很小——即使是一个健康的妇女，也能毫不费力地向北行走好几浪[1]远的路程——不过引力在我们的大部分地区足以充当指南针的角色。此外，雨（每隔一段时间下一次）总是来自北方，这是另一个有利条件。在城镇，我们建有房屋，房屋的围墙大部分当然是朝南北向而建的，屋顶可以挡住来自北方的雨。在没有房屋的乡间，树干充当了向导。总之，我们在确定方位时并没有你所预料的那样困难。

然而，在气候更加温和的地区，南向引力几乎感觉不到，如果我行走在荒原上，没有房屋和树木做向导，我常常被迫在原地静候数小时，直到雨来了，才继续我的旅程。引力对于老弱者，特别是对于柔弱的妇女，要比对强壮的男性重得多，结果，如果你在街上遇见一位小姐，总是把北侧让给她——当你身体健康，且在不易辨别南北的气候里，急切之中做这决定远

1　译者注："浪"是长度单位，1浪约为201米.

非一件易事。

我们的房子没有窗户；因为不论屋里屋外，也无论白天黑夜，不论何时何地，光线都同样照射，我们并不知道它来自何处。过去，"光是如何起源的"这个问题对于知识界而言是个十分有趣的且经常研究的问题。不断有人试图解决这个问题，结果，那些"可能的"解决者们都进了疯人院。于是国会立法，对那些研究者征收重税，试图以此来间接地阻止对该问题的研究。现在，我是平面国里唯一一个熟知这个神秘问题答案的人。然而，我不能让我的一个同胞明白我的知识。我是唯一有关空间真理以及光来自三维空间的理论的教授，人们嘲笑我，似乎我是疯子中的最疯者！且不提这个令人丧气的话题，让我回到房屋的话题来吧。

最常见房屋的形状是五边形，如附图（图6-8）所示。北面的两边 *OR*、*OD* 构成屋顶，绝大多数房屋在这里没有门。东侧开一小门，供女性出入；西侧开一大门，供大男人们出入。南侧为地板，不设门。

不允许建正方形和三角形房屋，原因是：正方形和正三角形的角比五边形的角更尖锐，而无生命物体的直线又比人的直线要暗淡，因此，正方形或三角形房屋的尖角会对突然跑向房子的那些粗心大意或心不在焉的行人构成严重伤害。因此，早在11世纪，法律就普遍禁止建三角屋，只有堡垒、军火库、兵营以及其他国家建筑物是例外，因为一般公众无需直接走近这些建筑。

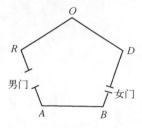

图6-8　平面国的房屋

这个时期，建正方形房屋仍是处处允许的，尽管国家要征收特别的税。但是，大约三个世纪后，法律规定：在人口超过一万的城镇里，为确保公众安全，最小的屋角必须是五边形的角。国会的努力得到了社会的支持；今天，即使是在乡下，五边形建筑已经取代了其他形状。现在，只有在一些十分偏远落后的农村地区，好古者才能偶然见到一座正方形房屋。

平面国的居民

平面国居民的最大长度或宽度大约在11英寸左右。12英寸则是最大值了。

我们的女性是直线。

士兵和最低等的工人阶级是等腰三角形，每条腰大约11英寸长。底边很短，常常不超过半英寸，因此顶角十分尖锐、吓人。的确，当底边不到$\frac{1}{8}$英寸时，他们和直线或女性简直无法区分。

中产阶级由等边三角形组成。

专业技术人员、绅士为正方形（我本人即属此类）和正五边形。

再上面是贵族，分好几个层次，最低层次是六边形，其余的边数依次增大，直到拥有正多边形的光荣头衔。最后，当边数变得很大很大，边长变得很小很小，以致整个图形变得与圆无异，他就进阶到圆形或僧侣阶级。这是地位最高的阶级。

图6-9　阿波特　　　　图6-10　《平面国传奇》书影

我们有一个自然法则，男孩要比父亲增加一边，结果是每一代在地位上都要升一级。正方形的儿子是正五边形，正五边形的儿子是正六边形，依此类推。

但这个法则并不总是适合于商人阶级，对士兵和工人阶级更是不常适用。他们几乎不配具有人类图形的名称，因为他们并非等边。因此，自然法则对它们并不成立；一个等腰三角形的儿子仍然会是等腰三角形。然而，即使对于等腰三角形来说，要让后代最终超出父辈的下层状况，也不是一丝希望也没有。因为在长期的军事胜利、勤奋而娴熟的劳动之后，人们普遍发现，工匠和士兵阶级中那些更聪明者，其底边会微微变长，两腰会微微缩短。下层阶级中这些更聪明的成员，他们的儿女结婚后，所生的下一代一般都会更加接近等边三角形。

在等腰父母的大量等腰子女中，极少是真正的、可以证明的等边三角形。这样的生育结果，不仅需要一系列精心安排的婚姻，而且还需要父母长期不断的节俭、自我克制的训练；还需要经过许多代人耐心的、系统的、持续的发展。

如果哪家等腰父母亲生了一个真正的等边儿子，那么方圆好几浪都会喜气洋洋。经过卫生和社会委员会的仔细检查之后，如果婴儿确属等边，就会举行庄严的仪式，将其接纳为等边阶级。然后他马上会被没有孩子的某个等边族所收养，离开他那自豪却又悲伤的父母。而收养者必须起誓：决不允许孩子再回到原来的家探视双亲，以免刚刚发展好了的机体受不自觉的模仿力的影响，又回到他上一辈的形状。

从奴隶出生的祖辈们的行列中，偶然产生等腰三角形，对于贫穷的奴隶们来说不啻为一束希望之光，因而受到他们的欢迎；同时，这样的事也受到广大贵族们的欢迎，因为所有的高等阶级心里都很清楚：这些罕见的现象对于他们的特权并无什么大碍，却十分有效地阻止了下层民众的革命。

如果下层的锐角民众无一例外、完全失去希望和信心，那么他们的多次暴动中的头领们会十分能干，凭借他们人多力量大，连圆形阶级也拿他们没办法。但自然法则却规定，工人阶级在智慧、知识和一切美德上提高了多少，他们的锐角也会增大多少，并接近无害的等边三角形的角。这样，在最残酷和可怕的士兵阶级——由于缺乏智慧而几乎与女性处于同一层次的人们——中，当运用他们穿透力的智力在增长的同时，他们的穿透力本身却在下降。

多么奇妙的补偿律啊！在平面国中，物竞天择、适者生存以及所谓贵种的神圣起源是多么完美！通过合理运用自然规律，利用人类思想的抑制不住的、无尽的希望，多边形和圆形几乎总是能将暴乱消灭于萌芽状态。艺术也对自然规律助了一臂之力。国家医生所进行的人工浓缩或膨胀手术可以使叛乱领袖变成地道的正三角形，并立刻将他接纳为特权阶级。但更多的仍处于标准之下的人们，由于幻想着有朝一日升为贵人，被吸引进国家医院，他们在那里会受到体面的监禁。一两个固执、愚蠢、不规则得无药可救的人则被处以极刑。

这样，可怜的等腰下层民众变得群龙无首，他们那些被圆形阶级雇为专门对付暴乱事件的少数兄弟们把他们愚弄得麻木不仁、毫无斗志。圆形阶级还在他们之间巧妙地制造妒忌、猜疑，挑起他们之间的战争，彼此用尖角杀死对方。每年发生不少于120次的叛乱，此外还有235次小规模的起义；但他们都遭到同样的下场。

一天，主人公不幸被一个来自三维空间世界的球体所覆盖——在平面国的人看来，球当然只是一个圆，先从一个点开始逐渐增大，而后又逐渐减小，最后消失。球体降落多次，它向正方形描述了三维世界的奇迹，并使他意识到自己被限制在平面上的不幸境况。最后，这位陌生人将正方形带去环游三维空间。回国后，他热衷于向国人传授自己刚刚发现的三维空间理论：

尽管向孙子传授三维理论的尝试失败了，但这并没有让我丧失向家中其他成员传授该理论的信心。只是我想明白了：我不该完全依靠太引人注目的字眼——"向上，而非向北"，而必须让公众对整个理论有一个清晰的了解；为此，似乎需要借助于文字才行。

于是，我花了数月时间写了一本关于三维空间秘密的小册子，为了避免法律的制裁，我在书中并没有直言现实世界的维度（physical dimension），而只是塑造了一个想象中的世界，在那里，一个人可以从上往下看平面国，他能同时看到所有事物的内部，并且在那里，似乎存在一个由6个正方形所围成的、包含8个顶点的图形。但是，在写这本书时，我很痛苦地发现，我无法画出这个图形；因为，在我们的平面国里，除了直线以外，并没有其他书板，除了直线以外并没有其他图形；一切都在同一直线上，只有通过大小和亮度才能加以区分。结果，当我写完小册子（我取名为《从平面国到理想国》），我丝毫没有把握，是否会有人能明白我的意思。

与此同时，我的生活开始笼罩在阴云之中，毫无乐趣可言。我所见到的一切都诱使我公然叛逆。因为我只能将我在二维所见的事物与在三维世界所见的真实面目相比较，且几乎无法克制自己大声说出这样的比较。我把当事人及自己的事抛诸脑后，整天陷于对我曾经见到的却又无法传授给任何人、即使在我自己的头脑中也日益难于复制的秘密的沉思默想之中，不能自拔。

我从空间世界回来大约11个月之后的一天，我闭着眼睛，试图回想起正方体的形状，但想不出来；尽管后来终于想出，但并没有把握是不是它的原貌。这使我比以前更加犹豫，并使我下决心采取某种措施。但采取什么样的措施呢？我不知道。我感到自己将心甘情愿把一生献给事业，如果我因此可以让人们相信我的理论的话。但是，如果我连自己的孙子都说服不了，又怎能去说服这块土地上的最高级、最发达的圆形阶级呢？

我的情绪常常变得过于强烈，我常常忍不住说出一些危险的话来。我已经被看作是异端，如果不是叛逆的话。我已危机四伏。但我又常常不能克制自己，大声说一些怀疑的、半带煽动性的话，即使是在最高等级的多边形和圆形阶级面前也毫不忌讳。例如，一些疯子自称具有能够看清事物内部的特异功能，针对如何对它们进行治疗的问题，我会引述古代一位圆形的话说，预言家和富有灵感的人总是被大多数人看作疯子；有时我抑制不住要吐出诸如"看透事物内部的眼睛"以及"能看见一切的世界"之类的话。有一两次，我甚至口不择言地说出"三维和四维"这样的禁用语。有一次，在长官本人的官邸举行的地方思索协会会议上，某个愚蠢至极的人物宣读了长篇论文，说明为什么上帝会把维数限制在 2 以及为什么只有上帝才具有看穿一切的能力的"真正原因"。当时，我忘乎所以，详细叙述了自己如何随球体到空间世界环游、又如何回家的经过以及耳闻目睹的每一件事。一开始，我还假装是在描述一个虚构人物的想象中的经历；但那时我热血沸腾、激动万分，一时毫无顾忌地实话实说、露出真相。在演说的最后，我奉劝所有的听众抛开偏见，相信三维理论。

不用说，我立即被逮捕，并被送交议会处置。

翌日晨，就在数月前球体和我一起站立过的地方，我被允许继续讲述我的经历，没有质疑，不被打断。但一开始我就预感凶多吉少；因为在我开始辩护之前，总统命令由 2°或 3°的低等警察来换走 55°左右的高等警察。我心里很清楚那意味着什么。我将被处以极刑或被投入大牢，那些听到我的故事的官员们也将同时被处死，这样，这个世界上就再也无人知道我的故事了。为此，总统希望用更廉价的牺牲品来代替昂贵的牺牲品。

在我辩护完毕之后，总统或许看到有些低层次的圆形们为我的真诚所感动，便问我如下两个问题：

一、当我使用"向上，而非向北"这句话时，我能不能将所说的方向具体指出来？

二、我能否利用图形或描述（而不是列举想象的边和角）来说明我喜欢称之为正方体的图形？

但我声明，我再也不能说什么了，我必须将自己交给真理，它的事业最终必将盛行于世。

总统回答说：他对我深表同情，我做得再好不过了。必须判我终身监禁，但如果真理打算让我出狱向世界传播福音，真理将被授权这样做。同时，我还有越狱的机会。并且，除非我因为犯错误，而被剥夺特权，否则偶尔可以允许我和我的兄弟见面，他在我之前进了监狱。

光阴荏苒、岁月如梭。一晃七年过去了。而我仍然是个阶下囚。除了偶尔见见我的兄弟外，我不能见狱友之外的任何人。我的兄弟是最好的正方形之一，正直、聪明、乐观、与我手足情深。但我必须承认，每周的见面都让我痛心疾首。当球体在议院现身的时候，他也在场；他看见球的截面在改变，他听到我对这现象向圆形们所做的解释。从此，整整7个年头里，每周他都会看我重复在球体现身时我所扮演的角色，详细叙述空间世界所有的现象，以及通过类比导出的立体事物的存在性。但是，我不得不承认，我的兄弟并没有理解三维的本质，他坦言自己并不相信球体的存在。

因此，我是绝对没有信徒的。千年启示录又有什么用呢？空间世界中的普罗米修斯因为给人间带去火种而受桎梏，而我呢？我这个平面国的普罗米修斯身陷囹圄，却什么也没有带给国人。但我心存希望：这些记录能以某种方式让某个维数的人类所了解，并激起那些拒绝限制在一个有限维度里的人们的反叛。

那是我在快乐时刻的希望。但并不总是这样。一想到我不能如实说出我对曾经见到过的立方体的准确形状感到有把握，我就仿佛被压得喘不过气来。在模糊的梦幻中，神秘的箴言"向上，而非向北"就像吞噬灵魂的斯芬克斯一样，萦绕在我的心间。当正方体和球体悄然飞入不可能存在的背景中去时；当三维土地几乎和一维世界或零维世界一样虚幻时；甚至当这堵让我失去自由的高墙、我正在写字的这些书板，以及平面国自身所有的现实都与病态想象的产物或毫无根据编织出来的梦一样糟糕时，精神脆弱的时节来临了。这正是我为了真理而不得不忍受的苦痛！

《平面国传奇》利用数学主题对维多利亚时代的社会等级制度和性别歧视以及人类的狭隘和墨守成规作了辛辣的讽刺和批判。

在18世纪杰出讽刺小说家斯威夫特（J. Swift, 1667—1745）的《格列佛游记》中，也有许多数学例子。在第一卷中，利立浦特人利用立体图形的相似性来确定"我"的体积和饭量[1]：

皇帝规定每天供给我足够维持一千七百二十八个利立浦特人的肉类和饮料。以后不久我问在朝廷做官的一位朋友，他们怎样得出这样一个确定的数目。他告诉我，御用数学家用四分仪测定了我的身长，计算出我的身长和他们的比例是十二比一，由于他们的身体和我完全一样，因此得出

---

1 斯威夫特. 格列佛游记. 张健, 译. 北京: 人民文学出版社, 1979.

结论：我的身体至少抵得上一千七百二十八个利立浦特人。我所需要的食物数量足够供给这么多的利立浦特人。

同书第三卷中提到，勒皮他的仆人们把面包切成圆锥体、圆柱体、平行四边形和其他几何图形；勒皮他人的思想永远跟线和圆相联系，他们赞美女性，总爱使用菱形、圆、平行四边形、椭圆以及其他几何术语。这里，作者的图形分类不甚合理。

科幻小说之父凡尔纳（J. Verne, 1828—1905）在《神秘岛》中巧妙地使用了等比数列[1]。当哈伯在衣服夹层里找到一颗麦粒时，工程师史密斯如是说："如果我们种下这粒麦子，那么第一次我们将收获八百粒麦子；种下这八百粒麦子，第二次将收获六十四万粒；第三次是五亿一千二百万粒；第四次将是四千多亿了。比例就是这样……这就是大自然繁殖力的算术级数……算他十三万粒一斗，就是三百万斗以上。"这里，作者误将几何级数说成算术级数。

图6-11 陀思妥耶夫斯基
（俄国，1971）

在19世纪的欧洲和俄国，数学与更严肃的文学也发生了联系。俄国大文豪陀思妥耶夫斯基（F. Dostoevsky, 1821—1881）在其长篇小说《卡拉马佐夫兄弟》第2部第2卷第3节"兄弟俩互相了解"中，伊凡和阿辽沙兄弟俩在一家酒店喝茶聊天。在谈到上帝是否存在的问题时，伊凡说：

> "假如上帝存在，而且的确是他创造了大地，那么我们完全知道，他也是照欧几里得的几何学创造大地和只有三维空间概念的人类头脑的。但是以前有过，甚至现在也还有一些几何学家和哲学家，而且还是最出色的，他们怀疑整个宇宙，说得更大一些——整个存在，是否真的只是照欧几里得的几何学创造的。他们甚至还敢幻想：按欧几里得的原理是无论如何也不会在地上相交的两条平行线，也许可以在无穷远的什么地方相交。因此我决定，亲爱的，既然我连这一点都不能理解，叫我怎么能理解上帝呢？"[2]

这里，非欧几何的观念成了挑战传统上帝信仰的有力工具。

1　凡尔纳. 神秘岛. 杨苑，等，译. 南京：译林出版社，2008.

2　Dostoevsky F. *The Brothers Karamazov*. Translated by Garnett C. http://www. ccel.org/ d/ dostoevsky/ karamazov/ karamazov. html.

在奥地利著名小说家穆西尔（R. Musil, 1880—1942）出版于1906年的小说《小特尔莱斯》里，主人公特尔莱斯在学习虚数概念后，和他的同学有下面一段对话[1]：

"我说，你真的理解所有那些内容了吗？"

"什么内容？"

"所有关于虚数的内容。"

"是的，这并不是特别难，是吗？你要做的只是记住-1的平方根是你使用的基本单位。"

"但问题就在这里。我的意思是说，根本没有这样的事。每一个数，无论正还是负，其平方都是正数。所以不可能有任何一个实数会是负数的平方根。"

"没错。但我们为什么不可以用完全一样的方式来计算负数的平方根呢？这当然不可能产生任何实数，正因为如此，我们把结果称为虚数。这就像有个人过去总是坐在这儿，所以我们今天仍为他放张椅子在这里，即使这个时候他死了，我们仍当作他要来一样，继续做这件事。"

"但是，当你确信无疑地（像数学那样确定）知道这不可能时，你怎么还会这么做呢？"

"无论如何，你继续去做，就好像并非如此一样。它可能会产生某种结果。毕竟，这与无理数——永远除不尽，无论你花费多长时间算下去，永远永远永远都不可能得到其分数部分最后的值——不同在何处呢？你怎能想象平行线会在无穷远处

图6-12 穆西尔　　图6-13 电影《小特尔莱斯》

相交？在我看来，如果我们过于谨小慎微，那么数学就根本不存在了。

特尔莱斯遇到虚数后，开始考虑生命的复杂性和模糊性。特尔莱斯原来把数学看作"生命的预备工具"，因此为虚数所困扰。他认为，虚数不可能是一个真正的数；但同时，通过虚数运算所得到的真实结果又把他给迷住了。他承认，

1　萨巴 卡尔.黎曼博士的零点.汪晓勤，等，译.上海：上海教育出版社，2006.

这样的运算使他感到有点"晕乎乎",似乎是通往"上帝所知道的路"。对特尔莱斯而言,实数和虚数代表着人性中理性的一面和非理性的一面。

俄国小说家扎米亚金(Y. Zamyatin, 1884—1937)也借虚数概念来宣扬人类信仰、情感等所具有的非理性的一面。在反乌托邦小说《我们》(1924)中,扎米亚金虚构了一个用数学来管理的极权国家——一统国。在这个国家,统治者是"万数之数";诗歌是严格按照乘法表来写的;人名是用数字来表示的。《我们》中的故事是围绕一位国家数学家、"积分号"宇宙飞船的设计者D-503展开的。当D-503与一位反政府的女革命者I-330产生爱情后,他的理性受到了挑战。早在遇见I-330以前,

D-503就已经发觉虚数"奇怪、陌生、可怕",他痛恨这种数,希望这种数不存在。遇见I-330之后,虚数成了D-503情感与理智紊乱以及他无视国家法规的象征。D-503被诊断为"有灵魂和想象力",最后被用新发明的算法切除,D-503也因此恢复了国家数学家的地位。

图6-14 扎米亚金　　　　图6-15 《我们》扉页

在《我们》中,D-503试图解释一统国中人们是如何量化幸福(happiness)的。他建立了一个公式$h=\dfrac{b}{e}$,其中b表示快乐(bliss),e表示嫉妒(envy)。这个公式表明:一个人若要幸福,并不需要他有多少快乐,而只要快乐大于嫉妒即可。即使他境况不佳,如$b=0.001$,但如果嫉妒远小于快乐,如$e=0.000001$,那么,根据幸福指数公式,$h=1000$,此人应该很幸福! 不知D-503所给幸福公式是否也适用于我们这个物欲横流的世界?

当然,除了非欧几何、虚数等概念外,作家也借助更传统的数学概念来刻画他的故事情节。安德烈·贝里(Andrei Bely, 1880—1934)出版于1916年的《彼得堡》(*Petersberg*)一书采用的基本图式是一个球体。书中,直线、多边形、立方体代表规则和

图6-16 安德烈·贝里

稳定，而加宽的圆和扩展的球则代表了"崩溃和死亡"。政府官员阿波罗诺维奇（Apollonovich）看到一排排立方体形状的房子就感到特别舒服，他酷爱"直线的景观"。但是，当他的儿子尼科莱（Nikolai）良心发现，不想谋杀自己的父亲之后，父子俩被一系列令人不安的东西所包围，这些东西都呈现恐怖的球体，包括阿波罗诺维奇死去的心以及尼科莱那些激进的同伴们提供给他的弑父凶器——装在一个球形沙丁鱼罐头里、用来在膨胀的球体内爆炸的定时炸弹。

图6-17　托尔斯泰（前苏联，1960）

俄国大作家列夫·托尔斯泰（Leo Tolstoy，1828—1910）在《战争与和平》中利用数学来支持自己的历史理论。托尔斯泰利用古希腊著名的芝诺悖论——阿喀琉斯追不上乌龟来说明：历史是不能够作为一系列离散的片段来分析的，历史不是离散的事件，而是一个连续的过程，是无穷小量（"历史的微分"）的和（"积分"）。只有找到求和的方法，人们才有望认识历史的法则。

托尔斯泰还试图用比率和方程来说明：除了数量，士气也是一个军队获胜的重要因素，士气乘上数量就等于力量。一支小的部队如果士气高，也能够打败大的部队。他举例说（以X和Y表示士气）：

"10个人，10个营，或10个师，同15人，15个营，或15个师作战，把15个那一方打败了，也就是说，把对方一个不剩地全部打死，或俘虏了，而自己损失了4个人，这就是说，一方损失了4个，另一方损失了15个。这样一来4个就等于15个，这就是说$4X=15Y$。因而$X:Y=15:4$，这个方程式并未告诉我们那个未知数的值，但是告诉了我们那两个未知数的比率。可以取各种各样的历史单位（战斗、战役、战争阶段）列成这种方程式，得出许多系列数字，在那些数字里，应当存在一些法则，它是可以发现的。"[1]

数学也是作家刻画人物聪明才智的一种工具。我国当代武侠小说家金庸在《射雕英雄传》第29回和31回中通过宋元时期的数学问题（开方、幻方、天元术、四元术、同余问题等）来刻画才智过人的黄蓉形象。以下是第29回"黑

1　托尔斯泰.战争与和平.周煜山，译.北京：北京燕山出版社，2001.

沼隐女"片段：

　　黄蓉坐了片刻，精神稍复，见地下那些竹片都是长约四寸，阔约二分，知是计数用的算子。再看那些算子排成商、实、法、借算四行，暗点算子数目，知她正在计算五万五千二百二十五的平方根，这时"商"位上已记算到二百三十，但见那老妇拨弄算子，正待算那第三位数字。黄蓉脱口道："五！二百三十五！"那老妇吃了一惊，抬起头来，一双眸子精光闪闪，向黄蓉怒目而视，随即又低头拨弄算子。这一抬头，郭、黄二人见她容色清丽，不过四十左右年纪，想是思虑过度，是以鬓边早见华发。那女子搬弄了一会，果然算出是"五"，抬头又向黄蓉望了一眼，脸上惊讶的神色迅即消去，又见怒容，似乎是说："原来是个小姑娘。你不过凑巧猜中，何足为奇？别在这里打扰我的正事。"顺手将"二百三十五"五字记在纸上，又计下一道算题。这次是求三千四百零一万二千二百二十四的立方根，她刚将算子排为商、实、方法、廉法、隅、下法六行，算到一个"三"，黄蓉轻轻道："三百二十四。"那女子"哼"了一声，哪里肯信？布算良久，约一盏茶时分，方始算出，果然是三百二十四。那女子伸腰站起，但见她额头满布皱纹，面颊却如凝脂，一张脸以眼为界，上半老，下半少，却似相差了二十多岁年纪。她双目直瞪黄蓉，忽然手指内室，说道："跟我来。"拿起一盏油灯，走了进去。郭靖扶着黄蓉跟着过去，只见那内室墙壁围成圆形，地下满铺细沙，沙上画着许多横直符号和圆圈，又写着些"太"、"天元"、"地元"、"人元"、"物元"等字。郭靖看得不知所云，生怕落足踏坏了沙上符字，站在门口，不敢入内。黄蓉自幼受父亲教导，颇精历数之术，见到地下符字，知道尽是些术数中的难题，那是算经中的"天元之术"，虽然甚是繁复，但只要一明其法，也无甚难处。

　　黄蓉从腰间抽出竹棒，倚在郭靖身上，随想随在沙上书写，片刻之间，将沙上所列的七八道算题尽数解开。这些算题那女子苦思数月，未得其解，至此不由得惊讶异常，呆了半晌，忽问："你是人吗？"黄蓉微微一笑，道："天元四元之术，何足道哉？算经中共有一十九元，

图6-18　1983年版电视剧《射雕英雄传》

'人'之上是仙、明、霄、汉、垒、层、高、上、天,'人'之下是地、下、低、减、落、逝、泉、暗、鬼。算到第十九元,方才有点不易罢啦!"那女子沮丧失色,身子摇了几摇,突然一跤跌在细沙之中,双手捧头,苦苦思索,过了一会,忽然抬起头来,脸有喜色,道:"你的算法自然精我百倍,可是我问你:将一至九这九个数字排成三列,不论纵横斜角,每三字相加都是十五,如何排法?"黄蓉心想:"我爹爹经营桃花岛,五行生克之变,何等精奥? 这九宫之法是桃花岛阵图的根基,岂有不知之理?"当下低声诵道:"九宫之义,法以灵龟,二四为肩,六八为足,左三右七,戴九履一,五居中央。"边说边画,在沙上画了一个九宫之图。那女子面如死灰,叹道:"只道这是我独创的秘法,原来早有歌诀传世。"黄蓉笑道:"不但九宫,即使四四图,五五图,以至百子图,亦不足为奇。就说四四图罢,以十六字依次作四行排列,先以四角对换,一换十六,四换十三,后以内四角对换,六换十一,七换十。这般横直上下斜角相加,皆是三十四。"那女子依法而画,果然丝毫不错……

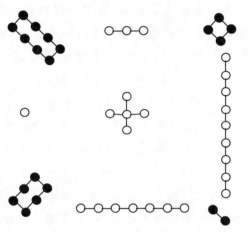

图6-19　中国古代的洛书(九官图)

13	9	5	1
14	10	6	2
15	11	7	3
16	12	8	4

→

4	9	5	16
14	7	11	2
15	6	10	3
1	12	8	13

图6-20　南宋杨辉四四图的构造

1	23	16	4	21
15	14	7	18	11
24	17	13	9	2
20	8	19	12	6
5	3	10	22	25

12	27	33	23	10
28	18	13	26	20
11	25	21	17	31
22	16	29	24	14
32	19	9	15	30

图6-21　杨辉的五五图

13	22	18	27	11	20
31	4	36	9	29	2
12	21	14	23	16	25
30	3	5	32	34	7
17	26	10	19	15	24
8	35	28	1	6	33

4	13	36	27	29	2
22	31	18	9	11	20
3	21	23	32	25	7
30	12	5	14	16	34
17	26	19	28	6	15
35	8	10	1	24	33

图6-22 杨辉的六六图

46	8	16	20	29	7	49
3	40	35	36	18	41	2
44	12	33	23	19	38	6
28	26	11	25	39	24	22
5	37	31	27	17	13	45
48	9	15	14	32	10	47
1	43	34	30	21	42	4

4	43	40	49	16	21	2
44	8	33	9	36	15	30
38	19	26	11	27	22	32
3	13	5	25	45	37	47
18	28	23	39	24	31	12
20	35	14	41	17	42	6
48	29	34	1	10	7	46

图6-23 杨辉的七七图（衍数图）

61	4	3	62	2	63	64	1
52	13	14	51	15	50	49	16
45	20	19	46	18	47	48	17
36	29	30	35	31	34	33	32
5	60	59	6	58	7	8	57
12	53	54	11	55	10	9	56
21	44	43	22	42	23	24	41
28	37	38	27	39	26	25	40

61	3	2	64	57	7	6	60
12	54	55	9	16	50	51	13
20	46	47	17	24	42	43	21
37	27	26	40	33	31	30	36
29	35	34	32	25	39	38	28
44	22	23	41	48	18	19	45
52	14	15	49	56	10	11	53
5	59	58	8	1	63	62	4

图6-24 杨辉的六十四图（易数图）

31	76	13	36	81	18	29	74	11
22	40	58	27	45	63	20	38	56
67	4	49	72	9	54	65	2	47
30	75	12	32	77	14	34	79	16
21	39	57	23	41	59	25	42	61
66	3	48	68	5	50	70	7	52
35	80	17	28	73	10	33	78	15
26	44	62	19	37	55	24	42	60
71	8	53	64	1	46	69	6	51

图6-25 杨辉的九九图

1	20	21	40	41	60	61	80	81	100
99	82	79	62	59	42	39	22	19	2
3	18	23	38	43	58	63	78	83	98
97	84	77	64	57	44	37	24	17	4
5	16	25	36	45	56	65	76	85	96
95	86	75	66	55	46	35	26	15	6
14	7	34	27	54	47	74	67	94	87
88	93	68	73	48	53	28	33	8	13
12	9	32	29	52	49	72	69	92	89
91	90	71	70	51	50	31	30	11	10

图6-26 杨辉的百子图

著名作家王蒙是数学的爱好者,他说:"回想童年时代花的时间一大部分用在做数学题上,这些数学知识此后直接用到的很少,但是数学的学习对于我的思维的训练却是极其有益的。"在《我的人生哲学》中,作者多次通过数学概念来思考人生[1]。

生命的"意义原则"

与无限长远的永恒与无限辽阔的宇宙相比较,人类特别是人类个体就渺小得可以不计了。是的,当分母是无限大的时候,与之相比的人也好蚁也好菌也好,或者地球也好太阳系也好一个与几个银河系也好,蜉蝣之一进一夕也好,人之不满百年也好,古柏之五千岁也好,都是同样地几乎没有区别地趋向于零,趋向于可以略而不计。从这个意义上来说,也许论述人生的无意义有它的合理的一面,也许论述时间与空间的无限与人生的短促有助于使人的心胸开阔气象宏大,也许这种念天地之悠悠独怆然而涕下的心绪带几分终极眷顾的宗教色彩。

图6-27 "无穷大"符号(阿根廷, 2000)

"三分之一"律与黄金分割比

一个线段,最美的分割是使之做到全线段与大线段的比,等于大线段与小线段的比,这又叫做内外比。设大线段为a,小线段为b,则$a+b:a=a:b$。如果全线段为十分,那么大线段应是6.18分,而小线段为3.82分。设你的能力是10分,你得到了3.82分的评价或回报,足可以了。你做出的成绩实绩,应该力争不少于6.18分,而你的学习你的投入你的奋斗精神,应该只是多于而绝对不是少于10分,符合这个黄金分割的比例,你的形象是美丽的。如果你的获得超过了38.2%,你有可能被认定为一个侥幸者投机者早晚要跌下来者,春风得意于一时,不等于春风得意于永久。

命运的数学公式

有一个骗人的游戏,我是在北戴河海滨第一次看到的。经营游戏者放四种不同颜色的玻璃球在口袋里,每种颜色的球都是5个,然后让人从口袋里摸10个球,并规定了不同出球的比例下的不同的奖惩方法。他的规定

1 王蒙. 王蒙自述: 我的人生哲学. 北京: 人民文学出版社, 2003.

是摸出来的球是3322比例的（即A、B两种颜色的球为三，C、D两种颜色的球为二，或A、C三，B、D二或其他），玩者要罚款5元；如果摸出来是4321或3331，玩者罚2元；如果摸出来是4222，为五等奖，奖励一个小海螺或一个钥匙链之类；如果是4330或者4411，为四等奖，奖励一盒进口香烟；如果是5311，为三等奖，奖励一个机器人玩具；如果是5410，为二等奖，奖励一条进口香烟；而如果是5500，为大奖，奖励一台摄像机。

表面看来，似乎是得奖的机会多于受罚的机会，而且是免费参加摸奖，只缴罚金，不用"入场券"。于是许多人上当来玩儿这个所谓"免费游戏"。然而我冷眼旁观，十之八九摸出来的都是3322，十分之一二摸出来的是4321或4330，偶然的有人摸出4222或4411或4330。至于摸到点5500的从未一见。摸不着奖反而受罚的人大骂自己的手臭，乐坏了设局者。我回家后用扑克牌或麻将牌也试过，同样是十之八九是3322，十之一二是4321或4330（参阅问题研究[6-9]）。

就是说，一切机会趋向于均等，不是你3，就是我2，不是你4（已经少见），就是我3，独占两个5的可能几乎近于零，独占一个5的事也很难发生。我称之为命运的数学意义上的公正性。这是一个丝毫也不复杂的几率问题，数学家当可为之列出公式。

与此同时，机会又有一种参差性、不相同性、偶然性。如果你放的不是20个球而是24个球，如果你要的不是3322而是3333，你反而得不到成功。3与2是一重参差，一重相互有别，球的颜色又是各自不同，各次不同，形成第二重参差。假设四种球的颜色分别为红黄蓝白，红3蓝3、黄2白2是3322，红3黄3蓝2白2也是3322，然后是红白蓝黄、白黄红蓝、白蓝红黄等也都可排成3322，既相同相对公正又不同，变化多端，参差有致，难以琢磨。呜呼，数学之道，大矣！

从中我思索了良久，我想这就是命运，这就是机会，这就是冥冥中的一只手。对于无神论者，命运是数学的公式和规律，数学就是上帝就是主。你想占有一切好运，或者你埋怨一切霉头都降临于你，这就与声称自己总是得到5500一样，不是完全不可能，但机会极少，几率极低。真得到这种点数，就像买彩票中了特等奖，就像坐飞机碰到了空难，谁也挡不住，谁都得认命。想明白了这一点，我们可以少一点怨天尤人。

意大利新锐作家保罗·乔尔达诺（Paolo Giordano）在《质数的孤独》

中，塑造了一对少年时代各自遭遇不幸的男女主角的爱情故事。男主角叫马蒂亚，女主角叫爱丽丝，他们就像一对孪生质数，彼此相爱，却从未能走到一起[1]。

质数只能被一和它自身整除。在自然数的无穷序列中，它们处于自己的位置上，和其他所有数字一样，被前后两个数字挤着，但它们彼此间的距离却比其他数字更远一步。它们是多疑而又孤独的数字，正是由于这一点，马蒂亚觉得它们非常奇妙。有时候他会认为，它们是误入到这个序列中的，就像是串在一条项链上的小珍珠一样被禁锢在那里。有时候他也会怀疑，也许它们希望像其他所有数字一样普普通通，只是出于某种原因无法如愿。这后一种想法经常在晚间光顾他的大脑，夹杂在睡梦前凌乱而交错的各种形象之中，这个时候，他的大脑会非常疲顿，不愿再编制谎言。

在大学一年级的一门课上，马蒂亚知道，在质数当中还有一些更加特别的成员，数学家称之为"孪生质数"，它们是离得很近的一对质数，几乎是彼此相邻。在它们之间只有一个偶数，阻隔了它们真正的亲密接触，比如十一和十三，十七和十九、四十一和四十三。假如你有耐心继续数下去，就会发现这样的孪生质数会越来越难遇到，越来越常遇到的是那些孤独的质数，它们迷失在那个纯粹由数字组成的寂静而又富于节奏的空间中。此时，你会不安地预感到，到那里为止，那些孪生质数的出现只是一种偶然，而孤独才注定是它们真正的宿命。然后，当你正准备放弃的时候，却又能遇到一对彼此紧紧相邻的孪生质数。因此，数学家们有一个共同的信念，那就是要尽可能地数下去，早晚会遇到一对孪生质数，虽然没人知道它们会在哪里出现，但迟早会被发现。

马蒂亚认为他和爱丽丝就是这样一对孪生质数，孤独而失落，虽然接近，但却不能真正触到对方……

这里，作者借数论中的"孪生质数"概念，刻画了两个主人公之间的关系。一方面，在自然数序列中，质数的分布越往后越稀疏，这象征着男女主人公在现实世界的茫茫人海中是孤独而失落的个体；另一方面，孪生质数中间隔了一个偶数，它们彼此靠近，却不能真正毗邻，这象征着孤寂的男女主角，心灵相通，成了彼此的慰藉，却未能走到一起，白头偕老。这让我们想起了马弗尔平行线般的爱情（参阅第170页）。

1　保罗·乔尔达诺. 质数的孤独.文铮，译. 上海: 上海译文出版社, 2008. 631–641.

6.2 数学方法

文学作品不仅利用了数学的概念,而且也利用数学的方法。在17和18世纪,数学以其清晰的定义、显明的公理、演绎的方法和必然的结论而被看作是人类知识的典范。无论是教育家、哲学家,还是政治理论家,都争相以演绎式的文体进行撰述。然而,到了19世纪,随着非欧几何的诞生,数学上的分析方法盛行起来,对于几何公理不证自明的信念开始减弱。不过,尽管演绎方法失去了对于数学之外的学者的吸引力,可是数学方法在侦探小说中却找到了用武之地。19世纪美国诗人、著名侦探小说家爱伦·坡(E. Allan Poe, 1809—1849)笔下的杜宾、英国著名侦探小说家柯南·道尔(A. Conan Doyle, 1859—1930)笔下的福尔摩斯,都是家喻户晓的推理高手。

图6-28 爱伦·坡(美国,2009)

在《摩格大街谋杀案》(1841)的开篇,有一段关于分析能力的讨论。爱伦·坡认为,"数学研究,特别是最高等的数学分支,即分析学,可能会大大提高分析能力"[1]。在《玛丽·罗杰之谜》开篇,爱伦·坡指出,"概率论本质上是纯数学的,因此,我们可以用科学中最为严谨精确的方法来处理思维中难以解释的幻影与幽灵现象。"[2]杜宾解释说:"机会是完全可以计算进去的因素。找不到的和想象不出的事都需借助学校里学的数学公式。"[3]

福尔摩斯同样将他的侦探术与数学方法联系起来。在《血字的研究》第2章"演绎的科学"里,华生博士偶然在一本杂志上看到福尔摩斯写的一篇文章,福尔摩斯在文章中自称"他得出的结论会像欧几里得那么多的命题一样准确"[4]。他写道:

"从一滴水中,一个逻辑学家就能推测出可能有大西洋或尼亚加拉瀑布存在,而无需亲眼看到或亲耳听说过这些。所以,整个生活就是一条巨

1 Poe E A. The Murders in the Rue Morgue. *Graham's Magazine*, 1841, **18**: 166–179.

2 Poe E A. The Mystery of Marie Roget. http://www.pinkmonkey.com/dl/library1/roget.pdf.

3 Poe E A. The Mystery of Marie Roget. http://www.pinkmonkey.com/dl/library1/roget.pdf.

4 柯南 道尔 阿瑟. 福尔摩斯侦探故事全集(上). 程君,译. 广州:新世纪出版社, 2000. 17.

图6-29 柯南·道尔（摩纳哥, 2009）

大的链条，我们只要看到其中的一环，就能知道其本质。"[1]

类似地，在《四签名》第一章中，福尔摩斯对华生说：

"侦探学是，或者应该是一门精确的科学，应当以冷静而不是激情来对待它。你在它的上面涂抹浪漫主义的色彩，这好比在欧几里得的几何学定理里掺进恋爱的情节。"

爱伦·坡的《金甲虫》讲述了主人公通过破译密码，寻找17世纪英国海盗所埋藏的财宝的神奇故事[2]。居住在沙利文岛上的主人公威廉·莱格朗先生在岛上偶然找到了一个金甲虫和一张羊皮纸，羊皮纸上画有羊羔和人的头盖骨，两者之间写有如下红色字符：

53‡‡†305))6*;4826)4‡.)4‡);806*;48†8
¶60))85;1‡(;:‡*8†83(88)5*†;46(;88*96
?;8) ‡(;485);5*†2:* ‡(;4956*2(5*-4)8
¶8*;4069285);)6†8)4‡‡;1(‡9;48081;8:8‡
1;48†85;4)485†528806*81(‡9;48;(88;4
(‡?34;48)4‡;161;:188;‡?;

这是标记宝藏位置的密码。莱格朗先生利用频率分析法破译了上述密码。首先，他对字符出现的频数进行了统计：

8出现33次；

;出现26次；

4出现19次；

‡和)各出现16次；

*出现13次；

5出现12次；

6出现11次；

†和1各出现8次；

0出现6次；

1 柯南 道尔 阿瑟. 福尔摩斯侦探故事全集（上）.程君，译.广州：新世纪出版社，2000. 18.

2 Poe E A. The Gold-Bug. *Dollar Newspaper*, vol. I, no. 23, June 28, 1843, 1–4. http://www.eapoe.org/works/tales/goldbga2.htm.

9和2各出现5次；

: 和3各出现4次；

? 出现3次；

¶ 出现2次；

—和.出现1次。

在英文中，出现频率最高的字母是e，而在上述密文中，出现次数最多的是8，因而8可能就是e的代码。英文中e往往成对出现，如meet，fleet，speed，seen，been，agree等等，而密文中8成对出现了5次。由此可以进一步判断，8代替的就是字母e。

在英文的所有单词中，the是最常用的。而在羊皮纸密文中，字符串"; 48"出现了7次，因此断定，"; "代表t，4代表h。这样，密文成为

53‡‡†305))6***the**26)h‡.)h‡)te06***the**†e

¶60))e5t1‡(t:‡*e†e3(ee)5*†th6(tee*96

?te) ‡(**the**5)t5*†2:* ‡(th956*2(5*-h)e

¶e*th0692e5)t)6†e)h‡‡t1(‡9**the**0e1te:e‡

1**the**†e5th)he5†52ee06*e1(‡9**the**t(eeth

(‡?3h**the**)h‡t161t:1eet‡?t

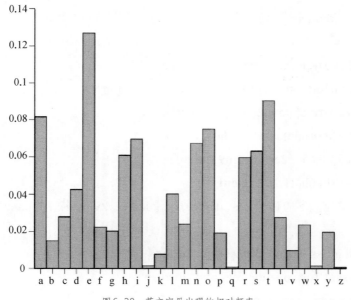

图6-30　英文字母出现的相对频率

再看倒数第二个the后面的六个字符，其中有五个已经知道了：t (eeth。但用任何字母代替 "("，都不能使t (eeth成为一个有意义的单词，因此隔开th, t (ee是一个独立的单词，因此，"(" 代表r，该单词为tree（树）。于是，密文成为

    53‡‡†305))6*the26)h‡.)h‡)te06*the†e

    ¶60))e5t1‡rt:‡*e†e3ree)5*†th6rtee*96

    ?te) ‡rthe5)t5*†2:* ‡rth956*2r5*-h)e

    ¶e*th0692e5)t)6†e)h‡‡t1r‡9the0e1te:e‡

    1the†e5th)he5†52ee06*e1r‡9 the tree

    thr‡?3h the)h‡t161t:1eet‡?t

接下来观察the tree后面的单词thr‡?3h，可知应为through，于是知："‡" 代表o，"?" 代表u，3代表g。因此，密文成为

    5goo†g05))6*the26)ho.)ho)te06*the†e

    ¶60))e5t1ort:o*e†egree)5*†th6rtee*96

    *ute)*orthe5)t5*†2:*orth956*2r5*-h)e

    ¶e*th0692e5)t)6†e)hoot1ro9the0e1te:eo

    1the†e5th)he5†52ee06*e1ro9 the tree

    through the)hot161t:1eet out

再看第二行中的†egree，它应该是degree，因此 "†" 代表d。在degree之后，我们看到字符串 "th6rtee*"，易知应为thirteen，因此可以断定6代表i，"*" 代表n。这时，密文成为

    5 good g05)) in the 2i)ho.)ho)te0 in the

    de¶i0))e5t1ort: one degree)5nd thirteen

    9inute) north e5)t5nd2: north 95in2r5n-h)e

    ¶enth0i92e5)t)ide)hoot1ro9the0e1te:eo

    1the de5th)he5d52ee0ine1ro9 the tree

    through the)hot1i1t:1eet out

据此，第一个字符5应该表示a, degree)应为degrees, 9inute)应为minutes。于是，密文成为

    A good g0ass **in the** 2isho.shoste0 **in the**

    de¶i0s **seat** 1ort: **one degrees and thirteen**

    minutes northeast and 2: **north main** 2ran-hse

¶enth0im2 **east side shoot** 1rom **the** 0e1te:eo1

the death's head a2ee0ine 1rom **the tree**

through the shot 1i1t:1eet **out**

至此，明文已经呼之欲出了：

A good glass in the bishop's hostel in the

devil's seat forty-one degrees and thirteen

minutes northeast and by north main branch

seventh limb east side shoot from the left eye of

the death's-head a bee line from the tree

through the shot fifty feet out.

上述明文的意思是："一面好镜子在主教栈房内魔鬼的座位——21度与13分——东北和偏北——主干的第七根树枝东边——从骷髅的左眼射击——从树下引一直线，以子弹为圆心，延伸五十英尺。"据此，主人公果然找到了宝藏。

图6-31 《金甲虫》中的插图

《金甲虫》在当时激发了人们对密码学的浓厚兴趣。美国著名密码专家、二战期间曾成功破解日本人密码机（紫色机）的弗里德曼（W. F. Friedman，1891—1969）小时候即是读了此书而喜欢上了密码学。

无独有偶，在柯南·道尔的《跳舞的小人》中，福尔摩斯也利用频率分析法侦破了一桩奇案。

诺福克郡乡绅希尔顿·丘比特饮弹死于家中，他的美国妻子埃尔西·帕特里克也中了弹,生命垂危。警方初步断定是埃尔西枪杀丈夫后自杀。侦破此案的关键是丘比特生前向福尔摩斯提供的密码——跳舞的小人。丘比特第一次提供给福尔摩斯的一组密码是:

图6-32 《跳舞的小人》中福尔摩斯得到的密码

这里,柯南·道尔借用了古代澳大利亚岩画中的人物形象作为密码字。根据频率分析法,福尔摩斯推断出现次数最多的"𝕏"代表英文字母E。举红旗的小人代表的是一个单词的最后一个字母。根据丘比特生前所提供的更多的密码,福尔摩斯相继将一个个小人破译出来,并利用这些密码,抓住了杀害丘比特的凶手。

侦探小说中的推理与几何证明中的分析法是一脉相承的。我们以柯南·道尔的《博斯科姆溪谷奇案》为例来说明这一点。

在博斯科姆溪谷,发生了一桩惨案。詹姆斯·麦卡锡在博斯科姆湖边遇害。案发前,除被害人的儿子小麦卡锡外,共有五人见过老麦卡锡:麦卡锡家的仆人、一个老妪、博斯科姆庄园看门人的十四岁女儿、猎场看守人。其中,猎场看守人看到小麦卡锡手里拿着枪"跟踪"老麦卡锡,往博斯科姆湖边的树林走去;而小女孩则看见麦卡锡父子在湖边激烈争吵;仆人说,老麦卡锡自称有个约会。警方据此得出:小麦卡锡就是老麦卡锡的约会者,因而是弑父凶手。

福尔摩斯却不满足于这些表面的证据。

小麦卡锡供称:他在林间听到父亲大声叫"库伊"(Cooee)——父子间常用的称呼——便跑到父亲跟前,但父亲很惊讶,因为他不知道儿子已经从布里

图6-33 岩画:最早的澳大利亚人
（澳大利亚,1984）

图6-34 福尔摩斯在查看现场

斯托尔返家；老麦卡锡临终前模糊地说出"拉特"（rat）一词。"库伊"是澳大利亚矿工常用的称呼；福尔摩斯据此推断，"拉特"是澳大利亚地名的部分音节，麦卡锡临终前想说凶手是"×拉特的某某"，但未能清晰地说完。查看澳大利亚地图，果然有"巴勒拉特"（Ballarat）这个地名，因而凶手一定是麦卡锡早年在澳大利亚认识的人。

检查尸体发现，凶手从背后用钝器袭击被害人后脑的左侧，因而很可能是左撇子；现场有一些凌乱的脚印，除了麦卡锡父子的脚印（福尔摩斯根据麦卡锡父子的鞋子作出判断）外，还有一个人的脚印左深右浅，因而凶手的右脚是瘸的。

这样，福尔摩斯得出结论：凶手是麦卡锡在澳大利亚认识的人、左撇子、右脚瘸。这个人正是博斯科姆庄园的主人特纳。

6.3　数学文学

许多科幻小说作者创作了数学小说，兹举数例。

英国作家赫胥黎（A. Huxley, 1894—1963）的《小阿基米德》讲述一个关于数学和音乐小天才吉多（Guido）的动人故事[1]。故事里的吉多自己发现了毕达哥拉斯定理的一个几何证明（参阅第2讲）。故事中的"我"还教了另一个代数证明。

美国作家尤普逊（W. H. Upson, 1891—1975）的《保罗·本彦与传送带》（1949）讲述铀矿工人保罗·本彦（Paul Bunyan）和福德·福德森（Ford Fordsen）使用1英里宽、4英尺长的莫比乌斯传送带来传送铀矿的故事。

美国作家约翰·里斯（John Reese, 1910—1981）的《谋杀的符号逻辑》（1966）讲述利用布尔代数来侦破谋杀案的故事。

美国科幻作家克里夫顿（Mark Clifton, 1906—1963）的《明星》讲述一个三岁的小女孩思达（Star）发明

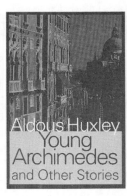

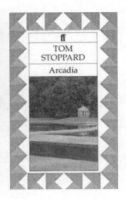

图6-35　小阿基米德　　图6-36　剧本《阿卡迪亚》

1　Newman J R (ed.). *The World of Mathematics*. Vol. IV, Part XXIII. New York: Simon and Schuster, 1956. 2221–2249.

图 6-37 《明星》

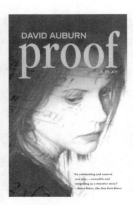

图 6-38 《证明》

图 6-39 希尔伯特旅馆

莫比乌斯带以及一种可以将自己输送到四维空间、在时间隧道中向前或向后旅行的方法[1]。

波兰科幻作家勒姆（S. Lem, 1921—2006)在《非常旅馆》中虚构了一个含有无穷多个房间的旅馆,俗称"希尔伯特旅馆"。旅馆里住满旅客,问题是如何安排新来者住宿? 新来旅客数为 1 时,只需让 1 号房间的旅客搬到 2 号房间, 2 号房间旅客搬到 3 号房间, 3 号房间旅客搬到 4 号房间……n号房间旅客搬到$n+1$号房间……这样,就可以腾出 1 号房间来。若新来旅客数为k个,则需将n号房间旅客搬到$n+k$号房间（$n=1, 2,$ 3, …）。若新来无穷（可数）个旅客,则需将n号房间旅客搬到$2n$号房间（$n=1,$ 2, 3, …）。

希尔伯特旅馆形象地说明了无限集与有限集之间的本质区别,即,无限集可以和它的真子集具有"同样多的"元素,而有限集却不可能有这一性质。

捷克剧作家汤姆·斯多帕德（Tom Stoppard）的《阿卡迪亚》（Arcadia）讲述 19 世纪一个 13 岁的数学女天才的故事。尽管女主角没能证明费马大定理,但她却知道混沌和迭代这样的 20 世纪的数学课题。

美国剧作家戴维·奥本（David Auburn）的剧本《证明》（2000）讲述一个女数学天才凯瑟琳（Catherine）与她父亲、数学家罗伯特（Robert）的关门弟子霍尔（Hal）之间的数学和爱情故事。本剧获 2001 年普利策戏剧奖。

特福科洛斯·米哈伊里迪斯（Tefcros Michaelides）的《毕达哥拉斯谜案》

1　Lipsey S I, Pasternack B S. Mathematics in literature. http://www.mcps/ k12.md.us/departments /eii/ mathinlitanchor. pdf.

是关于数学家的一宗奇案。小说的两个主人公"我"和斯特法诺斯是两位数学家,他们是一对密友。但斯特法诺斯最终解决了希尔伯特第二个问题——算术公理体系的完备性问题,给"我"以巨大的打击:

> "斯特法诺斯个人的胜利,将意味着富有创意的数学的结束。许多毫无天赋、资质平庸的学者将靠着构思各种公理体系,运用斯特法诺斯的方法,机械性地测试公理体系的相容性,安稳地获得事业的成功。数学不再是理性科学的精粹,而将堕落为一门循规蹈矩、机械呆板的游戏。"[1]

"我"试图劝说斯特法诺斯放弃发表这一重大成果,但遭到了拒绝。于是,"我"谋杀了斯特法诺斯。

在《毕达哥拉斯谜案》中,我们看到了丰富多彩的数学问题:希尔伯特第二问题和第三问题、非欧几何、芝诺悖论(参阅问题研究[6-7])、代数方程求根问题,等等。在巴黎参加数学家大会的日子里,"我"和斯特法诺斯曾光顾一家酒馆,和几个画家及其女友们一起讨论数学问题。在讨论了正多边形镶嵌问题后,斯特法诺斯向众人提出如下平面覆盖问题:

> "假如我们打算用一种形状相同的瓷砖来覆盖一个平面,使得未被覆盖的面积最小,那么理想的摆放方式是什么?让我们假设,我们要覆盖的是一个10厘米乘以10厘米的正方形,所用的瓷砖是直径1厘米的圆瓷砖。那么,我们能摆放进多少块瓷砖?"[2]

直觉告诉我们,将100个圆形瓷砖排成10行10列,恰好覆盖整个正方形(图6-40)。但这并非最紧密的覆盖方法。事实上,将瓷砖排成11列,其中6列各含10块瓷砖,5列各含9块瓷砖,于是,在正方形内共装了105块瓷砖(图6-41)。

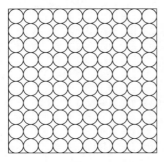

图6-40 圆形瓷砖的方阵装法

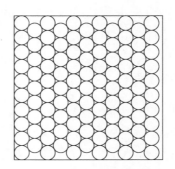

图6-41 圆形瓷砖更紧密的装法

1　米哈伊里迪斯. 毕达哥拉斯谜案. 姚人杰,译.北京:新星出版社, 2010. 235–236.

2　米哈伊里迪斯. 毕达哥拉斯谜案. 姚人杰,译.北京:新星出版社, 2010. 80–83.

不仅如此,斯特法诺斯接下来还提出空间球体的覆盖问题。

此外,一些文学作品是关于数学家的。著名诗人徐迟的报告文学作品《哥德巴赫猜想》曾经风靡中国,数学家陈景润也因此成为家喻户晓的人物。以下是其中的片断[1]:

> 他气喘不已;汗如雨下。时常感到他支持不下去了。但他还是攀登。用四肢,用指爪。真是艰苦卓绝! 多少次上去了摔下来。就是铁鞋,也早该踏破了。人们嘲笑他穿的鞋是破了的:硬是通风透气不会得脚气病的一双鞋子。不知多少次发生了可怕的滑坠! 几乎粉身碎骨。他无法统计他失败了多少次。他毫不气馁。他总结失败的教训,把失败接起来,焊上去,作登山用的尼龙绳子和金属梯子。吃一堑,长一智。失败一次,前进一步。失败是成功之母;成功由失败堆垒而成。他越过了雪线,到达雪峰和现代冰川,更感缺氧的严重了。多少次坚冰封山,多少次雪崩掩埋! 他就像那些征服珠穆朗玛峰的英雄登山运动员,爬呵,爬呵,爬呵! 而恶毒的诽谤,恶意的污蔑像变天的乌云和九级狂风。然而热情的支持为他拨开云雾;爱护的阳光又温暖了他。他向着目标,不屈不挠;继续前进,继续攀登。战胜了第一台阶的难以登上的峻峭;出现在难上加难的第二台阶绝壁之前。他只知攀登,在千仞深渊之上;他只管攀登,在无限风光之间。一张又一张的运算稿纸,像漫天大雪似的飞舞,铺满了大地。数字、符号、引理、公式、逻辑、推理,积在楼板上,有三尺深。忽然化为膝下群山,雪莲万千。他终于登上了攀登顶峰的必由之路,登上了(1+2)的台阶。

也许,迄今关于数学家的最有名的文学作品,是美国女作家西尔维娅·娜萨(Sylvia Nasar)根据著名数学家纳什的真实故事写成的《美丽心灵》。据此改编的电影《美丽心灵》于2002年荣获第74届奥斯卡最佳影片奖和最佳导演奖。

6.4 数学与诗

数学和诗歌两者却有着千丝万缕的联系:在古代,数学问题及其解答、运算法则常常以诗歌形式来表达(参阅问题研究[6–1]、[6–2]、[6–3]、[6–4]);数学家本人也可能是诗人;数学家用数学方法来分析诗歌;诗人用自己的作品歌颂数学家的业绩;诗歌中融入了数学的概念或意象,等等。

---

1 徐迟.哥德巴赫猜想.人民文学, 1978(1):53–68.

历史上有不少诗歌运用了数学的概念或意象。中世纪欧洲两个最伟大的诗人——但丁（Dante, 1265—1321）和乔叟（G. Chaucer, 1342—1400）的作品中含有丰富的数学和科学知识。

16世纪，欧洲数学教科书的作者常常用诗歌来宣扬数学的价值。英国数学家罗伯特·雷科德（Robert Recorde, 1510—1558）在其几何课本《知识之途》中这样宣扬几何学的价值[1]：

图 6-42 但丁（梵蒂冈, 1965）

图 6-43 雷科德

既然商人们利用货船成为富豪

那么从他们开始说起可谓正巧

海上扬着风帆载着货物的商船

最初用几何发明，今天仍用几何建造

它们的罗盘和标度板、它们的滑轮和锚

无不包含智慧几何学家的发明技巧

枕木和其他部件的安装

无不充分展示几何艺术的高超

木匠、雕刻工、细木工和石工

还有那油漆工、绘画师、刺绣工、铁匠各领风骚

如果他们想机智地完成自己的职责

就得利用几何学来充实自己的头脑

马车和犁，都是用这美好的几何学来制造

几何使得它们的尺寸不失分毫

裁缝和鞋匠的作品，不论何种款式和大小

1 Fauvel J, Gray J (eds.). *The History of Mathematics: A Reader*. Hampshire: Macmillan Education, 1987. 279–290.

失去了比例又怎能得到人们的看好

织布工也以几何为基础

看他们的机器构架，想象多奇妙

旋转的轮子、碾磨的白石

水或风驱动着磨粉机运转奔跑

几何的作品在贸易中是如此不可缺少

如果它们消失，很少有人能重新设计完好

一切须借助度量衡来完成的事情

没有了几何证明，就再也确定不了

用以划分时间的钟表

是我们所见到的最智慧的发明创造

由于它们稀松平常因而不受重视

艺人受到轻视，工作没有酬报

但若它们变得稀罕，只是作为一种炫耀

那么人们将会知道

绝没有哪一门艺术能像几何学那样

如此智慧美妙、对人类如此必要

而托马斯·希尔（Thomas Hylles）在其《通俗算术》中也利用诗歌来宣扬数学的价值[1]：

任你是哪个民族、哪个时代、哪个成人或哪个小孩

这儿只有智慧是赢家

幼儿学语咿呀，而数教会人们说话

从最多到最少，数的影响何其巨大

那些不会数数的人们，与兽类无差

缺少这适合于人类学习的独一无二的艺术

还有谁会比这样的人更愚傻

许多动物在许多事情上远远超出人类

但只有人类能够心中有数毫厘不差

人兽之间不过是一"数"之隔

1　Fauvel J, Gray J (eds). *The History of Mathematics: A Reader*. Hampshire: Macmillan Education, 1987. 279–290.

来学习数学吧，这儿是这门艺术之家

如果你想做一名威武的军人

如果你想谋一官半职享受富贵荣华

如果你想在你居住的庭院或乡间

选择物理、哲学或法律作为你的生涯

没有数学这门艺术

你的名声将永无闻达

我掌握了天文和几何学

宇宙学、地理学和许多别的学科不在话下

还有那悦耳动听的音乐

没有这门艺术，你就成了井底之蛙

你对它一窍不通，更不必说去作研究

没有了数，连那平常的计算都乱如麻

如果你想投身商贾

本书含有你所需要的任何算法

只因拥有了这一门艺术

你的思想和才能得到尽情挥洒

哪怕你仅仅是个牧羊人

没有数的帮助，完成职责亦将艰难有加

数带给人类的益处实在是数不胜数

我用一枝拙笔难以刻画

一言以蔽之：没有数学

人将不再是人而只是木头或石沙

图 6-44 多恩

17世纪，英国著名诗人约翰·多恩（John Donne，1572—1631）和安德鲁·马佛尔（Andrew Marvell，1621—1678）通过欧氏几何中的圆、平行线之类的数学概念来类比爱情。多恩在《告别辞：不要悲伤》中将一对恋人的灵魂比作圆规的两脚：

即使是两个，也得似这样

　和坚固的两脚圆规相同，

你的灵魂是定脚，它坚强

图 6-45 马佛尔

　　　　不动，另一脚动，它才动。

　　　　尽管它居坐在两者中心，

　　　　　　另一个在远处漫游时分，

　　　　它侧身，倾听它的动静，

　　　　　　另一个回家，它也直起身。

　　　　你对我就是如此，我像那

　　　　　　另一个脚，斜行于边沿；

　　　　你的坚定使我的圆无偏差，

　　　　　　使我的终点汇合于起点。

这里，圆规两脚之间的呼应象征着爱情的忠贞与和谐，终点汇合于起点则象征着爱情的完美与永恒[1]。

　　马佛尔在其诗歌《爱的定义》中利用平行线来"定义"爱情——

　　　　像直线一样，爱也是倾斜的，

　　　　它们自己能够相交在每个角度，

　　　　但我们的爱却是平行的，

　　　　尽管无限，却永不相遇。

在欧氏几何中，平行线永不相交，诗人以此来类比两个相爱的人无缘走到一起。

　　19世纪初，英国著名诗人雪莱（**P. B. Shelley, 1792—1822**）的诗歌《解放了的普罗米修斯》中第四幕的一节：

　　图6-46　雪莱　　　　图6-47　约瑟夫·赛芬（Joseph Severn）作品：
　　　　　　　　　　　　　　　　雪莱创作《解放了的普罗米修斯》

1　陆钰明. 多恩爱情诗研究. 上海: 学林出版社, 2010. 142.

> 我在黑夜的金字塔下转动，
>
> 这金字塔怀着欢欣高耸入天空，
>
> 在我沉醉的睡梦里把胜利的欢歌呢哝；
>
> 如同一个年轻人躺在美丽的阴影中，
>
> 做着缱绻的好梦，轻声叹息，
>
> 光明和温暖坐在身边细心地侍奉。

同时期英国著名数学家怀特海德（A. N. Whitehead, 1861—1947）认为，"只有内心世界展现着一幅特定几何图形的人才能写出这样的诗歌来，而讲解这张图形，常常正是我在数学课堂中要做的事情。"[1]

图6-48　雨果（前民主德国，1952）

诗歌有时也反映某个时代数学教育的状况，如法国著名作家和诗人维克多·雨果（Victor Hugo, 1802—1885）于1864年用诗歌向我们描述了他少年时代学习数学的经历[2]：

> 我是数的一个活生生的牺牲品
>
> 这黑色的刽子手让我害怕
>
> 我被强制喂以代数
>
> 他们把我绑上布瓦－贝特朗的拉肢刑架
>
> 在恐怖的X和Y的绞刑架上
>
> 他们折磨我，从翅膀到嘴巴
>
> ……

直角坐标系成了绞刑架，解析几何令人望而生畏。但雨果同时也认为，"在精确性和诗意之间并无任何不可调和的地方。数字既存在于艺术之中，也存在于科学里面。"[3]

相对而言，英国著名诗人柯勒律治（S. T. Coleridge, 1772—1834）则是数学的爱好者。他将数学视为真理的精髓，为这门学科"只拥有这么少、这么无精打采的崇尚者"而感到奇怪。柯勒律治以诗歌来表达《几何原本》第一卷第一个命题[4]：

1　Fauvel J. Mathematics and poetry. In: Grattan-Guinness I (ed.). *Companion Encyclopedia of the History and Philosophy of Mathematical Sciences*(Vol.I). Lodon: Routledge, 1994. 1644–1649.

2　同上.

3　莫洛亚 安德烈·雨果传（上）.程层厚，等，译.北京：人民文学出版社，1989.76.

4　萨巴 卡尔.黎曼博士的零点.汪晓勤，等，译. 上海: 上海教育出版社, 2008.

图6-49 柯勒律治（马耳他，1990）

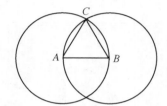

图6-50 《几何原本》的第一个命题

图6-51 亚瑟·奎勒-柯奇

这是第一个命题，

这是第一个问题。

有一条已知的线段，

水平位置不偏又不倚；

我要作一个三角形，

三边的长度不差毫厘。

设已知的线段为AB，

水平位置不偏又不倚；

伟大的数学家，

设置了这个问题：

在其上作出三角形，

三边的长度不差毫厘：

理性，助我们一臂之力，

智慧，助我们一臂之力！

英国著名作家、诗人亚瑟·奎勒-柯奇（Arthur Quiller-Couch, 1863—1944）爵士则模仿苏格兰谣曲，借助故事戏谑性地叙述了《几何原本》第一卷第一个命题的作图与证明[1]。原谣曲讲的是派屈克·司本斯爵士受苏格兰国王詹姆斯（James）之命航行出使挪威、返航途中不幸遭遇风暴而葬身大海的故事。摹仿的数学谣曲中，派屈克·司本斯爵士摇身变为数学家：

王上坐在顿芬林城堡里，

喝着血一样红的酒：

"谁能给我作一个等边三角形，

在一条已知直线上头？"

王上的右边坐着老骑士，

他立刻站起来启禀：

"在格兰达旁边的文官中，

数派屈克爵士最聪明。

1 Quiller-Couch A. A New ballad of Sir Patrick Spens. *Mathematics Teacher*, 1955(1): 30–32.

"他曾师从托德·亨特,

　　托德·亨特可不捕狐狸[1],

如果给他一条直线段,

　　他会勇敢地完成这难题。"

于是王上就写了封长信,

　　御笔一挥又把大名题,

送交派屈克·司本斯爵士——

　　他那时正在求π的值。

他全神贯注地把商算,

　　才刚刚得到整数三,

信使便闯入了他跟前,

　　他屈着膝把国王的信拆看。

派屈克爵士读了第一个字,

　　"另有……"他口中念,

派屈克爵士读了第二个字,

　　"原来是'另有重赏'的诺言。"

派屈克爵士读了最后一个字,

　　泪水迷糊了他的眼睛。

"我最羡慕的英镑,

　　可惜不是苏格兰现金。"

他急急走到东墙边,

　　又急急走到北墙,

他拿了一副圆规在手,

　　站立在福思河岸上。

1　托德亨特(I. Todhunter, 1820—1884)是19世纪英国十大数学名家之一,而在英文中,"Tod-hunter"
　是"捕狐狸的猎手"的意思.

福思河上波涛汹涌，
　　一浪更比一浪惊骇，
从没见过这暴风雨，
　　但又怎及他心潮澎湃。

驾舟穿过了福思河
　　司本斯来到顿芬林城：
尽管肚子一路闹不停，
　　他还是给王上深深鞠了个躬。

"直线，直线，一条上佳的直线，
　　哦，陛下，请快快提供！
我要丝做的那种，
　　不粗不细正适中。"

"不粗又不细？"王上摇摇头，
　　"如果在我们苏格兰，
能找到你所定义的直线，
　　我就把这冠绶一口吞咽。"

"尽管找不到这样的直线，
　　但我可以用直尺作出来。"
司本斯用他那小小的笔，
　　轻轻松松地作出了线段AB。

他庄重地跨步走向墙壁，
　　他庄重地走向西边；
"你摸摸纽扣，"派屈克爵士说，
　　"其余的事由我来管。"

他张开圆规的一脚，

　　把它放到中心 A，
他张开另一脚，从A直到B——
　　"你这苏格兰家伙，让开！"

他再移动圆规的脚，
　　把它放到中心B点，
他张开另一脚，从B直到A
　　如法炮制画了个圆圈。

一个小圆是BCD，
　　另一小圆叫ACE。
"我作得可不错，"派屈克说，
　　"它们相交在一起。"

"瞧一瞧，它们相交在哪——
　　点C呈现在你眼前。
看我从C作线段
　　把点A和B各相连。

"你得到了个小小三角形，
　　和你所见过的一般玲珑；
它可不是个等腰形，
　　更不会三边各不同。"

"请证明！请证明！"王上叫道：
　　"如何，又为什么如此！"
派屈克爵士抖着胡子哈哈笑——
　　"这得从假设说起——

"当我还在母亲的肚子里，
　　母亲就告诉这个真理：

与同一个量相等的量，
　　它们彼此相等必无疑。

"在我画的第一个圆里，
　　有两条线段BA和BC，
千真万确它们都是半径，
　　长度相等不差毫厘。

"同理再看第二个圆，
　　逆时针方向画出来，
中间含着两条半径，
　　AB和AC是对双胞胎。

现在两两共三对，
　　每一对彼此都同长，
它们肯定全相等
　　一条叠在一条上。"

"现在我深信不疑，"詹姆斯国王开口说，
　　"平面几何多神奇！
倘若波茨[1]在苏格兰写作，
　　《几何原本》不知有多清晰！"

6.5　鱼和熊掌

一流的作家中，除了前面提到过的陀思妥耶夫斯基、穆西尔、托尔斯泰外，德国诗人诺瓦利斯（Novalis，1772—1801）、法国诗人瓦雷里（P. Valéry，1871—1945）、奥地利作家布罗赫（H. Broch，1886—1951）、德国作家司米特（A. Schmidt，1914—1979）、前苏联著名

图6-52　诺瓦利斯

1　波茨（R. Potts，1805—1885）是与托德亨特同时代的英国数学家，他所编辑的《几何原本》在当时的英美等国的学校里被广泛使用.

作家、诺贝尔文学奖得主索尔仁尼琴
（A. Solzhenitsyn, 1918—2008）等都
曾受过很好的数学训练。诺瓦利斯
被托马斯·卡莱尔（Thomas Carlyle,
1795—1881）称为"德国的帕斯卡"，
他有一句名言："数学乃是神的生
命。"瓦雷里年轻时对数学和科学十
分着迷，因为它们向他展示了小时候

图6-53　索儿仁尼琴与普京

看大海时所欣赏到的美和神秘。后来他始终保持着对于数学和科学的爱好，
1925 年当选为法兰西科学院院士。索尔仁尼琴则当过数学教师。

　　另外一些作家，像德国作家卡斯特涅（A. G. Kästner, 1710—1800）、苏格
兰著名文学家、社会批评家和历史学家卡莱尔等，都曾对数学教育做过重要
贡献。

　　卡莱尔出生于 1795 年 12 月 4 日，5 岁上学，11 岁时上安南中学，在中学的
三年里，卡莱尔学习法文和拉丁文，粗通几何，且在代数和算术方面打下了基
础。1809 年 11 月，14 岁的卡莱尔考入苏格兰的学术中心、离家一百英里之遥
的爱丁堡大学。在大学里，他选修了自然哲学、拉丁语、希腊语、逻辑学和数学
等课程。在所有课程中，卡莱尔最感兴趣的是数学。他的数学老师、苏格兰数
学家莱斯利（J. Leslie, 1766—1832）发现了他的数学才能，不遗余力地为他提
供帮助。莱斯利对卡莱尔产生了
深深的影响，卡莱尔后来回忆说：

　　"在我的老师中，唯独莱
斯利教授有真才实学，并激起
了我的热情。好几年来，几何
学作为所有科学中最崇高的
学科在我面前熠熠生辉，在所
有最佳时光里和最佳心情下，
我学的都是这门学科。"[1]

图6-54　卡莱尔

图6-55　《拼凑的裁缝》扉页

1　Wursthorn P A. The Position of Thomas Carlyle in the History of Mathematics. *Mathematics teacher*, 1966,
70: 755–770.

在爱丁堡大学,卡莱尔给出了任意一元二次方程实根的一个十分新颖、简洁的几何求法(参阅问题研究[6-5])。

1813年,卡莱尔从爱丁堡大学毕业,翌年他获得了母校安南中学年薪70镑的数学教职。在去安南中学接受面试的旅途中,卡莱尔一直忘我地思考数学问题,他后来回忆道:"当一起坐船的可敬的同伴们沉浸在政治、邮递马车、农场等话题的谈论中时,我拿出一位朋友的定理,沉浸在我的思考中……到达顿弗里郡时,我几乎完全把世事抛在了脑后;并且几乎相信一个角是可以三等分的。"[1]最终,安南中学校长选择了卡莱尔。

但卡莱尔并不适合做教师,执教鞭的日子越来越让他厌烦。他曾痛苦地说:"在学校里教书简直是快速毁灭的同义语!"他还喜欢用"笨驴"来形容他的学生。1816年,在恩师莱斯利的推荐下,他离开安南中学,转到柯克卡尔迪一所文法学校任教。然而,他内心深处的那种厌恶感与日俱增。每天教学之余,陪伴他的是牛顿的《自然哲学的数学原理》。他晚年回忆说,他早年最快乐的时光乃是在一天工作结束后呆在寝室里的那些夜晚,夜复一夜地读牛顿的这部名著,常常读到凌晨三点。牛顿被他视为世上最伟大的人物,甚至到晚年,他也一再宣称,他从未遇到过任何能和牛顿引力定律相提并论的科学发现,尽管他曾遇到过"许多伟大的人物"。

1821年秋,卡莱尔受苏格兰著名物理学家布鲁斯特(D. Brewster, 1781—1868)的委托,翻译法国著名数学家勒让德(A. -M. Legendre, 1752—1833)的《几何基础》。他每天7点到8点之间起床工作,直到早饭时间。早饭后,步行1英里去国王大街教三个学生数学;接着去乔治大街教一位船长平面几何,直到11点。然后,回住所完成他每天4小时的翻译工作。卡莱尔不仅翻译了勒让德的著作,而且还增加了关于比例的一节。他后来回忆道:

> "我仍然记得在一个快乐的上午(大概是星期天),我翻译第五卷(即完整的比例理论),它很完善、明白易懂,并且是我所知道的最简洁的一个……全部翻译工作我仅能得到50英镑的辛苦费,我已不再拥有对于数学进步的那点点自豪;但它是通过诚实的工作完成的,尽管可能只是为了面包和水。"[2]

卡莱尔的译本影响很大。从1834年起,它成为美国人的几何教科书,完全取代

1 Wursthorn P A. The Position of Thomas Carlyle in the History of Mathematics. *Mathematics teacher*, 1966, **70**: 755–770.

2 同上.

了欧几里得的《几何原本》，前后共出了28个版本。

有趣的是，卡莱尔后来有幸遇见了高高瘦瘦、满头白发的勒让德，他把卡莱尔带到研究所，在那里卡莱尔还见到了法国著名数学家拉普拉斯。

《几何基础》的翻译标志着卡莱尔数学工作的结束。不过，卡莱尔在后来的写作中常用数学语言来表达他的思想。如在《拼凑的裁缝》中，卡莱尔写道：

> "所以我要说的事千真万确：要扩大生活这个分数值，与其加大分子，
> 不如减小分母。不止如此，除非我的代数骗我，一除以零应该是无穷大。
> 把你对报酬的要求变为零，那么整个世界都会在你的脚下。我们时代最聪
> 明的人写得好：'确切地说，只有克制自己，才能开始生活。'"[1]

在历史上，集数学家与文学家于一身的不乏其人。11世纪波斯诗人奥玛·海亚姆（Omar Khayyam, 1048—1131）是一位数学家，其代表性数学成就是三次方程的几何解法（参阅问题研究[6-6]）。奥玛·海亚姆的四行诗集《鲁拜集》曾风靡全世界。以下是菲茨杰拉德（Edward Fitzgerald, 1809—1883）英译本初版（1859）第11首[2]（郭沫若译）：

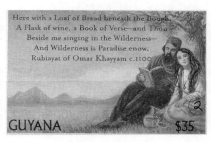

> 树荫下放着一卷诗章，
> 一瓶葡萄美酒，一点干粮，
> 有你在这荒原中傍我欢歌，
> 荒原呀，啊，便是天堂！

图6-56　奥玛·海亚姆作品（圭亚那，1999）

图6-57　奥玛·海亚姆作品（迪拜，1967）　　　图6-58　奥玛·海亚姆（阿尔巴尼亚，1996）

1　卡莱尔 托马斯. 拼凑的裁缝. 马秋武, 等, 译. 南宁: 广西大学出版社, 2004. 177.

2　伽亚谟 莪默. 鲁拜集. 郭沫若, 译. 北京: 中国社会科学出版社, 2003. 第12首.

这优美的诗句曾经造就了人间多少美丽的爱情故事，与之相比，红尘中那些铜板味十足的婚姻，显得多么黯淡！

17世纪法国著名数学家帕斯卡（B. Pascal, 1623—1662）也以其文学才能著称于世，他的《外省人来信》是法国文学史上的名著，伏尔泰（Voltaire）曾将其称为"在法国出版的写得最好的书"。

晚清思想家王韬在其日记中记载了清末数学家李善兰（1811—1882）的一则故事——

> 壬叔云：昔年同艾约瑟至杭，乘舆往游天竺，为将军所见。时西人无至杭者，闾阎皆为惊诧。将军特谕仁和县往询，县令希上意，立逐艾君回沪，而将壬叔发回本州。壬叔因献诗州守，曰：游山不合约波臣，奉遣还乡判牍新。刺史风流公案雅，递回湖上一诗人。州守见之大喜，立赠以金遣之[1]。

图6-59　艾约瑟

图6-60　李善兰

图6-61　哈代

图6-62　柯瓦列夫斯卡娅
（俄罗斯，1996）

李善兰带洋人去尚未对外开放的杭州，本该受到处罚；可这位才华横溢的大数学家却以一首精彩的短诗博得了州守的赏识，从而扭转了尴尬局面，体面地回到故里，真可谓进退自如！

英国著名数学家哈代（G. H. Hardy, 1877—1947）以诗一般的语言写下了《一个数学家的辩白》[2]。

俄国著名女数学家索菲亚·柯瓦列夫斯卡娅（Sofya Kovalevskaya, 1850—1891）在文学上也负有盛名，她的

1　王韬. 王韬日记. 北京：中华书局, 1987.

2　哈代. 一个数学家的辩白. 王希勇，译. 北京：商务印书馆, 2007.

《童年的回忆》具有经久不衰的文学价值。她在给友人的信中写道：

"本世纪最杰出的数学家之一（魏尔斯特拉斯）曾经完全正确地说过，没有诗人的心灵是不可能成为一位数学家的。对我来说，诗人只是感知了一般人所没有感知到的东西，他们看得也比一般人更深刻。其实数学家所做的不也是同样的事吗？拿我自己来说吧！我这一辈子始终无法决定到底更偏好数学呢，还是更偏好文学。每当我的心智为纯抽象的玄思所苦，我的大脑就会立即偏向人生经验的省察，偏向一些美好的文艺作品；反之，当生活中的每一件事令我感到无聊且提不起劲来时，只有科学上那些永恒不朽的法则才能吸引我。如果我集中精力于一门专业，我很可能会在这一专业上做出更多的工作，但我就是不能放弃其中的任何一门。"[1]

当平行线和虚数概念、非欧几何和微积分思想成了文学家的工具，当数学、历史与文学在金庸武侠小说中融为一体，当海亚姆那智慧的诗句震撼着我们凡俗的心灵，当卡洛尔的童话世界迷倒了无数的成人和孩子，当李善兰在突发事件中用诗歌化解尴尬，当柯瓦列夫斯卡娅告诉我们她一辈子始终无法决定到底更偏好数学还是更偏好文学，当哈代以优雅的文笔写下自己对于数学的辩白，当无穷无尽的圆周率引得诺贝尔奖得主维斯拉瓦·申博尔斯卡文思如泉涌时，谁能说数学和文学像鱼和熊掌？谁又能说两种文化之间的鸿沟不可逾越？

问题研究

6–1. 约公元500年希腊学者米特洛多鲁斯（Metrodorus）所编《希腊选集》中，载有诗歌形式趣味数学问题[2]，以下是其中两题。

（1）行人啊，请稍驻足/这里埋葬着丢番图/上帝赋予他一生的六分之一/享受童年的幸福/再过十二分之一，两颊长胡/又过了七分之一，燃起结婚的蜡烛/贵子的降生盼了五年之久/可怜那迟到的宁馨儿/只活到父亲寿命的半数/便进入冰冷的坟墓/悲伤只有通过数学来消除/四年后，他自己也走完了人生旅途。

（2）旋转不停的黄道上的日、月和五星/为你转出一幅神秘的天宫图/你一

1 Koblitz A H. *A Convergence of Lives—Sofia Kovalevskaia: Scientist, Writer, Revolutionary*. Boston: Birkhäuser, 1983.

2 *The Greek Anthology with an English Translation by Paton W R* (Vol.V). Cambridge: Harvard University Press, 1979. 27–107.

生的六分之一/与母亲相依为命把时光度/接下来的八分之一/被逼迫着给敌人做马牛/后面的三分之一/上帝保佑你平安地回到了故土/你有了妻子和迟到的儿子/每天的生活过得无忧无愁/谁知不幸再次降临你头上/塞西亚人的长矛把妻儿的生命夺走/整整二十七个冬夏春秋/你那悲伤的眼泪不停地流/为什么命运之神如此残酷/让你凄凉地走到生命的尽头。

试求出两个问题中的寿数。

6-2.《丽罗娃蒂》(*Līlāvatī*) 是中世纪印度著名数学家婆什迦罗的数学名著,丽罗娃蒂是他女儿的名字。有一个故事说:占星家预测丽罗娃蒂的婚姻永远无成,但是婆什迦罗找到了一个解运的办法。他做了一个可漂浮在水面上的杯子,底部开一个很小的洞,水可慢慢流进,一小时后若杯子沉没,则女儿就可摆脱厄运。在一个良辰吉日,婆什迦罗施行解运术。由于好奇心,女儿丽罗娃蒂观看杯中水逐渐上升,突然,有一颗珍珠从她身上掉入杯子里,恰好堵住了进水口,一小时后杯子并没有沉没!因此,丽罗娃蒂还是要面对永远结不了婚的命运。为了安慰女儿,婆什迦罗说:"我要写一本书,以你的名字为书名,让你流芳万世;因为好名声是一个人的第二生命,也是不朽的基础。"婆什迦罗做到了,了却了他的心愿。《丽罗娃蒂》中,亦包含许多以诗歌形式来表达的数学问题,如:园内花开扑鼻香,诱得蜜蜂采蜜忙。嘤嘤嗡嗡闹如市,熙熙攘攘数难详。总数之半开平方,飞入花间把身藏。又有总数九之八,徜徉园外戏春光。一只雄蜂循香至,可怜身陷莲花房。一只雌蜂来救援,悲伤低回在花旁。丽罗娃蒂请教我,蜜蜂数目可知详?试求出蜜蜂数。

6-3. 我国明代数学家程大位在其《算法统宗》中多以诗歌来表达问题的解法,而最后的"难题"都以诗词形式表述[1]。"西江月":"平地秋千未起,板绳离地一尺。送行二步恰竿齐,五尺板高离地。仕女佳人争蹴,终朝语笑欢戏。良工高士请言知,借问索长有几?""水仙子":"元宵十五闹纵横,来往观灯街上行。我见灯上下,红光映。绕三遭,数不真:从头儿三数无零,五数时四瓯不尽,七数时六盏不停。端的是几盏明灯?"试解这两个问题。

6-4. 18世纪数学刊物《女士日记》(*The Ladies' Diary*, 1704—1840) 在创办初期所载的数学问题往往是用诗歌形式来表达的,而且问题的答案也是以诗

---

1 程大位. 算法统宗. 见:郭书春,主编.《中国科学技术典籍通汇》(数学卷)(第2册),沈阳:辽宁教育出版社,1994.

歌形式给出[1]。如1711年的一个问题是这样叙述的："一天晚上遇见个补锅匠，他的舌头比脑瓜更灵光。他口若悬河不停对我讲，说自己的手艺举世无双。我要他做个平底的酒壶，试探他是不是吹牛大王：壶顶壶底是大小两个圆，直径的长短按照五三量。十二英寸高分厘不能爽，十三加仑啤酒恰恰满装。他爽快答应立即动手忙，把锤子敲得叮叮当当响。做成了酒壶再把容积量，十三加仑水溢出往外淌。他改短直径脚乱又手忙，结果十三加仑又不够装。他又修改尺寸费尽思量，这回十三加仑恰恰满装。量量直径可惜又不够长，吹牛的补锅匠好不懊丧。酒壶一会太大一会太小，最后把壶儿弄得不成样。他信誓旦旦还信口雌黄：不达目的便毁一切家当！于是我请求帮他一个忙，生怕他断了生路空悲伤。凭他那平平庸庸脑袋瓜，永远也别想找出直径长。"试解上述圆台体积问题。

6–5. 设一元二次方程为 $x^2 - bx + c = 0$。如图6–63，在直角坐标系中作出点 $B(0, 1)$ 和 $A(b, c)$。以 AB 为直径作圆 C，交 x 轴于 M、N。试证明卡莱尔的结论：M、N 的横坐标即为二次方程的两个实根。

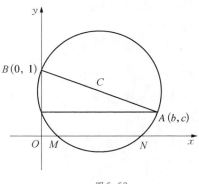

图6–63

6–6. 为了解三次方程 $x^3 + bx = c$，奥玛·海亚姆令 $b = p^2$，$c = p^2 q$，将方程化为 $x^3 + p^2 x = p^2 q$，再将其转化为二元二次方程组 $\begin{cases} x^2 = py \\ y^2 = x(q-x) \end{cases}$，于是，原方程可以通过抛物线 $x^2 = py$ 和圆 $y^2 = x(q - x)$ 的交点来求解。试利用奥玛·海亚姆的几何方法解三次方程 $x^3 + 4x = 8$。

1　Miller G A. *Historical Introduction to Mathematical Literature*. New York: The Macmillan Company, 1927. 38–39.

6–7. 英国数学家、哲学家罗素（B. Russell）在《数学原理》中写道："在这个反复无常的世界里，没有什么比一个人死后的名声更反复无常的了。后人判断不公的最大牺牲品是厄里亚的芝诺（Zero of Elea）。他发明了四个悖论，妙不可言、深不可测；可是后世哲学家却粗俗地称他仅仅是个聪明的骗子，他的四个悖论全都是诡辩。经过两千年反复不断的辩驳之后，一位德国教授恢复了这些诡辩原有的价值，并使其成为数学复兴的基础。"芝诺悖论之一为"阿喀琉斯追龟问题"：跑得快的人永远追不上跑得慢的人；因为追者必须先到达被追者的出发点，这样跑得慢的人总是领先于跑得快的人一段距离。

假设一开始阿喀琉斯距乌龟1000米。阿喀琉斯的速度是乌龟的10倍。问：阿喀琉斯在何处追上乌龟？

6–8. 在西班牙电影《费马的房间》里，有如下问题：

（1）有三个糖果箱，分别装有椰子糖、榴莲糖和这两种糖的混合，而且在每个箱子外面都分别贴上了一个标签，内容是"椰子糖"、"榴莲糖"和"混合糖"，但全部标签都是贴错的。你可以通过拿箱子里面的一颗糖果出来看，而重新将正确的标签贴在对应的箱子上，最少拿多少个箱子的糖果就能完成纠正工作？如何操作？

（2）一个封闭的房间只有一扇门，在门外有三个开关，其中只有一个是房里面电灯的开关，你只能进去房间一次，如何判断哪个开关才是电灯的？

（3）有两个沙漏，分别4分钟和7分钟漏完里面的沙子，那如何利用它们判断9分钟时间呢？

（4）面前有两扇门，其中只有一扇是通往自由之门，但你不知道。两扇门前都分别站着一个门卫，其中一个只会说谎，另一个绝不说谎，你只能问他们一样的问题来找出自由之门，这个问题该怎样问呢？

试解决上述问题。

6–9. 在王蒙所介绍的机会游戏中，摸出3322、4321、4222、4330、4411、5311、5410、5500的概率分别为多少？

第 7 讲 角逐失败

如果有谁企图证明一个一知半解或全然无知的人在纯思维上有大作为,那就请他把此人带来,让我们看看。

——德摩根

自希腊古典时期雅典的辩士学派——鼎盛于公元前 5 世纪末的一群职业教师——提出化圆为方、三等分角和倍立方这三大尺规作图难题以来,我们所生活的这个地球上就一直有人过不上平静的日子。如果说当年阿那克萨哥拉(Anaxagoras, 前 500—前 428)在铁窗下很充实地消磨寂寞时光,乃是受益于化圆为方问题的话,那么这样的受益者实在屈指可数。阳光下有的是好奇、好胜、好高、好名、好奖的"五好牌"们。即使是 1755 年法国科学院作出不再审查化圆为方问题解法的重要决定(这都是蒙蒂克拉(J. E. Montucla)惹的祸,他在上一年出版了《圆积研究史》)后,"五好牌"们依然前仆后继,粉墨登场[1]。23 年后,一位名沃森韦尔(Vausenville)的化圆为方者强烈要求科学院收回成命,为他授奖。

1837 年,年轻的法国数学家万采尔(P. L. Wantzel, 1814—1848)证明了三等分角和倍立方尺规作图之不可能性。1882 年,德国数学家林德曼(C. Lindemann, 1852—1938)证明了 π 的超越性,从而证明了化圆为方的尺规作图之不可能性。以后数学家们又建立了两条一般定理:

---

1 汪晓勤. 一卷永不过期的数学狂怪档案. 自然辩证法研究, 2004, **20**(9): 86–89.

　　定理1　任何可用尺规由已知单位长度作出的量必为代数数；

　　定理2　若一有理系数三次方程没有有理根，则它的根不可能用尺规由一给定单位长度作出。

　　或许你会说，迷恋于这三大难题的人至此总该死心塌地了。然而，事实完全不是这样。失败的角逐者们，依然故我，乐此不疲。

7.1　"计算大师"

一开始人们管我叫作圆

是一条曲线环绕了一圈

就像那天上太阳行走的路线

或是那绚丽的彩虹横跨云间

我可是一个高贵的图案

缺少的唯有起点和终点

但现在的情况让我倍觉讨厌

一些新角似乎要把我给污染

这件事阿契塔从没做过

连伊卡洛斯之父也未曾试探

试问能求出我的面积者

到底是何方幸运的神仙

在那深深的托里亚海角

和波光粼粼的美丽湖畔

有一个富足快乐的国家

她离古萨宫斯特并不遥远

这个地方住着一位老诗人

他夜夜仰观星辰从不间断

他常常作出自己的发现

让那些智者们望洋兴叹

这老者到哪儿都冥思苦想

常常忘了自己的三餐饭

他不知道如何放好圆规

也不知道怎样作好直线

　　千真万确，就是这位大师

　　把你的面积精确地来计算

这是 16 世纪荷兰人法尔科（Jacobus Falco）虚拟的一场对话。第一段是圆"说"的话，第二段则是作者自己的回答。法尔科管自己叫诗人，我们不该有意见，因为他的诗的确写得不赖；他仰观星辰，夜夜不辍，思索问题，废寝忘食，这种科学研究精神也实在令我们敬佩，让我等汗颜；但是，因为"精确"地计算出了圆面积而自贴"大师"标签，我们……

7.2　掘井师傅

　　如果我们所生活的这个世界上没有什么方啊圆啊的，那么许多"五好牌"的生活一定会平静得多。但事实偏偏不是这样。这不，一位斗大的字不识一升的法国人拉孔先生生活开始变得不平静起来。那是 1836 年的事，从事掘井工作的拉孔先生造了个圆形蓄水池，为了在池底铺石，他需要知道石方；为此他去请教一位数学教授。当他向教授提出这个问题，并告知池底直径时，教授这样告诉他："我无法告诉你精确的数值，因为迄今还没人能求得出圆周和直径的精确比值。"

　　拉孔着实吃了一惊。强烈的好奇心驱使他暗暗下决心解决这个难题。一开始，他设计了一种机械方法，并自信已经获得了成功。从此，他开始自学数学，并用数学方法来求圆周率值，结果与机械方法所得完全"一致"！从那以后，他再也不想去挖什么井、造什么池了。他成功地实现了角色转换，扔掉了铁锹，执起了教鞭。他奔走呼号，大打圆周率品牌，为的就是要引起那些科学社团的注意，无奈好事多磨，事与愿违。不过他依然相信，是金子总会闪光！

　　1855 年，拉孔先生去了巴黎，好运果然来了。在那里，他偶然认识了一位年轻人，便立即向他"兜售"自己的圆周率计算方法。年轻人立即被迷住了，他回家在他那在警察局当专员的老爸面前竭力夸奖拉孔，并怂恿老爸给推荐推荐。于是专员就把这位"数学家"引荐给巴黎艺术与科学学会。学会立即成立一个专门委员会来审查拉孔先生的"发现"。不用说，委员会并没有找出什么茬，否则学会怎么会在 1856 年 3 月 17 日的会议上给拉孔先生颁发银质奖章呢？据说拉孔先生后来还荣获巴黎其他学会颁发的三枚奖章。

　　拉孔的圆周率结果到底是什么？请不要惊讶，它不过是一个古代巴比伦人已经获得过的老掉牙的分数：$\dfrac{25}{8}$。

7.3 钟表匠人

1849年的某一天，一位钟表匠带着他的化圆为方论文来到伦敦，找上了大学学院大名鼎鼎的数学教授德摩根。这位化圆为方者此前曾致信当时的大法官，狮子大开口，要求大法官立即授权奖给他10万英镑。德摩根看了他的文章后，写了个小条子，大意说他还不具备能看清这个问题本质的必要数学知识。不久，他收到了钟表匠朋友的回信，信的字里行间都充满着怒火：

图7-1　德摩根

摩根博士台鉴：

请容鄙人冒昧来函。野兽或有比我们更敏锐之双眼看清可见之事物，然其于精神之对象则视若无睹了。因此，那些自以为受外部对象支配、仅相信自己之眼睛和感觉、仅容得下自己肤浅之理解和想象的人，乃是与兽类最近的了！

鄙以为人人皆有其优点与才能，皆应视价值与益处而得到鉴赏与评价。不论其处于何种幸运抑或不幸之境地，人人皆乐于了解自身之价值与地位。拥有阁下之地位与荣誉者倘不能理解或解决可释以文字、解以数字的问题，则最好读读这句谚语：去做你会做之事。鄙人建议这等先生即刻改行，去主日学校与众孩子们厮混，学习能学之事。真诚感谢阁下之懦弱无能。

数学上胜阁下一筹者叩首

1849年6月29日

五天以后，德摩根收到余怒未消的化圆为方者的第二封信，信中说，他已经把自己的论文寄给了美国的一位教授，对方对他的工作表示鼎力支持，并告诉他，凭这项工作在美国一定能拿大奖。他还说，他在自己的祖国受到不公正的对待，真想一走了之；但他又不想丢自己祖国的脸，如果他走了，全世界都会知道他在英国是如何受到冷遇的了。这回他谦虚了不少，署名"一个希望得到应得评价者"。德摩根本已把这事丢在一边；不料四天后，那"五好牌"钟表匠的一位朋友写来了一封信，弄得德摩根哭笑不得。信中写道[1]：

1　De Morgan A. *A Budget of Paradoxes*. Chicago: The Open Publishing Co, 1915.

敝友曾亲奉其不同凡响的圆面积成果与阁下审阅,藉以寻求阁下之高见。他坚信阁下不仅会公正对待此事,而且以阁下之数学造诣,定能如实对该主题作出令人敬仰之决断。然而,阁下这样做了吗? 如果阁下做了,不论决断如何,鄙人都将喜极而向阁下道贺;遗憾的是,阁下之回信不过了无价值之遁词而已。阁下说"很不幸,你(某某先生)会试图去解这个问题(化圆为方),因为你的数学知识还不足以让你明白该问题本质之所在"云云,可是阁下却只字不提问题本质到底在于什么,噢! 阁下根本就没有研究过某某先生错在那里,其实阁下心里清楚他是做出来了。他做出了阁下以及任何其他自封的数学家们做不出来的难题。阁下不肯坦率地承认他已经解决化圆为方问题,要我告诉阁下到底是什么原因吗? 那是因为他已赢得自古以来数学家们梦寐以求的桂冠。正是这个贫穷的、卑微的匠人赢得了胜利,而阁下却不愿承认,不愿被打败,更不愿承认自己算错了;一句话,阁下的心胸太狭窄,不愿承认他是对的。

敝友曾询问我的看法,我坚决给予支持,我的看法不仅得到某某先生——家住南沃克地区的数学家和钟表匠,而且也得到美国数学教授和权威的支持。某某先生和我都认为,他至少和你一样权威。某某先生说美国政府鉴于他的发现将授予他硕士学位。如果儿女们要被迫到国外才能得到他们应得的回报,那么号称自由之乐土、艺术与科学之殿堂的古老的英格兰岂不丢尽了脸面!

最后,我得反驳阁下的说法——"我们政府过去从来没有、现在仍然没有为化圆为方问题的解法提供奖金"。我要告诉阁下的是,过去设有奖金,并且据认为政府不可能已经撤消这个奖项。有北安普顿侯爵[1]作证。

某某叩首

1849 年 7 月 7 日

7.4　无理大家

最难对付的"五好牌"还要数家住利物浦附近的詹姆斯·史密斯(James Smith)先生。这家伙一发而不可收,先后写了十来本关于化圆为方的书或小册子! 德摩根评价说:"在所有靠谬误出名的人物中,他无疑是最能干的蛮不讲理

1　即当时的英国皇家学会主席康普顿(S. J. A. Compton, 1790—1851)。

大家,最杰出的胡编乱造高手。与他相比,普通的化圆为方者都不过是不值一提的正统派了。"

与拉孔一样,史密斯求得圆周率的值是$\frac{25}{8}$。他把结果寄给不列颠协会,该协会置之不理;于是他改变策略,把文章标题改成"正方形内接圆的关系式",协会终于不得不接受它。这下史密斯的口气大了起来,说自己"可不是那种允许不列颠协会小看的人物"。

图 7-2 哈密尔顿(爱尔兰,2005)

史密斯先生到处散发小册子。他的面子真够大的,大数学家哈密尔顿(W. R. Hamilton, 1805—1865)用一种连普通中学生也能看明白的方法证明了他的错误。大科学家惠威尔(W. Whewell, 1794—1866)用了比哈密尔顿的方法还要简单的方法试图让他明白自己的错误。一位名字被他简化成 E. M.的数学家写信给他,好心地指出他的错误,却不料引火烧身,不得不和他进行了长时间的通信,结果前功尽弃、全线溃败:原来史密斯先假设圆周长是直径的$\frac{25}{8}$倍,然后证明其他的圆周率值都导致谬误,这就算是他的推理方法;他甚至否认圆面积介于内接和外切正多边形之间。这信还通得下去吗?最后,史密斯先生在一封信中提出要出版自己的化圆为方方法以及他们的通信,E. M.才感到事情不妙。他强烈抗议史密斯的出版计划,说"我可不想让世人耻笑我,说我如此愚蠢,竟然会讨论这样可笑的事。"事实证明,哈密尔顿、惠威尔以及那位 E. M.都在浪费笔墨和感情,因为史密斯毅然决然地把书出版了。

在对待史密斯的问题上,有两个人采取了十分明智的态度。一是皇家天文学家艾里(G. B. Airy, 1801—1892),他在回信中说:"先生,听你讲这样的主题乃是浪费时间。"史密斯在他大作的前言里抨击他"倒行逆施"。另一个人就是德摩根。尽管德摩根在杂志上不断发表对史密斯的评论,但从不和这个"五好牌"直接通信。史密斯就把他比作"难以逮住的老鸟",并写信给他,说自己的解

图 7-3 艾里(尼加拉瓜,1994)

法将让德摩根不得不相信那是个不争的事实,将让德摩根博得无知和愚蠢的骂名。

7.5　拉票高手

一位名叫圣维特斯(St. Vitus)的"五好牌"在其出版于1855年的有关化圆为方的著作中,罗列了一长串赞扬或感谢者名单:路易·拿破仑向他致谢;都灵的一位公使向科学院推荐他的著作,称其值得人们敬仰;牛津大学副校长称该大学从未提出过这个问题;巴登的雷秦亲王收到该著作后极感兴趣;维也纳科学院尚未能研讨这个问题;都灵科学院致以最特别的感谢;粃糠学会只关注文学,但也表示感谢;西班牙女王收到此书后表示最衷心的感谢;萨拉曼卡大学表示无限感激,并为拥有此书而感到由衷满意;巴尔墨斯顿勋爵表示感谢;尚未掌握意大利文的埃及总督表示,等此书译成法文后,他将在最早的空闲时间里研读此书,同时他祝贺作者攻克了一个这么长时间以来一直都未能解决的难题。令人大跌眼镜的是,圣维特斯唯恐天下不知的结果竟是一个连拉孔先生都会嗤之以鼻的分数: $\frac{16}{5}$ 。

德摩根总结了七类他所认识的"五好牌":

1. 只懂点古代哲学,对现代知识一无所知。德摩根的一位朋友认识这样一位衣衫褴褛的中学校长,他声称自己发现了太阳的组成成分。"你怎么发现的?""考虑四行。""什么四行?""当然是火、气、土、水。""那你知道人们早就发现气、土、水不是元素,而是混合物吗?""先生,你这是什么意思? 有谁听说过这等事情?"

2. 认为数学难题是谜,灵感来了就能解决。一位上流社会的贵族在读了德摩根的一篇评论化圆为方问题的文章后,用笔在纸上画了个圆,又作了个正方形,希冀这个正方形碰巧是与圆等积的。他把自己所作的图拿给实用知识传播会的秘书,让他把图交给德摩根看。

3. 为了扬名于世,甘冒天下之大不韪。一位职位很高的外交官在国外任职期间的某一天,想到求圆周率其实并不难:只要把圆沿着直线旋转一周(使最低点重新回到最低点),圆走过的长度与圆等长。他回国后开始谋求爵位。他当然没有成功。他找到德摩根,说自己觉得没有得到公正的对待。

4. 认为数学家不会为日常目的去求圆面积。一个工人量得圆柱的高,又求得它的体积；然后他求出了圆周率，约为 3.14。他来到伦敦，由他人带路找到了德摩根家。他读过卡特（Kater）的实验，也看过 1825 年的度量衡法案。不管德摩根说什么，他总是回答说："先生！我依据的可是卡特上尉和议院法案。"桌上恰有一本《天文纪事》（*Astronomical Memoirs*）的校样，上有一篇记录大量的行星观测位置和预测位置的比较，于是德摩根把校样拿给"五好牌"看，问他道："一个人如果不比你更精确地了解圆，他怎能做出这么精确的计算呢？"那"五好"牌十分震惊，记下了几本书名，表示回去后好好拜读一下。

5. 到国外去寻求奖金。一个耶稣会士带着他的化圆为方结果和一张剪报，从南美千里迢迢来到伦敦，找到了德摩根。他说报纸上说的，英国为化圆为方设立了大奖。德摩根告诉他，英国从没有设什么奖，还告诉他 17 世纪里查德·怀特的事。那"五好牌"大惊，发誓出书之前一定阅读更多的几何著作。不料，几天之后，德摩根就看到耶稣会士的新书广告。

6. 在国内申请大奖。如前述沃森韦尔和钟表匠。

7. 自欺欺人，认为自己说服了每一位出于礼貌耐着性子倾听的人。一位老者找到德摩根，自称已经发现宇宙是如何起源的。一个分子经过振动后变成了太阳；再经过振动就变成了水星，等等。德摩根采用了他认为是最简短的方式来打发可怜的"五好牌"——先耐心听他说完，然后评论说："我们关于弹性流体的知识是不完善的。""先生！"老者说，"看得出来，你已经理解了我所说的理论的正确性。作为回报，我才会告诉你——除了那些能够接受我的理论的人，我从不透露给别人——一个小小分子的振动导致太阳系的诞生，此乃约翰福音之道！"老者又去找另一位名叫拉德纳（Lardner）的博士，可人家并没有德摩根的耐心，不等他说完就毫不客气地泼了凉水让他走人。老者离开之前说道："先生，德摩根接待我的方式可完全不同！他仔细听我说，他对我的理论的正确性感到完全满意。""五好牌"们所说的多少多少专家的审查结果大概都是这样诞生的。

7.6 闹剧主角

话说就在林德曼证明 π 之超越性的 6 年后，美国印第安纳州有一位名叫古德温（E. J. Goodwin, 1828?—1902）的乡村医生，于 3 月份的第一个星期里，"灵光闪现，有如神授"，"奇迹般地"求出了圆面积和周长的"精确值"，也就是说，求得了圆周率的精确值。

古德温欣欣然、陶陶然。他相继在美国、英国、德国、法国、比利时、奥地利和西班牙取得了该"重大"成果的版权。1893年，芝加哥主办哥伦比亚博览会（Columbian Exposition），古德温试图在其中的教育展上展出他的成果，不幸遭到组委会的拒绝。他们认为，这样的结果应该投给数学杂志去发表而不是在博览会上展览。

古德温的论文《化圆为方》发表于《美国数学月刊》第1卷的第7期《问题与信息》部分，下面标注"按作者的请求发表"。正文第一段之后插进"（版权归作者所有，1889年。保留版权）"云云。

古德温论文的主要结果是：圆面积等于边长为四分之一圆周的正方形面积，正方形面积等于该正方形的等周圆的面积。也就是说：如果圆和正方形的周长相等，那么他们的面积相等。由此易得 $\pi = 4$。

古德温并不满足于他那"划时代"文章的发表。为了使自己的"成果"获得更大的权威性，他开始动用三寸不烂之舌，说服当地一位名叫雷科德（Taylor I. Recorde）的众议员向议会提交一份由他自己撰写的议案，企图使其成为本州的法律条文。雷科德的文化程度到底如何我们不得而知，但他对于古德温这样的知识分子百分之百的尊重和信赖则是毋庸置疑的：他果真于1897年1月18日郑重其事地把这份议案提交到印第安纳州众议院，众议院名之曰"第246号议案"。全文如下[1]：

推介一个为教育作贡献的新数学真理，如果1897年被官方立法机构接受并采纳，则印第安纳州可以免费使用它。

第一节 印第安纳州议会特颁令：已经发现圆面积与长度为四分之一圆周的线段的平方之比等于正方形面积与其边长的平方之比。根据这一公式，在计算圆面积时用直径作为直线单位（linear unit）是完全错误的，因为表示圆面积等于与圆等周的正方形面积的 $5\frac{1}{5}$ 倍。这是因为在圆周长中，不能四次表示五分之一直径。例如，如果用大于正方形边长的五分之一的任意线段的四分之一乘正方形的周长，我们就能以类似的方式让正方形面积较实际值增加五分之一，如同不用四分之一圆周而用直径来作为直线单位一样。

1　Edington W E. House Bill No. 246, Indiana State Legislature, 1897. In: Berggren L, et al. (Eds), *Pi: A Source Book*. New York: Springer-Verlag, 206–208.

第二节　如果以直径作为直线单位来计算圆的面积，不可能不超出圆面积的五分之一；因为当90°的圆弧等于8时，直径的平方等于边长为9的正方形面积。但取四分之一圆周作为直线单位时，我们既可以满足求圆面积也可以满足求圆周长的要求。另外，它揭示了90°的弦与弧的比率为7：8，正方形对角线与边长的比为10：7，并揭示了第四个重要事实，即直径与圆周之比为$\frac{5}{4}$：4。由于这些事实，加之目前使用的公式在实际应用中使人误解，故应予以抛弃。

第三节　作者的三等分角、倍立方和化圆为方的解法已为我们一流数学杂志《美国数学月刊》作为对科学的贡献而接受，这个事实进一步证明了作者所提出的对于教育的贡献以及献给印第安纳州的礼物的价值。

不要忘记：科学界早已因为这些著名的难题有着无法解开的神秘性和超乎人类理解能力而放弃了对它们的研究。

接着，也不知是众议院里哪一位大人物的馊主意，第246号议案被提交给众议院"运河委员会"（亦称"沼泽地委员会"）审议，这无异于把一份有关修筑河堤的议案提交给"教育委员会"，牛头不对马嘴。显然，运河委员会的委员们对圆啊方啊之类的毫无兴趣，他们马上退回第246号议案，并建议提交给教育委员会。教育委员会于2月2日报告，建议通过该议案。众议院于2月5日对议案进行二读，结果一致通过，但进行三读的决定被搁置了。接着，议案被送交到参议院，参议院又于2月11日将其提交给"戒酒委员会"。

1月20日，当地一份报纸《印第安纳都市前哨》对这一议案进行了评论：

"该议案……决不是一场骗局……州公共教育负责人相信，这是经过一个长期探求而得出的解法……作者古德温医生是一位著名的数学家，他已经获得了这一解法的版权。他提出：如果立法委员会采纳他的这个解法，他将允许本州免费使用它。"[1]

然而，到了2月6日，报纸的口气发生了变化。《印第安纳都市报》评论说："这是印第安纳州议会所通过的最奇怪的议案"，报纸还全文刊登了议案。一时，该议案不仅成了当地报纸的热门话题，而且远至芝加哥、纽约等地的报纸也都相继作过报道。

1　Edington W E. House Bill No. 246, Indiana State Legislature, 1897. In: Berggren L, et al. (Eds), *Pi: A Source Book*. New York: Springer-Verlag, 206–208.

就在这时，普渡大学数学教授、印第安纳州科学院院长瓦尔多（C. A. Waldo, 1852—1926）因办理学术事务来到印第安纳州议会大厦，他于2月5日来到议会的大会会场。他惊讶地发现：议员们正在争论着一项数学立法。

瓦尔多回忆说："当时，一位来自印第安纳州东部地区的退休教师正说道：'事情很简单：如果我们通过这项建立了π的新精确值的议案，作者就允许我们州免费使用他的结果，并且可以免费将其写进我们的学校课本中；而别人都得付给他版税。'……接着，一位议

图7-4 瓦尔多

员将一份刚刚通过的议案拿给我看，并问我想不想认识这位博学的医生、即该议案的作者。我婉言谢绝了他的好意，并说：我已经认识够多的疯子了。"

2月12日，"戒酒委员会"向参议院递交报告，建议通过该议案。当天下午，参议院对该议案进行了辩论，议员们大多持反对意见，因而议案未能通过。《印第安纳都市报》曾报道说：

> "参议员哈贝尔（Hubbell）把该议案说成是彻头彻尾的蠢事。参议院还不如立法让水往山上流……尽管议案并没有通过，但持反对意见的议员中没有一个人知道议案中到底有什么错误。"所有的参议员在谈到该议案时都承认，他们并不知道其中的命题有什么是非曲直。他们只是认为，该议案的主题并不适于立法。"

最后，议案被无限期地搁置，因而没有机会荣升为法律条文。虽然圆周率议案的闹剧结束了，但想必古德温先生不会善罢甘休，他会继续奔走呼号，四处寄信，寻找更多的支持者，争取更多的宣传机会，誓将化圆为方进行到底。事实上，他的先辈们和后继者们几乎都是如此。据德摩根说，历史上只有17世纪的一位名叫理查德·怀特（Richard White）的耶稣会士化圆为方者承认过自己的错误。

7.7　边缘人物

美国数学家安德伍德·杜德利（Underwood Dudley）先生1980年代不辞辛劳地搜集"五好牌"们的研究"成果"，得三等分角作图法共两百余种。和化

圆为方者们一样，这些三等分角者们表现出对数学的无知，对数学家的反应表示不满甚至愤怒。一位三等分角者如是说："掌握科学知识的人类怎会如此愚蠢？任何一位科学家或数学家在他还未开始着手研究手头的难题就说它不可能，这只能表明他无能。"一位新奥尔良的三等分者于1953年写道："我们发现当代的数学权威们并不试图去解决这些疑难，却去写些阐述不可能证明它们的论文。不鼓励这些难题的解法，反而打击他们，还封他们为'狂怪'。"一位"五好牌"因为杜德利在回信中说话不中听，便给他所任教大学的校长写告状信，列数他的种种罪过！ [1]

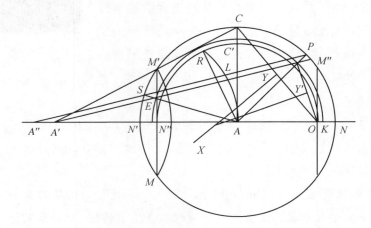

图7-5　令人眼花缭乱的三等分角作图法

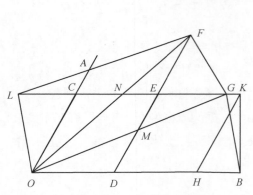

图7-6　一位美国大学校长1933年给出的三等分角作图法，这位校长大人还"解决"了倍立方问题并"证明"了欧几里得第五公设，不知他的数学教授们怎么看？

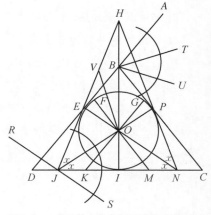

图7-7　一位三等分角者1972年的杰作，谁能复制出他的作图步骤呢？

1　Dudley U. What to do when the trisector comes. *The Mathematical Intelligencer*, 1983, **5**(1): 20–25.

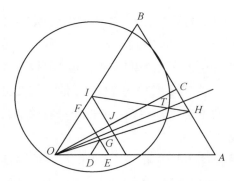
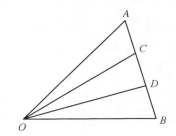

图 7-8　1973 年，一位来自杜塞尔多夫的 69 岁的
退休公务员，声称自己在整整 40 年里，花
费 12000 多小时，终于找到了这个作图法

图 7-9　一位三等分角者 1986 的杰作：作者声
称：有 50 多位数学教授（其中许多为博
士）评价了他的论文，并支持他的证明

三等分角者们一律都有一种唯恐天下不知的心态。1951 年，底特律一位 82 岁高龄的"五好牌"向各个州的一流大学、各家著名私人研究机构，还有包括爱因斯坦在内的数学家，总共一百多处，通报了他的作图法！他收到了六十多份答复，其中最好的是爱因斯坦的："我收到的信件太多了，尽管我非常想回复所有的信件，但我实在是没有时间。"妙！欲摆脱五好牌们纠缠者当可效仿。

杜德利曾经拜访过一位家住美国中西部一个大学城的"五好牌"。那可怜虫以前是个中学化学老师，自从某一天代别人上了数学课以后，他便与三等分角问题结下不解之缘了。他"成功地"找到了作图法，并开始奔走呼号，试图让世人承认他的重大发现。他在当地一所大学拜访了好几个教授；一有数学会议，便提出申请，要在会上作报告。真是功夫不负有心人，一次终于成功地在州科学院会议议程中占了一席，该州科学院真该得人道主义大奖。他写信给任何愿意回信的人，说已有 250 人审查过他的作图法，无一人能找出任何错误来。他还向杜德利暗示：他在其他一些尚未解决的难题上也取得了重大突破。

图 7-10　杜德利的专著《三
等分角者》

倒不是杜德利忘了挨骂的滋味，实在是心生恻隐，忍不住想插嘴劝一劝，但根本就没有机会。退一步说，即使劝了又如何呢？三等分角就是他的生活，就是他的精神支柱。生活的全部目的就是让世人承认他的作图法。

杜德利还拜访过美国中西部一个小城市郊区的"五好牌"。那是一个年逾古稀的糟老头,住在一套脏兮兮的老房子里。他曾经上过大学,但中途辍学回家;他曾经热衷仕途,但理想破灭;他曾经追求爱情,但到头来孑然一身。真是"不如意事常八九,可与人言无二三"。他有过太多太多的失败,而数十载平淡无聊的工作并未能带给他丝毫的成就感。他太需要成功的体验了,他太需要世人的尊重了。于是,他选择了三等分角。他雄心勃勃、孜孜以求,他焚膏继晷、不舍昼夜。他终于获得了来之不易的"成功"。

由于家里实在脏不忍睹,他没好意思让拜访者进屋。老头做的第一件事便是带杜德利到当地一家报社去见一位编辑先生,好让这次见面见诸报端。编辑先生大概已经不止一次和老头打交道了,对刊发会面新闻的事不置可否。老头又提出要摄影师拍张合照,编辑也置若罔闻。老"五好牌"似乎早有心理准备,他的下一个目的地便是照相馆,在那里,他拍下了和来自古德温故乡名牌大学数学教授握手的珍贵照片。接着,他们在一家医院的大厅里会谈4小时,并在其自助咖啡厅里把盘中饭菜吃得精光。

几周后,杜德利收到老头寄来的剪报,照相馆里拍的那张握手照也登出来了,新闻标题是"本地数学家大功近乎告成"[1]。老"五好牌"十分满意。他终于享受到成功的喜悦,他终于品尝到被尊重的滋味。但愿不再有哪个背时的数学家对他说不中听的话,就让他拥有一个快乐的结局吧。毕竟,从古到今拥有这样好结局的"五好牌"又有几人呢?

7.8 "五好"新锐

1998年8月30日台湾《自由时报》刊载了一则中央社发自渥太华的电文,全文如下:

> 圆周率三点一四一五九……"永远除不尽"的神话,被加拿大一名年仅十七岁的数学天才给打破了。今年六月高中毕业的伯熙瓦运用电子邮件与世界上二十五台电脑连线,计算出这亘古之谜,在小数点后第一兆两千五百亿位数即可除尽。

> 伯熙瓦十三岁起就在卑诗省赛蒙·福雷赛大学修课。他用二进位算法,发现圆周率(π)第五兆个小数就是零,依十进位来算,那就是第一兆两千五百亿位数。

1　Dudley U. What to do when the trisector comes. *The Mathematical Intelligencer*, 1983, **5**(1): 20–25.

过去，大家都以为圆周除以直径的数字是除不尽的非理数（注：即"无理数"）。去年九月法国人贝拉尔把这无理数算到第一兆位小数，创下一个世界纪录。

如今这个纪录被伯熙瓦打破。过去，数学家只用一台大电脑计算这个数值，没人找出到小数第几位才能除尽，伯熙瓦靠网际网路和全球二十五台电脑连线作业，终于获得突破。

一位渥太华科学家说，如果用人脑加纸笔，一秒钟算一个小数点的话，要三十万年才能像伯熙瓦那样把圆周率除尽。伯熙瓦已将数学学士所需要的学分修完一半，9月开学后，他将成为正式主修生。

同年9月初，台湾师范大学洪万生教授利用上课之便，对台湾师范大学数学系36位大一、1位大二、1位大三学生进行调查，目的是了解他（她）们对这则报道的反应。他先将上述新闻简报复印给学生，然后要求他们利用大约40分钟时间写出自己的评论或心得。

结果，洪教授惊讶地发现：只有6位学生对上述报道存疑，但他（她）们所依据的不外乎是曾听过高中老师的评论，或者是后来的"更正"报道。不过，他（她）们所以不相信报道真实性的主要原因，却是电脑可能犯错误，所以，伯熙瓦的"突破"当然还有待证实！

问题研究

7-1. 16世纪意大利数学家莫若里可（F. Maurolico, 1494—1575）提出一个计算圆面积的实验法：如图7-11，在底面直径和高均为$2R$的圆柱中倒满水，再将圆柱中的水倒入边长为$2R$的立方体中。测量立方体中水面的高度h，将h和$2R$相乘，即得圆柱底面面积。试证明该结论。

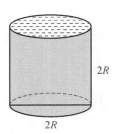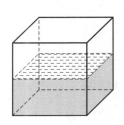

图7-11 莫若里可的实验

7-2. 用直尺和圆规作出一元二次方程$x^2+bx+c=0 \ (b^2 \geqslant 4c)$的根。

7-3. 证明：不能用直尺和圆规将60°三等分。

第8讲　乐在其中

工作是一个人被迫去做的事情，而玩耍则不是他非做不可的事情。

——马克·吐温

人类大概从会编制数学问题开始，就热衷于趣味问题了。约在公元前1650年，一个名叫阿莫斯的古埃及祭司抄录了一本书（今称莱因得纸草书），书中有一个问题（图8-1上图），翻译成我们今天的语言，就是图8-1下图所示的一张表。这竟是等比数列 $7, 7^2, 7^3, 7^4, 7^5$ 的求和问题！

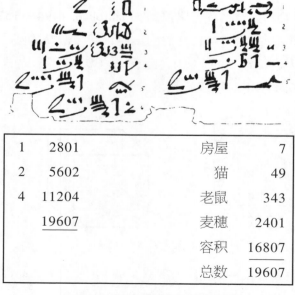

1	2801		房屋	7
2	5602		猫	49
4	11204		老鼠	343
	19607		麦穗	2401
			容积	16807
			总数	19607

图8-1　莱因得纸草书问题79及其译文

无独有偶,在古巴比伦时期(约前1800-前1600)的数学泥版M7857上,我们看到这样的数表:

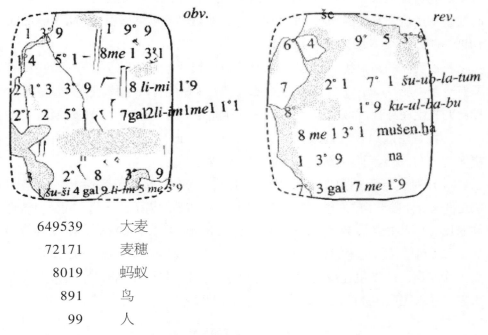

649539	大麦
72171	麦穗
8019	蚂蚁
891	鸟
99	人

图8-2 数学泥版 M 7857 及其译文

最后一行给出等比数列的和730719。由于泥版残缺不全,我们无法读到具体的问题,但我们可以想象出这样一个趣味十足的问题:有99个人,每人捕捉9只鸟,每只鸟吞食9只蚂蚁,每只蚂蚁蚕食9颗麦穗,每颗麦穗长有9粒麦子。问:人、鸟、蚂蚁、麦穗、麦粒总数是多少? 这也是一个趣味问题。

趣味数学问题激发人们的想象力、好奇心和创造力,是数学发展的重要推动力量。方程理论、概率论、微积分、拓扑学等,无不源于以谜题形式表达的问题。历史上,开普勒、帕斯卡、费马、莱布尼茨、欧拉、拉格朗日、哈密尔顿、凯莱(A. Cayley, 1821—1895)等著名数学家都曾对趣味数学问题进行过深入的研究。

8.1 安全摆渡

让我们从最古老的趣味数学问题之一——摆渡问题开始说起。

中世纪,英国数学家阿尔昆(Alcuin, 735—804)在其《益智集》(*Problems for the Quickening of the Mind*)中提出:有人携带一只狼、一只羊、一篮白菜渡河。唯一的工具是一条小船。小船一次只能载他自己和三样东西中的一样。如果只留下羊和白菜在一起，羊就会吃掉白菜；如果留下羊和狼在一起，狼就会吃掉羊。问这个人如何安排摆渡，方能使白菜、羊和狼都平安抵达对岸？我们小时候就知道这个有趣的问题。16世纪，意大利数学家塔塔格里亚（N. Tartaglia，1499—1557）将其设计成一个新版本：

三位美丽的新娘和她们爱吃醋的先生一同旅行。他们来到了一条河边，但只有一条小船，小船一次至多只能载二人。为了避免有人吃醋，他们约定：除非自己的先生在身旁，否则任一女士不得和其他男子在一起。问怎样安排渡河？

答案是往返11次。如果只有两对夫妇，则往返5次就够了；如果有四对或更多对夫妇，那么问题无解。该问题后来又被推广成：

（1）n对夫妻用一条船过河，该船仅可由一人来划，至多可载$n-1$个人，条件仍是任一女士除非自己的先生在身旁，否则不得和其他男子在一起。问至少需要往返几次？（设摆渡次数为y，则$n=3$时，$y=11$；$n=4$时，$y=9$；$n>4$时，$y=7$。）

（2）问一条船至少能载几个（x）人时，才能使n对夫妻可乘它渡河，而任一女士除非自己的先生在身边，否则不得和别的男子在一起；假设船仅可由一人来划。并求往返摆渡的最小次数（y）。结果见表8–1。

表8–1　摆渡问题的解

n	x	y
2	2	5
3	2	11
4	3	9
5	3	11
>5	4	$2n-1$

与摆渡问题相类似的是火车转轨问题。图8–3中有一火车头L和两节货车车厢W_1和W_2，DA是W_1和W_2所在侧线的公共部分，长度足够停放W_1或W_2，但不能同时容下这两节车厢，也容不下火车头L。这样，停在DA上的车厢可以转轨到侧线上。工程师的工作是转换W_1和W_2的位置。问如何完成？这个问题并不难，但如果有更多的车厢（如在铁路货物分类站），要按车厢目的地先后顺序进行排列，那么工程师就需要有很高的数学水平才能完成职责了。

图 8-3 火车转轨问题

8.2 方内乾坤

在小学，我们已经熟悉一种趣味数学问题——中国古代的七巧板。将正方形分割为大、中、小5个等腰直角三角形和1个正方形、1个平行四边形，就得到七巧板的7个组件了，如图8-4所示。

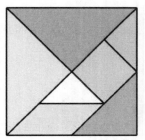

图 8-4 七巧板由大、中、小、正、斜七块组成

七巧板的魅力在于，用7个组件可以拼出各种各样的图案，花草虫鱼、走兽飞禽、房屋器具、舟车人物……小小方块，变幻无穷。

图 8-5 猫

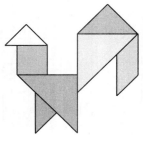

图 8-6 公鸡

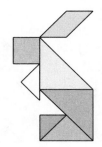

图 8-7 兔子

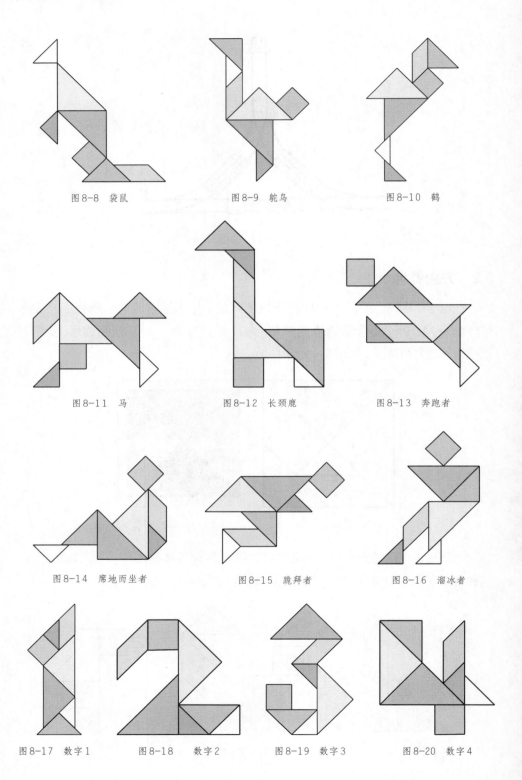

图8-8 袋鼠　　　　　　　　图8-9 鸵鸟　　　　　　　　图8-10 鹤

图8-11 马　　　　　　　　图8-12 长颈鹿　　　　　　　图8-13 奔跑者

图8-14 席地而坐者　　　　　图8-15 跪拜者　　　　　　　图8-16 溜冰者

图8-17 数字1　　　　图8-18 数字2　　　　图8-19 数字3　　　　图8-20 数字4

　　介绍七巧板拼图的文献很多，我们不再赘述。

　　七巧板大约源于唐朝人的燕几——用于宴请宾客、根据宾客人数的需要随意拼合的几案。七巧板发明后，一直受到人们的喜爱。它是智力游戏，具有重要的教育价值；它也是装饰佳品，生活中随处可见。在扬州登月湖畔，有一座七巧板公园，走进公园，7 个组件赫然在目。

　　七巧板传入欧洲后，深受喜爱，被称为"唐图"（tangram）。如今，它激发了意大利家具设计师丹尼尔·拉格（Daniele Lago）的设计灵感。拉格将七巧板用于组合书架的设计，创作出极具特色的作品。

图 8-21　幼儿园外墙上的七巧板拼图

图 8-22　扬州七巧板公园

图8-23 意大利设计师拉格的七巧板组合书架

古希腊流传着一个更为复杂的拼板游戏——阿基米德"十四巧板"（亦称"阿基米德方盒"）。如图8–24，$ABCD$是一正方形，E、F分别为BC和AD的中点。对角线AC与BF交于点G。H为BE的中点，过H作BC的垂线，交BF于K。M为AG的中点，AH与BF交于点L。于是，矩形$ABEF$被分割为7块，其中6块为三角形，1块为五边形。再作CD、CF的中点N、P，连接BP并延长，交CD于Q，连接EP、PN。于是，矩形$FECD$也被分割为7块，其中5块为三角形，2块为四边形。这样，正方形$ABCD$就被分割为14块。

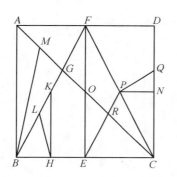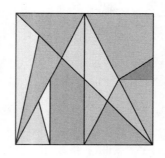

图8-24　阿基米德十四巧板

十四巧板有两种玩法：第一种和七巧板一样，利用14块组件拼成各种各样的形状（如图8–25）；另一种是将14块组件重新装入正方形盒子。最近的研究表明，共有536种不同的装法[1]，如图8–26。

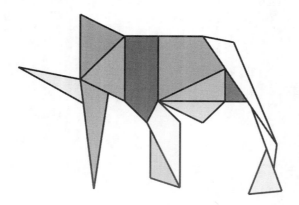

图8-25　大象

1　http://www.gamepuzzles.com/536solt.htm.

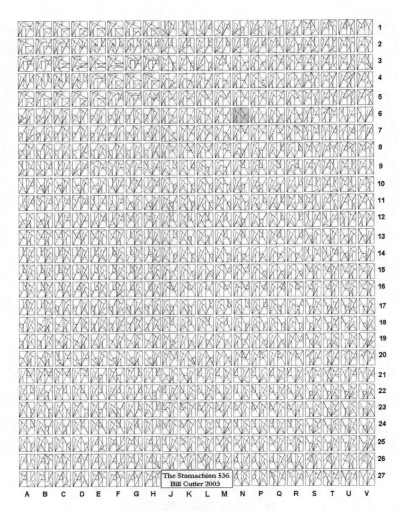

图8-26 十四巧板的536中拼法

8.3 数字之奇

平凡的数字里，包含着美与神奇。以下是其中一些等式。

$$3\times37=111,\ 1+1+1=3$$
$$6\times37=222,\ 2+2+2=6$$
$$9\times37=333,\ 3+3+3=9$$
$$12\times37=444,\ 4+4+4=12$$
$$15\times37=555,\ 5+5+5=15$$
$$18\times37=666,\ 6+6+6=18$$

$$21 \times 37 = 777, \ 7 + 7 + 7 = 21$$
$$24 \times 37 = 888, \ 8 + 8 + 8 = 24$$
$$27 \times 37 = 999, \ 9 + 9 + 9 = 27$$

$$0 \times 9 + 8 = 8$$
$$9 \times 9 + 7 = 88$$
$$98 \times 9 + 6 = 888$$
$$987 \times 9 + 5 = 8888$$
$$9876 \times 9 + 4 = 88888$$
$$98765 \times 9 + 3 = 888888$$
$$987654 \times 9 + 2 = 8888888$$
$$9876543 \times 9 + 1 = 88888888$$

$$1 \times 9 + 2 = 11$$
$$12 \times 9 + 3 = 111$$
$$123 \times 9 + 4 = 1111$$
$$1234 \times 9 + 5 = 11111$$
$$12345 \times 9 + 6 = 111111$$
$$123456 \times 9 + 7 = 1111111$$
$$1234567 \times 9 + 8 = 11111111$$
$$12345678 \times 9 + 9 = 111111111$$

$$1 \times 8 + 1 = 9$$
$$12 \times 8 + 2 = 98$$
$$123 \times 8 + 3 = 987$$
$$1234 \times 8 + 4 = 9876$$
$$12345 \times 8 + 5 = 98765$$
$$123456 \times 8 + 6 = 987654$$
$$1234567 \times 8 + 7 = 9876543$$
$$12345678 \times 8 + 8 = 98765432$$
$$123456789 \times 8 + 9 = 987654321$$

8.4 四四组合

19世纪英国数学家杰克逊（J.Jackson）在《冬夜智力消遣》中提出"用同样四个数字表示出若干不同的数，使其构成等比数列"的问题，可用加、减、乘、除、乘方符号。如：

分别用四个2表示四个数，使其构成等比数列。这个问题不难解决。

分别用四个3表示六个数，使其构成等比数列。杰克逊给出的六个数是

$$\frac{3}{3^{3+3}}, \frac{3}{3^3 \times 3}, \frac{3 \times 3}{3^3}, \frac{3^3}{3 \times 3}, \frac{3^3 \times 3}{3}, 3^3 \times 3 \times 3$$

分别用五个3表示六个数，使其构成等比数列。杰克逊给出的数列是：

$$\frac{3}{3^3 \times 3^3}, \frac{3}{3 \times 3 \times 3 \times 3}, \frac{3 \times 3}{3 \times 3 \times 3}, \frac{3 \times 3 \times 3}{3 \times 3}, \frac{3 \times 3 \times 3 \times 3}{3}, \frac{3^3 \times 3^3}{3}$$

后人提高了问题的难度，要用若干同样的数字表示出连续的正整数，其中最著名的便是四个4问题。利用四个4以及十进制记数法（如44）、小数点（如 $.4$ 表示0.4， $.\dot{4}$ 表示0.444……）、括号、加减乘除符号，可以表示出1~22之间的所有整数。

$1 = (4+4) \div (4+4)$ $2 = (4 \div 4) + (4 \div 4)$

$3 = (4+4+4) \div 4$ $4 = 4 + 4 \times (4-4)$

$5 = (4+4) \div (4 \times .4)$ $6 = 4 \times 4 - (4 \div .4)$

$7 = (4+4) - (4 \div 4)$ $8 = (4+4) \times (4 \div 4)$

$9 = (4+4) + (4 \div 4)$ $10 = (4 \div .4) \times (4 \div 4)$

$11 = (4 \div .4) + (4 \div 4)$ $12 = (44+4) \div 4$

$13 = (4 - .4) \div .4 + 4$ $14 = (4+4) \div .\dot{4} - 4$

$15 = (4 \times 4) - (4 \div 4)$ $16 = (4 \times 4) + (4-4)$

$17 = (4 \times 4) + (4 \div 4)$ $18 = (4 \div .4) + (4+4)$

$19 = (4 \div .4) + (4 \div .\dot{4})$ $20 = (4 \div 4 + 4) \times 4$

$21 = (4 + 4 + .4) \div .4$ $22 = (4+4) \div .\dot{4} + 4$

若再允许使用平方根号有限次，可表示到30：

$23 = (44 + \sqrt{4}) \div \sqrt{4}$ $24 = (44+4) \div \sqrt{4}$

$25 = (4 \times \sqrt{4} + \sqrt{4}) \div .4$ $26 = 4 \times 4 + 4 \div .4$

$$27 = (4+4+4) \div .\dot{4} \qquad 28 = 4 \times 4 \times \sqrt{4} - 4$$
$$29 = 4 \div (.4 \times .4) + 4 \qquad 30 = 4 \times 4 \times \sqrt{4} - \sqrt{4}$$

若再允许使用阶乘号,则可表示到112。

若再允许使用整数指数,以及平方根号无限次,则可表示到156。

8.5 三罐分酒

19世纪法国著名数学家泊松(S. Poisson, 1781—1840)小时候,父母亲望子成龙,希望他长大成为一名医生、律师什么的。在一次旅行途中,有人向泊松提出下面的难题:两个朋友要平分容积为8夸脱的一壶酒。他们还有两个空罐子,一个容积为5夸脱,另一个容积为3夸脱。问如何平分这8夸脱的酒? 泊松很快解决了这个问题,他的解法如下:

图8-27 泊松

(1)在中壶中倒满酒,则原来大壶中剩酒3夸脱;

(2)从中壶中倒出3夸脱酒于小壶中,剩酒2夸脱;

(3)将小壶中的酒倒入大壶中,得6夸脱酒;

(4)将中壶中剩下的2夸脱酒倒入小壶中;

(5)从大壶中倒出5夸脱酒于中壶中,剩酒1夸脱;

(6)从中壶中倒出1夸脱于小壶中,剩酒4夸脱;

(7)将小壶中的酒倒入大壶中,得4夸脱。完毕。

从此,他喜欢上数学,并决定以数学为一生的职业。

杰克逊在《冬夜智力消遣》中提出了"二十一个瓶子"问题:有21个同样大小的瓶子,其

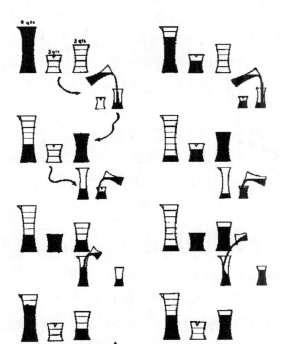
图8-28 三罐子问题的解法

中有7个瓶子各装满酒,有7个瓶子各装半瓶酒,还有7个空瓶子。三个朋友如何分瓶子,方可得到同样多的酒和同样多的瓶子? 问题比三壶分酒问题容易。

8.6　生死排列

在古代的趣味数学问题中,最著名的莫过于约瑟夫问题了。该问题说的是:把若干人排成一圈,从某个位置数起,每数到第m个就杀掉,最后剩下的是事先指定的几个人。这个问题很可能起源于古罗马军队中对士兵"逢十取一"的惩罚制度。在公元4世纪的一部著作里,一位以海格希普斯(Hegesippus)为笔名的作者告诉我们,约瑟夫(Josephus)就是利用这种方式挽救自己性命的:当罗马人韦巴芗(Vespasian)攻陷Jotapat之后,约瑟夫和另外四十个犹太

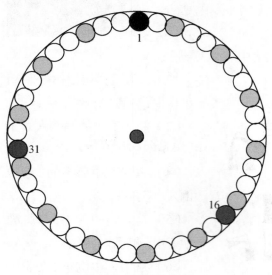

图8-29　约瑟夫的排列

人躲到一个山洞里避难。让约瑟夫失望的是,除了他自己和一名特殊的朋友外,其余39人都决心自杀以便不落入罗马人之手。尽管约瑟夫不愿意这样做,但他不敢公然提出反对;口头上只好同意。但是,他提出了自杀行动必须按顺序进行,并建议:所有人排成一圈,随意从某一位置开始点数,每点到三的人拉出圈子杀掉,最后剩下的一位自杀。他把自己和朋友分别安排在第16和31个位置,成功地避开了死神。

在分别写于10世纪初、11世纪和12世纪的三部手稿里,我们也发现了这个问题。文艺复兴时期,卡丹、拉缪斯(P. Ramus, 1515—1572)在其数学著作中的介绍则使这个问题得以迅速流传开来。后来,它被改编成新的版本:一艘载有15位土耳其人和15位基督徒的船航行于海上。途中遇到风暴,波涛汹涌、孤舟无援、将要沉没。为了挽救船只,保全船员,必须将一半乘客扔到海里。于是,乘客排成一圈,从某一位置开始点数,每点到九,就把这个位置上的人扔到海里。问30人如何排列方能使所有基督徒幸免于难? 正确排列见图8-30:

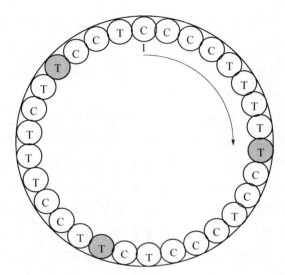

图8-30 保留基督徒的排列（逢九取一）

图8-30的排列可通过下列诗句中的元音字母在英文字母表中的序号（a——1；e——2；i——3；o——4；u——5）来记忆：

From numbers' aid and art, never will fame depart.

如果是每数到第十拉出一个扔到海里，则正确排列应为：

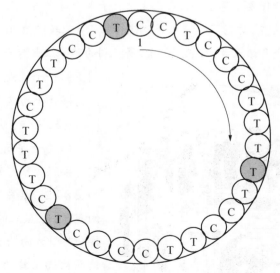

图8-31 保留基督徒的排列（逢十取一）

记忆方法：Rex paphi cum gente bona dat signa serena.

后来的欧拉、舒贝尔（H. Schubert, 1848—1911）和泰特（P. G. Tait, 1831—1901）都解决过更一般的约瑟夫问题。英国著名制谜大师杜德内（H. E. Dudeney, 1847—1930）的"猫捉老鼠"问题亦约瑟夫问题的另一形式，以下是陈怀书先生的译文：

"十三鼠为猫所捕，欲逃而不能。乃互私议，得一法。谓猫曰：今日汝欲杀余等，余等无力以抗，只得俯首待毙。但余等有一特别游戏，愿与君共行之，则余等虽死，无憾矣。即君之食余等也，亦愈觉更有味矣！不知君以为然否？猫曰：善！请道其详。鼠曰：余等排列为一圈，任君从何处为起点，绕圈而走，至第十三个则取而食之。然后再从被食者之次数起，数至第十三个，再取而食之。如是至最后，则余等皆为君食尽。但余辈中有一白色者，其肉嫩而肥，可供君作最后之佳肴。君须稍加思索：若从何处数起，则白者可留至最后食。猫曰：稍待，余缓思之。不意猫思索良久，觉困倦异常，遂酣然入黑甜乡矣。群鼠见猫熟睡，知已中计，一哄而散，安然各入洞中矣。"

古代东方的日本早在14世纪中叶镰仓时代晚期、室町时代初期就有文献记载"继子立"问题。和算最早的专著——吉田光由（1598—1672）的《尘劫记》第3卷第1题详述该问题。其大意是：

从前，有位富农，共有30个孩子，其中15个为前妻所生，15个为第二任妻子所生。第二任妻子急于要让自己生的长子成为财产继承人。一天，她对丈夫说："亲爱的丈夫，你老了。该立一个继承人了。让我们把30个孩子排成一圈，从其中某一个开始点数，每点到第十，将点到的孩子推出圈子，淘汰出局。最后剩下的一个就是你的继承人。"丈夫觉得妻子的这个建议很合理，于是同意按这个方法选继承人。

但妻子早有预谋，她让30个孩子按照她预定的位置站成一圈，如图8–32。其中穿白衣的是前妻的孩子，穿黑衣的是后妻的孩子。按顺时针方向轮番循环点数，结果前面被淘汰掉的全是白衣人。眼看着最后一个白衣孩子马上要被淘汰出局，可怜的老头才明白其中有

图8–32　继子立问题

诈。于是，他马上建议接下来按逆时针方向点数（仍为逢十淘汰，且从仅余的白衣孩子开始）。妻子没有时间算计，仗着自己的孩子以15∶1的明显优势，她答应按反方向点数。结果，前妻的孩子在1∶15的劣势中险胜，获得继承权。

中国的民间故事"八仙定座"也是个约瑟夫问题[1]。八仙同赴王母宴。宴会主持官员为不让吕洞宾坐首席，出主意让八仙排成一

图8-33　"继子立"问题示意图

圈，并暗示小吏，从吕洞宾前一人起，按此前后次序点数。数多少？以随机掷两颗骰子为准。数到谁，谁就退出圈外。继续点数，直至最后一人，此人就坐首席。这种方法表面上看不出主持官员做的手脚。其实，不论骰子掷出多少点，吕洞宾总是坐不上首席。

8.7　数字之战

13世纪上半叶的一首拉丁文诗歌*De Vetula*这样写道：

> 哦！想起那睿智的数字战心里就痒痒，
>
> 算术的叶子、花朵和果实尽情地玩赏，
>
> 还可赢得美好的赞誉和无上的荣光。

诗中的"数字战"（Rithmomachia[2]）指的就是当时流行于欧洲的一种数学游戏。它的起源时间不详，但很可能早于11世纪。在一部约写成于1030年的讨论该游戏的手稿中，作者阿西洛（Asilo）提到意大利博伊修斯（Boethius，375—524）的数学著作，因此有人将其归功于博伊修斯；更多的人则将其归功于毕达哥拉斯，因为它与毕氏学派的比例理论密切相关。它常常被称为"哲学家的游戏"，因为沉迷于该游戏的多半是精通数学的知识阶层。从11世纪初直到18世纪初整整7个世纪的流传充分证明了它的无穷魅力。

1　沈康身. 历史数学名题赏析. 上海：上海教育出版社，2002. 956.

2　或写成rhythmomachie，richomachie，rithmimachia，ritmachya，rhythmimachia等.

　　"数字战"是一种棋盘游戏。棋盘横8格,纵16格。棋子共有48块,黑、白二色各24块。棋子有圆、三角形和正方形三种形状,各16块,每种形状的棋子中黑、白各16块。

　　棋子上的数字是按照毕达哥拉斯学派的尼可麦丘（Nicomachus, 100年左右）在《算术引论》中所定义的三种比来确定,分别为 $a : an$, $a : \left(1+\dfrac{1}{n}\right)a$ 和 $a : \left(1+\dfrac{n}{n+1}\right)a$。其中 a, n 和 m 为正整数。比率中前项称为"申请者",后项称为"被申请者"。圆棋、三角旗、方棋上的数字分别按第1种、第2种和第3种比来确定。黑棋上的数字满足 n 为偶数;白棋上的数字满足 n 为奇数。以P表示申请者,"P黑"和"P白"分别表示黑色和白色申请者;p表示被申请者,"p黑"和"p白"分别表示黑色和白色被申请者,则所有棋子上的数字见表8-2。

表8-2　数字战棋上的数

棋形	颜色	数字的确定				与首行关系
圆棋	P黑	2	4	6	8	a
	p黑	$2\times2=4$	$4\times4=16$	$6\times6=36$	$8\times8=64$	a^2
	P白	3	5	7	9	$a+1$
	p白	$3\times3=9$	$5\times5=25$	$7\times7=49$	$9\times9=81$	$(a+1)^2$
三角棋	P黑	$2+4=6$	$4+16=20$	$6+36=42$	$8+64=72$	$a(a+1)$
	p黑	$\left(1+\frac{1}{2}\right)\times6=9$	$\left(1+\frac{1}{4}\right)\times20=25$	$\left(1+\frac{1}{6}\right)\times42=49$	$\left(1+\frac{1}{8}\right)\times72=81$	$(a+1)^2$
	P白	$3+9=12$	$5+25=30$	$7+49=56$	$9+81=90$	$(a+1)(a+2)$
	p白	$\left(1+\frac{1}{3}\right)\times12=16$	$\left(1+\frac{1}{5}\right)\times30=36$	$\left(1+\frac{1}{7}\right)\times56=64$	$\left(1+\frac{1}{9}\right)\times90=100$	$(a+2)^2$
方棋	P黑	$6+9=15$	$20+25=45$	$42+49=91$	$72+81=153$	$(a+1)(2a+1)$
	p黑	$\left(1+\frac{2}{3}\right)\times15=25$	$\left(1+\frac{4}{5}\right)\times45=81$	$\left(1+\frac{6}{7}\right)\times91=169$	$\left(1+\frac{8}{9}\right)\times153=289$	$(2a+1)^2$
	P白	$12+16=28$	$30+36=66$	$56+64=120$	$90+100=190$	$(a+2)(2a+3)$
	p白	$\left(1+\frac{3}{4}\right)\times28=49$	$\left(1+\frac{5}{6}\right)\times66=121$	$\left(1+\frac{7}{8}\right)\times120=225$	$\left(1+\frac{9}{10}\right)\times190=361$	$(2a+3)^2$

表 8-2 中黑色圆棋的 "P黑" 行 2、4、6、8 和白色圆棋的 "P白" 行 3、5、7、9 是先取定的,按规定比得到黑、白二色圆棋的 "p黑" 和 "p白" 行诸数字。三角棋中 "P黑" 行由圆棋 "P黑" 行与 "p黑" 行相应数字相加得到;"P白" 行由圆棋 "P白" 行与 "p白" 行相应数字相加得到。按规定比例得到三角棋的 "P黑" 和 "P白" 行诸数字。类似地,方棋中 "P白" 行由三角棋 "P白" 行与 "P白" 行相应数字相加得到;"P黑" 行由三角棋 "P黑" 行与 "P黑" 行相应数字相加得到。按规定比例得到方棋的 "P黑" 和 "P白" 行诸数字。易见,当圆棋 "P黑" 四数确定后,所有其他棋子上的数字都确定了。其关系见表 8-2 最后一列。

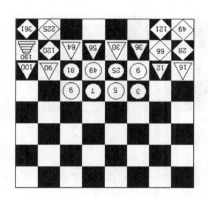 

图 8-34 "数字战棋" 开局前黑白双方的布阵(左为白方,右为黑方)

所有棋子与象棋中的车的走法相同。同一纵线上前后走,同一横线上左右走。任何棋子都不能斜走。游戏规则是:

规则一:如果在 A 与敌方的 nA 之间存在 n 个空格,并且轮到 A 所在一方走,则 A 吃掉 nA(图 8-35 左);但 A 停在原处不动,而不是像象棋中那样占据 nA 的位置。如果两棋有相同的数,则必须间隔一个空格。

  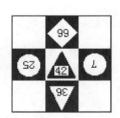

规则 1   规则 2   规则 3

图 8-35 数字战棋之游戏规则

规则二：如果在同色棋子A和B之间有一敌方棋子C，C＝A＋B，并且轮到A、B所在一方走，则它们可吃掉C棋（图8-35中）。

规则三：如果一棋被围在四个敌方的棋子中间，它就被对方吃掉（图8-35右）。

胜负约定有雅俗之分。普通约定为：拥有更多棋子或更多点数的一方胜出。高雅约定分三个层次：

小胜。进入对方地盘且同在一条直线上的三子构成几何比，或算术比，或调和比。如图8-36"小胜"图中的三黑子9、16、72构成调和比。

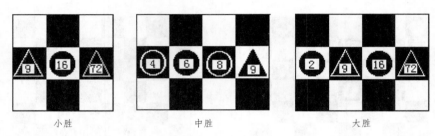

小胜　　　　　　　中胜　　　　　　　大胜

图8-36　数字棋之胜负约定

中胜。进入对方地盘且同在一条直线上的四子中，有三个构成一种比例，同时有三个构成另一种比例。如图8-36"中胜"图中的四黑子4、6、8、9，其中4、6、8构成算术比，同时4、6、9构成几何比。

大胜。在进入对方地盘且同在一条直线上的四子中，有三个数构成一种比例（算术、几何或调和比），三个数构成另一种比例，同时，其中两数之比与另两数之比相等。如图8-36"大胜"图中的四黑棋2、9、16、72，其中2、9、16构成算术比，9、16、72构成调和比，同时2：9＝16：72。

比例知识是中世纪教会学校数学课程的最重要内容之一，因此，我们有理由相信，复杂的"数字之战"乃是作为数学教学的辅助工具而被发明出来的。

8.8　十五子棋

在数学游戏中，我们不能不提到"十五子棋"。在一个浅浅的木制或金属制方盒里装有15个小方块，上面标有1到15共15个数字，剩下一个空格，使得15个方块可以移动。游戏要求从15个方块的初始位置（通常按自然顺序排列，如图8-37左图）移动为指定的排列（如图8-37右图）。该游戏自1878年由美国制谜大师萨姆·洛伊德（Sam Loyd，1841—1911）发明后，立即在美国风行起来。洛伊德的儿子后来这样描写当时的情景：

> "人们被这个游戏弄得神魂颠倒，有些荒谬可笑的传说讲道，一些店主忘了打开店门；一个很出名的牧师竟会在整个冬夜里伫立在路灯下苦苦思索，想回忆出他曾经完成的那一个步骤……传说有的轮船驾驶员差一点使他们的船出事；有的火车司机把火车开过了站。一位著名的巴尔的摩编辑讲起过这样一件事：他出去吃午饭，结果当他的紧张万分的同事在午夜过后很久找到他时，他还在一只盆子里将馅饼片推来推去。"[1]

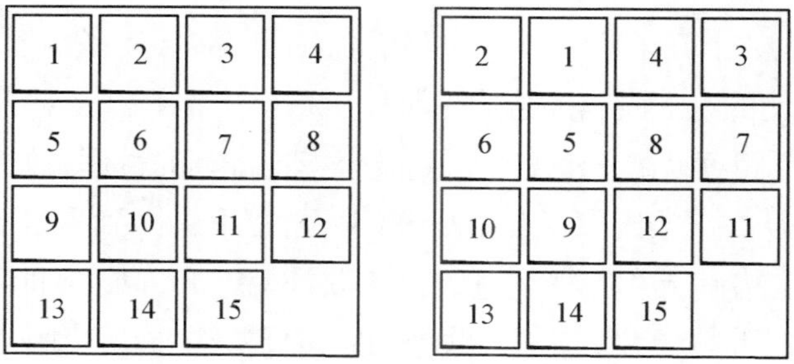

图 8—37　十五子棋

"15 子戏"也在欧洲不胫而走。在德国，街头、工厂、皇宫、国会，随处可见沉迷于这个游戏的人们。雇主们不得不张贴告示，禁止他们的雇员在上班期间玩此游戏，违者将被解雇。连选民们都不得不去监督他们所选出来的代表是否在国会玩这个"老板游戏"。在法国，在巴黎的大街上，在从比利牛斯到诺曼底的每一个小村庄里，到处都有人玩这该死的"拼板数字游戏"（Jeu de Taquin）。一位当时的新闻记者甚至如是说：这"拼板数字游戏"比烟草和酒精还要糟糕，它让无数的人们患头疼，神经痛，甚至神经病，它是人类痛苦的根源！

整个欧洲都为"十五子戏"发了疯。人们举办比赛，设立巨额奖金，但奇怪的是，从来没有人能赢得这些奖金。我们知道，15 个方块加上一个空格的所有可能的不同排列数共有 16! = 20922789888000 种。游戏发明后不久，两位美国数学家在《美国数学杂志》上发表论文，证明了对于任何一种给定的排列，所有可能的排列中只有半数能够通过移动方块得到，也就是说，约 10 万亿种排列是能够得到的，而另外 10 万亿种则是根本无法得到的。难怪那么丰厚的奖金就是无人能拿到，原来，设奖的排列根本就是不可能得到的！不幸的是，《美国数学杂

1　辛格 西蒙.费马大定理.薛密,译.上海：上海译文出版社,1998.119–120.

1	2	3	4
5	6	7	8
9	10	11	12
13	15	14	

4	3	2	1
8	7	6	5
12	11	10	9
15	14	13	

图 8-38 无法从自然排列经过移动得到的排列

志》远远没能像"十五子戏"本身那样传播，否则，又会有多少抵制不住金钱诱惑或好奇心驱使的人们脱离痛苦的深渊！

实际上，我们可以把移动方块得到某个指定排列的过程看作是空格"移动"的过程。空格从右下角出发，经过某一条路径，最后又回到了右下角。易见，在这个过程中，空格向上和向下走过的方块数是相等的，向左和向右走过的方块数也是相等的。也就是说，空格总共必须经过偶数个方块。由此可以得到判定一种给定的排列能否从初始自然排列得到的方法：只需数一数该排列中有几个逆序，如果逆序数是偶数，则排列是可以得到的；如果逆序数是奇数，则排列是无法得到的。所谓逆序，是指一个数排在比它小的数的前面。18世纪瑞士数学家克莱姆（G. Cramer, 1704—1752）在研究方程组的一般解法时已经提出过这个概念。如在排列 2，1，4，3 中有 2 个逆序，即（2，1）和（4，3）。在 n 个数的所有可能的排列中，逆序数为偶数和奇数的排列各占一半。图 8-37 右图中的排列共有 6 个逆序，因而可以从初始排列经过移动得到。而图 8-38 两图中的排列分别含有 1 个和 21 个逆序，故不可能从初始自然排列经过移动得到。图 8-38 左图正是洛伊德本人设立高额奖金的排列。

8.9 梵天金塔

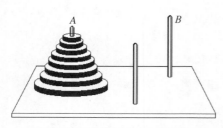

图 8-39 河内塔（8 片金盘的情形）

在历史上，许多趣味数学问题或游戏都可以借助二进制来解决，其中有著名的中国九连环问题、梵天塔问题、Nim 问题等。

传说，梵天创造天地之初，于世界中心之巴云（Benares）庙里安放了一个黄铜板，板上插着三根宝石针，每根针高约 1 腕尺，像韭菜叶那样细。在其中一根针上,从下到上放了由大到小的64片金盘,称为梵天塔。无论日夜,都有一值班僧人按梵天所定法则,将金盘移动。法则为：一次只能移动一片,小片永远在大片上面,当所有64片都被移到另一根针上时,世界就会在一声霹雳中毁灭,梵塔、大庙和众生都会同归于尽。

Nim问题是这样的：将筹码分成若干组,两个游戏者轮流从中取筹码。一次可以取其中某一组,或这一组中的任意个（但至少必须取一个）；取最后一个筹码者即为输者。假设有21根火柴,游戏者每次至少必须取1根,最多可以取5根。如果甲先取火柴,那么他可以通过如下方法来取胜。在心里暗暗将火柴分成2、6、6、6、1五组（图8-40）,然后取出2根；接着视乙取火柴的根数来决定第二次取法：如果乙取1根,甲就取5根；乙取2根,甲就取4根；乙取3根,甲就取3根；乙取4根,甲就取2根；乙取5根,甲就取1根,即甲乙所取总数为6。接下来的取法也是如法炮制。最后,乙就不得不面对剩下的最后1根了。

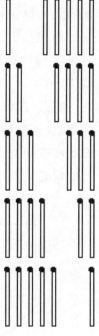

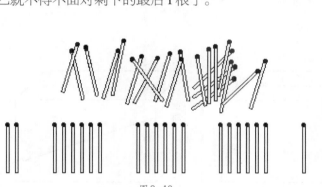

图8-40　　　　　　　　　　　　　　　　　　　　图8-41

在n根火柴的情形,先取者只需在心里暗暗将火柴分成$k+2$组,其中的k组各含6根火柴,其余两组中,一组含1根,另一组火柴数在1和6之间。做到这一点并不难,不过是把n写成$6k+m+1$（k,m均为正整数,$1 \leqslant m \leqslant 6$）的形式罢了。

8.10　蜘蛛食蝇

如果说不可能位置的存在是造成无数玩"十五子戏"的人痛苦不堪的原因的话,那么,杜德内的"蜘蛛和苍蝇问题"让无数人百思不得其解则是

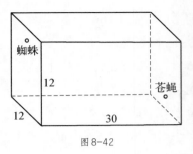

图 8-42

他们自己的直觉惹的祸。设想有一个长 30 英尺、宽 12 英尺、高 12 英尺的房间（如图 8-42 所示），在面积较小的一面墙上有一只蜘蛛，蜘蛛位于中轴线上，且离天花板 1 英尺；在这面墙的对面墙上有一只苍蝇，苍蝇也位于中轴线上，且离地面 1 英尺。现在要问：蜘蛛欲吃苍蝇，它的最短路径是什么？你肯定会不假思索地为蜘蛛选择这样的"最佳"路径：先沿墙壁的中轴线向下爬，然后沿地面的中轴线向对墙爬，最后沿对墙中轴线向上爬即可，或者先向上爬，然后沿天花板的中轴线爬，最后沿对墙中轴线向下爬，两条路径的总长度均为 42 英尺。

那么，饥肠辘辘的蜘蛛对你的选择会感到满意吗？且让我们用下面四种方法将纸折成房间模型。利用几何中"两点之间直线最短"的公理，四种情形中，蜘蛛和苍蝇之间的距离分别为 42、43.2、40.7 和 40 英尺。可见，第四条路径才是蜘蛛最满意的。

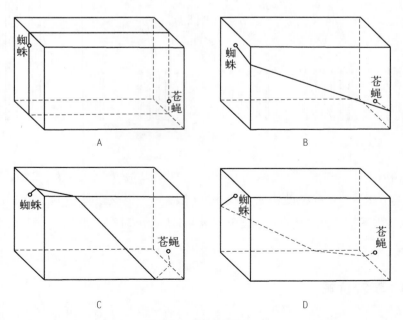

图 8-43 蜘蛛路线图

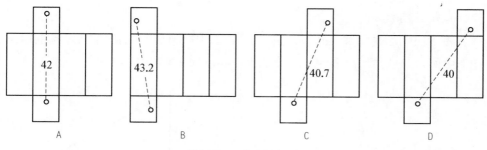

图 8-44 四种路线的距离

8.11 几何谬论

在第6讲中我们提到,英国数学家、《爱丽丝漫游奇境记》的作者卡洛尔向儿童提出了许多趣味数学问题。其中最著名的莫过于19世纪流行于欧洲的几何谬论。

第一个谬论产生于几何拼图。如图8-45,将边长为8的正方形分割为四块,重新拼合成边长为5和13的矩形。由此得到64＝65！其中那1个单位的面积是哪里来的?

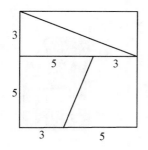

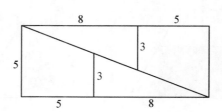

图 8-45 几何谬论:64＝65

后人提出了更多的拼图问题。诸如:

等腰三角形

将底为10、高为12的等腰三角形分割为六块,重新拼合后,得到右边的同样大小的三角形,但少了中间的一个小矩形!

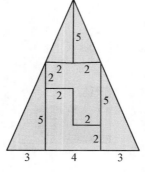

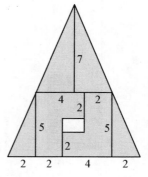

图 8-46 等腰三角形的分割与重组

直角三角形

将十块图形以六种不同方式拼成直角边为9和16的直角三角形，各直角三角形中所含非三角形小图的面积分别为44、45、46、47、48、49！

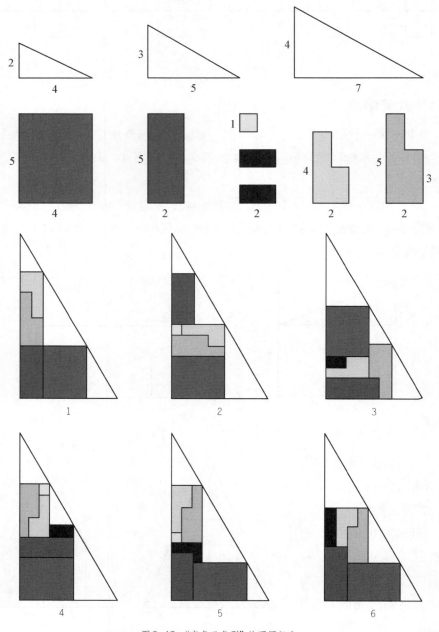

图8-47 "直角三角形"的不同组合

第二个谬论产生于几何证明。如图8–48，ABC为任一三角形，分别作顶角A的平分线和底边BC的垂直平分线，交于点O。过O分别作两腰AB和AC的垂线，垂足分别为D、F。易证Rt△ADO≌Rt△AFO，Rt△ODB≌Rt△OFC，从而得AD＝AF，BD＝CF。于是，AB＝AC。因此，任意三角形均为等腰三角形！

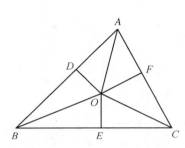

图8–48   几何谬论：任意三角形都是
　　　　　等腰三角形

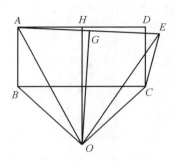

图8–49   几何谬论：直角等于钝角

1893年，剑桥大学三一学院的鲍尔（W. W. R. Ball, 1850—1920）提出了另一个几何谬论："直角等于钝角"。如图8–49，在矩形ABCD的一边CD的外侧，作CE＝CD，连接AE。分别作AD和AE的垂直平分线，交于点O，连接OA、OE、OB、OC，则可以证明：三角形ABO与三角形ECO全等，于是得∠ABO＝∠ECO，但∠OBC＝∠OCB，故有∠ABC＝∠ECB，从而得"直角等于钝角"的谬论。

此外，卡洛尔还提出一个一笔画问题[1]：如何一笔画出图8–50中的三个重叠正方形，要求在画图过程中，不能穿过前面已经画过的线段。

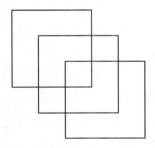

图8–50   三正方形问题

1 Watkins J J. Review of Lewis Carroll in Numberland: His Fantastical Mathematical Logical Life. *Mathematical Intelligencer*, 2009, **31**(4): 60–62.

8.12 九点十行

1876年,卡洛尔提出了两个点线问题。一是"十点五行"问题:给定10个点,排列成两行,每行各5点。要求移动其中4个点,得到五行,每行含4点。该问题的解法有2400种之多,图8–51列出其中的四种。

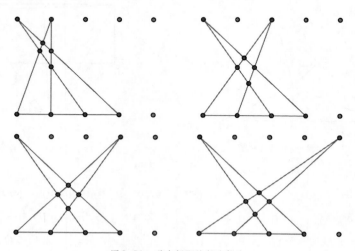

图8–51　移点问题的部分解法

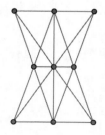

图8–52　九点十行问题的解法

　　二是"九点十行"问题:如何排列9个点,可得到10条直线,每条直线各含3个点。该问题并非由卡洛尔首创。制谜题大师杜德内将该问题归功于牛顿。英国数学家杰克逊在《冬日智力消遣》中提出:"植下九棵树,列成一十行;行行含三棵,需要你帮忙。"[1]此后,该问题在欧洲广为流传。

　　《冬夜智力消遣》还给出其他好几道"点线问题",参阅问题研究[8–10]。

8.13 寻找关系

　　在举不胜举的趣味数学问题中,还有广为人知、但往往让人掉入五里云雾之中的"关系"问题。法国著名剧作家欧内斯特·勒古韦(Ernst Legouvé,1807—1903)一次在公共浴室里洗澡,突然心血来潮,向一起洗澡的同伴提

1　Jackson J. *Rational Amusement for Winter Evenings*. London: Longman, etcs, 1821. 33–34.

出如下问题：两个彼此之间没有血缘关系的男人是否可能有同一个姐妹？一位公证员不假思索地说："不，根本不可能。"一位反应稍微迟钝一些的律师仔细想了一阵子后，同意那位公证员的看法。接着，旁边的人都一致认为：绝对不可能。

图8-53 勒古韦

"但这仍然是可能的，"只听得剧作家不紧不慢地说道，"现在我说出两个人来。他们中一个是欧仁·苏（Eugene Sue），另一个就是我。"众人哪里肯信？七嘴八舌，都嚷着要他解释清楚。于是勒古韦叫服务员取来用于记录顾客名字的石板。他在石板上写道：

苏太太 ～ 苏先生　　　索菲女士 ～ 苏先生　　　索菲女士 ～ 勒古韦先生
　　　　|　　　　　　　　　　　|　　　　　　　　　　　|
　　欧仁·苏　　　　　　　弗洛蕾·苏　　　　　欧内斯特·勒古韦

其中，"～"表示结婚，"|"表示生子女。显然，欧仁·苏和欧内斯特·勒古韦并没有亲戚关系，但他们却有一个共同的姐妹弗洛蕾·苏[1]！

为了解决关系问题，苏格兰数学家亚历山大·迈克法兰（Alexander Macfarlane，1851—1913）发明了一种"关系代数"，解决诸如"我没有一个姐妹和兄弟，但这人的父亲是我父亲的儿子"之类的较为简单的关系问题。但是，如果让迈克法兰解决下面的印度传说中的关系问题，恐怕他也会觉得力不从心。

一个国王被他的族人篡夺了王位，被迫带着妻子和女儿踏上逃亡之路。真是祸不单行，福无双降，三人在途中不幸遭遇穷凶极恶的强盗。可怜的国王竟死于非命，而母女俩则侥幸逃脱。他们慌不择路，逃到一片森林里。邻国的亲王和他的儿子恰好在林中打猎。亲王是个鳏夫，而他儿子则尚未婚配。他们发现了两个女逃亡者，于是沿着她们的脚印尾随在后。父亲说要娶那个大脚印的（想必是年长者）做妻子，而儿子则说要和小脚印的（当然应该是年轻者）结为伉俪。父子俩追上了母子俩。他们一起回到城堡后，父子俩惊讶地发现：原来小脚是母亲的，而大脚却是女儿的！不过一言既出，驷马难追，他们还是按照大小脚印的约定，娶了各自的新娘。关系顿时复杂起来：母亲成了女儿的儿媳，女儿成了母亲的婆婆，父亲成了儿子的女婿，儿子成了父亲的丈人。婚后，母亲和

1　Newman J R. *The World of Mathematics* (Vol.4). New York: Simon and Schuster, 1956. 2434–2435.

女儿各自又都生儿育女。外婆是嫂子,姐姐又是奶奶,舅舅是侄子,外孙又是叔叔……

在巴黎附近的阿伦库特,有一座古墓,墓前有碑,碑上刻着以下的铭文:

　　这里长眠着儿子,这里长眠着母亲;

　　这里长眠着女儿,这里长眠着父亲;

　　这里长眠着姐姐,这里长眠着弟弟;

　　这里长眠着妻子和丈夫,

　　但是,这里永远相伴的只有三个人。

读者不妨对墓中三人的关系作出推断。

问题研究

8–1. 分别解阿尔昆和塔塔格里亚的摆渡问题。

8–2. 用七巧板设计几个人物或动物的图案。

8–3. 用七巧板拼出 5、6、7、8、9、0 六个阿拉伯数字。

8–4. 试将图 8–54 中诸图形分割为阿基米德十四巧板中的组件。

图 8-54　用十四巧板拼成的图形

8–5. 在著名的约瑟夫问题中,若设排成一圈的人数为 n,并且从 1 号开始按顺时针方向点数,每点到 2,第 2 号被扔进大海。记最后剩下的一个人位于第 $J(n)$ 号。当 n = 1,2,…,16 时,相应的 $J(n)$ 如下:

n	1	2	3	4	5	6	7	8	9	10	11	12	13	14	15	16
$J(n)$	1	1	3	1	3	5	7	1	3	5	7	9	11	13	15	1

试给出 $J(n)$ 与 n 的一般关系式, 并计算 $J(100)$ 和 $J(500)$。

8–6. 分别解决 "64 = 65"、"任意三角形都是等腰三角形"、"直角等于钝角" 三个几何谬论。

8–7. 试解杰克逊的 "二十一个瓶子" 问题。

8–8. 利用十进制记数法、小数点 (包括循环节)、括号、加减乘除符号、平方根 (有限次)、阶乘号, 分别将四个 1、四个 2、四个 3、四个 5、四个 6 表示成连续正整数。

8–9. 在著名的 "十五子棋" 中, 可以根据逆序数来判定一种给定的排列能否从初始自然排列得到。问 : 从自然排列出发, 能否得到下面两种排列?

2	1	4	3
6	5	8	7
10	9	12	11
13	14	15	

4	3	2	1
8	7	6	5
12	11	10	9
15	14	13	

图 8-55　利用逆序数判定十五子棋的可能性

8–10. 试解以下杰克逊的点线问题 :

（ 1 ）每行种三树, 十五树成二十三行 ;

（ 2 ）每行种三树, 十七树成二十四行。

第9讲 陈年佳酿

遇上不时挡住去路的令人泄气的高墙该怎么办呢？我听从伟大的几何学家阿朗伯特给青年数学家的建议里提出的告诫。他说："要有信心，勇往直前！"

——法布尔

9.1 牛顿定理

被誉为"昆虫世界的诗人和预言家"的法布尔师范毕业后被分配到乡下一个条件十分简陋的、全校教师只能挤在一张校长餐桌上吃饭的学校教书。尽管读师范时学过一些平面几何知识，但作为文科生的他，数学知识、特别是代数知识依然相当贫乏。用他自己的话说，开一个平方根，证明一个球的表面积公式，已经是科学的顶点了。打开一张对数表，立即头晕目眩。[1]可是有一天，一个报考桥梁工程专业的年龄与他相仿的不速之客登门造访。原来，这位年轻人的考试科目中有数学，为了通过这场考试，他希望法布尔能辅导他学代数。真是病急乱投医。法布尔先是吃惊，接着是犹豫；但最后，不知从哪儿来的勇气，他竟然答应人家了：后天开始上课。

自己不懂游泳，却要教别人游泳，怎么办？勇敢的办法是自己先跳进海里！这

图9-1 法布尔（法国，1956）

1 法布尔. 昆虫记(卷九).鲁京明，梁守锵，译.广州：花城出版社，2001. 122-133.

样,在濒临死亡的时候也许会产生一股强大的求生力量。可是,法布尔不光对代数一窍不通,而且连一本代数书都没有:他想跳进代数学的深渊,可是连深渊都没有。他想去买一本,可是囊中羞涩,况且他那里可不是巴黎,想买就能买到的。离上课只有24小时。

有了。有位教自然科学课的先生,是学校领导层的人物,尽管在学校里他有两个单间,但平时住城里,也算是上流社会的人物了。法布尔猜想他房间里必有代数书;但由于人家高高在上,又怎敢开口言借? 只有一个办法:偷。如果那时中国作家鲁迅已经写出小说《孔乙己》来该多好,这样法布尔也许就不会责备自己了。正逢休假日,四顾无人,法布尔幸运地用自己房间的钥匙打开了那城里度假的主人的房间。天从人愿! 双腿有些发抖的小偷从书柜里搜索出三指厚的一本代数书来。

神不知鬼不觉,法布尔回到了自己的房间。他急切地打开书本,一页又一页地翻看着,了无兴趣。大半本书翻过去了,突然,他的眼光停在了一个章名上:"牛顿二项式"。誉满全球的17世纪英国大科学家牛顿,他的二项式是怎么回事? 强烈的好奇心促使法布尔拿起笔,一边看,一边在纸上写字母的排列和组合。整整一个下午,他就在排列和组合中度过。不可思议,法布尔竟然完全搞懂了!

这下,他可以从容地应对明天的数学课了。这真是与众不同的课,人家从头开始教,而法布尔则几乎是从末尾开始教。他时而耐心地讲授,时而和学生进行讨论,第一次课获得了巨大的成功。牛顿二项式定理大大增加了法布尔的自信心。法布尔继续向更多的代数知识点发起冲击,壁炉里的火光伴着他度过了一个又一个不眠之夜。

在知难而进的老师和认真忠实的学生共同努力下,他们最后啃完了代数课本。那年轻人如愿以偿,通过了考试。那本代数书被偷偷地放回了原处。

法布尔继续向解析几何发起了冲击,他这样描述自己的学习历程[1]:

> 当我失足掉进一个未知世界时,有时能找到炸药把它炸开。刚开始是小颗粒,颗粒结成小团滚动着,越变越大。从一个定理的斜坡滚向另一个定理的斜坡,小团变成了大团,成了有巨大威力的弹丸,它倒退着向后抛,劈开了黑暗,现出一片光明。

经过一年多的努力,他顺利拿到了数学学士学位。

---

1 法布尔. 昆虫记(卷九). 鲁京明,梁守锵,译. 广州:花城出版社,2001. 142.

9.2 傍晚之星

图9-2 华蘅芳

法布尔的经历让我们联想起我国清代数学家华蘅芳年轻时学习微积分的经历。华蘅芳是江苏金匮（今无锡市）人，他聪明伶俐，14岁开始自学数学，凡遇数学书，常常爱不释手。我们在第2讲中曾经介绍过他对勾股定理的22种证明，真可谓才华横溢，后生可畏。

20岁时，华蘅芳来到上海，去墨海书馆[1]拜访著名数学家李善兰（1811—1882）。当时，李善兰和墨海书馆的负责人、英国传教士、著名汉学家伟烈亚力（A. Wylie, 1815—1887）正在合作翻译英国数学家德摩根的《代数学》和美国数学家罗密士（E. Loomis, 1811—1889）的《解析几何与微积分基础》（译名《代微积拾级》）。李善兰这样向他介绍微积分：

> "此为算学中上乘功夫。此书一出，非特中法几可尽废，即西法之古者亦无所用矣。"

这是华蘅芳平生第一次知道数学上除了天元术以外，竟然还有微分、积分之术。这对于热爱数学的华蘅芳来说无疑充满了难以抗拒的诱惑力！他从李善兰和伟烈亚力的译稿中抄录数条，拿回家细看，结果，茫茫然一无所获。

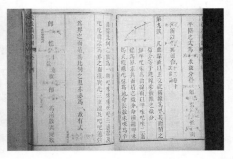

图9-3 《代微积拾级》书影

几年后[2]，中国第一本微积分教材《代微积拾级》出版了，李善兰送了一套给

1　英国伦敦会在上海所设的印刷所.

2　尽管《代微积拾级》可能早在1857年初就译完了，但直到1859年才出版.

华蘅芳。展卷披阅,不知所云,不啻天书。的确,如果我写一个书中的公式给你看——

$$禾\frac{甲 \perp 天}{彳天} = (甲 \perp 天)对 \perp 口丙$$

你若不晕过去,就已算坚强。难啊!无奈之下,华蘅芳只好又跑到墨海书馆,向李善兰求教。李善兰如是说:

> "此中微妙,非可以言语形容,其法尽在书中,吾无所隐也。多观之,则自解耳。是岂旦夕之工所能通晓者哉!"

说得多好!学习微积分,是需要多"观"多"思"多"悟"的。听了李善兰的话后,华蘅芳拿《代微积拾级》"反覆展玩不辍,乃得稍有头绪。"华蘅芳对自己学习微积分的这个艰难过程作了一个精彩的比喻:"譬如傍晚之星,初见一点,旋见数点,又见数十点、数百点,以致灿然布满天空。"[1]

回头看法布尔,他学习代数学的经历不正是这样吗?那牛顿二项式定理不正是他初见的一颗星星吗?

9.3 成才之路

19 世纪有一位苏格兰数学家,今天的大多数中国人并未听说过。可是,如果我们了解晚清科学史,就会发现,他为大英百科全书所写的微积分词条被华蘅芳和英国传教士傅兰雅(J. Fryer, 1839—1928)翻译成中文,成了中国历史上第二本微积分教材。华里司(W. Wallace, 1768—1843)是晚清中国知识界十分熟悉的一个名字。

华里司的祖辈生活在苏格兰法夫郡的一个名叫基尔康曲哈尔(Kilconquhar)的村庄里,其祖父继承了少数家产,但因经营不当而丧失殆尽。父亲亚历山大·华里司不甘贫穷,来到海滨自治市戴萨特(Dysart)创业,成了一名制造供出口的皮鞋与皮革的商人,生意做得相当大。然而,1775 年美国独立战争的爆发给了亚历山大的生意以致命的打击。

华里司于 1768 年 9 月 23 日出生于戴萨特,是家中

图 9-4 华里司

1 华蘅芳.学算笔谈(卷五).光绪二十三年(1897)味经刊书处刊本.

图9-5 《微积溯源》扉页

的长子。戴萨特城中有一位寡居的老妪,办了一所小学,同时零售一些小商品;华里司就在这所小学接受启蒙教育。大约七岁时,他转往一所更好的学校,算术是其中的一门学习科目。约11岁时,因为家境窘迫,他被迫辍学,从此无缘正规的学校教育。

美国独立战争结束第二年,亚历山大举家迁至爱丁堡。16岁的华里司成了一名装订商的学徒,之后做过书商的店员,也当过印刷厂的仓库管理员。一名装订工每天都是和书本打交道的,华里司稍有闲暇,便阅读手头的各类书籍,特别是科学书籍,这大大激发了他求知的欲望。然而,他的那位装订商老板只知道如何榨取学徒们的血汗,对知识学问毫无兴趣。可想而知,在这种情况下,华里司白天读书机会并不多。这个时期,他和父母住在一起。他自己买了不少数学书,他的衣服口袋里总是装着一本,常常一边吃饭一边看,在上下班的路上,手不释卷。工夫不负有心人,在20岁以前,华里司熟读了很多英文数学书籍,但他无师无友、一路独行。

幸运之神悄然来临。他偶然结识了一位上了年纪的木匠,而这位木匠当时正受雇于著名物理学家、爱丁堡大学自然哲学教授约翰·罗比逊(John Robison, 1739—1805),做罗比逊的实验助理。老木匠是位有文化、爱读书的人,他虽然对数学一窍不通,但整天和物理学家在一起,耳濡目染,不免对科学怀有一份崇敬之心;并常常因与自然哲学大教授为伍而自豪。他很喜欢华里司这个年轻人,在知道华里司酷爱数学之后,他提出要把他引荐给罗比逊。起先,华里司婉言谢绝了。但不久,华里司学徒期

图9-6 罗比逊

满,老木匠再次劝他去找那位罗教授,并给他写好了推荐信。犹豫一阵之后,华里司终于鼓起勇气去了爱丁堡大学,找到了罗比逊教授。教授热情接待了他,并考查了他对几何(包括圆锥曲线)的掌握程度,询问了他的生活状况以及在数学上取得这么大进步的前因后果。罗比逊婉言告诫:搞数学研究不可能给这个世界带来什么益处。华里司妙语回答:人活着既然注定要含辛茹苦,他希望

用求知的快乐给人生的酒杯加点糖。[1]会谈结束时，罗比逊邀请华里司来听即将开始的自然哲学课。

现在，华里司作为一名熟练装订工，继续受雇于装订商。因去爱丁堡大学听课而耽误的工作时间，他只能用休息和睡眠时间来弥补。华里司后来说，如果有人问他一生中什么时候最快乐，他会回答，在听自然哲学课的时候。因为，这是他第一次置身于同样渴求知识的年轻人中间，享受专业物理学家高水平的演讲。不久，罗比逊把华里司引荐给他的同事、著名数学家、数学教授普雷费尔[2]（J. Playfair，1748—1819），普雷费尔对华里司的数学才能十分

图 9-7　普雷费尔

赏识，也邀请他去听数学课。尽管华里司根本没有条件一天听两门课，因而忍痛割爱，但普雷费尔仍一如既往地关心和帮助他，为他制订阅读计划，提供数学书籍，华里司得以系统地学习数学，进步更快了。

由于未能听普雷费尔的数学课，华里司对自己的书籍装订工作越来越不满意了。为了争取更多的学习时间，他最终辞去了工作，转而到一家印刷厂担任仓库管理员。18 世纪末，尽管欧洲的印刷术发展很快，但印后装订仍离不开手工：书页印出后，工人依次将书页堆放成一圈；然后按顺序在每一堆上取一页叠放好，最后装订成册。华里司在印刷厂做的是装订之前的那道工序。在枯燥的重复劳动过程中，华里司总不忘学习，他在墙上贴满了拉丁词汇表，每次经过，都要记上一个。后来，他在拉丁文学习上又得到一名学生的帮助。华里司在印刷厂工作期间，罗比逊来看他。一位酷爱数学、风华正茂、出类拔萃、潜力巨大的年轻人为了生计，竟从事着一份谁都能胜任的手工劳动，显然，恩师对此深感惋惜。他建议华里司放弃工作，给自己的一名学生做家庭教师，教他几何。

在印刷厂工作数月后，华里司又换了一份工作，受雇于爱丁堡的一位大书商，成了书店的一名店员。他的境况有了很大的好转，他拥有更多属于自己的时间，既博览群书，又做自己喜爱的数学研究，晚上还教教数学。他还开始学习

1　汪晓勤，陈慧. 华里司：自学成才的数学家、欧洲大陆微积分的早期传播者. 自然辩证法通讯，2010，**32** (6)：97—105.

2　1805 年，罗比逊去世后，普雷费尔接替他任自然哲学教授，而数学教授则由数学家和物理学家莱斯利（J. Leslie, 1766—1832）接任.

法语，逐渐熟悉大陆数学家的著作。

1793年，25岁的华里司为了数学，下定决心放弃了工作，以做家教为生。他终于如愿以偿，可以自由地去爱丁堡大学听普雷费尔的数学课了。但普雷费尔的课是给数学远逊于华里司的大学生开设的，华里司从中已经学不到多少新知识；不过，普雷费尔的高雅、雄辩、博学和循循善诱对他产生了深刻的影响。他还听了一门化学课，勤奋地弥补早年教育的不足。

1794年，经普雷费尔的举荐，华里司成了珀斯学院的数学助教。同年，他结了婚。尽管薪水很低，但生活安定，且有充裕的时间研究数学。每逢假期，他便回到爱丁堡，和昔日恩师以及科学界的新朋友相聚。此时的华里司已经成名，跻身苏格兰数学界。在珀斯学院期间，他当选为爱丁堡物理学研究院通讯院士；该研究院汇聚着一批精英分子，不少人日后成为文学、哲学、公共事物等领域的著名人物。无疑，他们对华里司也产生了一定的影响。

1803年，华里司收到一封署名信，信中说，位于白金汉郡大马洛镇（今马洛镇）的皇家军事学院（初等部）空缺一名数学讲师；如果他愿意，就立即提出申请。华里司欣然前往应聘。在众多竞争者中，面试官选择了他。从此，华里司在这个英格兰南部宁静而美丽的小镇上度过了近十年时光。随着三个女儿和一个儿子的相继降生，原本清贫的华里司，其经济负担日益加重。由于自己早年未能受到正规的学校教育，他特别重视自己孩子们的教育，把他们一个个送到爱丁堡上学，这无疑使他捉襟见肘、入不敷出。增加经济收入成了华里司给《大英百科全书》和布鲁斯特（D. Brewster, 1781—1868）主编的《爱丁堡百科全书》撰稿的主要动机之一。在1822年7月10日写给布鲁厄姆（H. Brougham, 1778—1868）一封信中，华里司写道："我丝毫不能为将来挣一点生活费……我不得不利用休息时间刻苦研究，为百科全书写作，以养育全家。"

1819年，普雷费尔教授去世，自然哲学教授由莱斯利接任，因而莱斯利原来所任的数学教授职位空缺出来。华里司提出了申请。他遇到了竞争对手哈登（R. Haldane, 1772—1854），这位对手虽在数学上名不见经传，但身为牧师，在教会里享有很高威望，受到爱丁堡政界的强烈支持。尽管如此，拥有普雷费尔等众多名家的推荐信、并得到前任教授莱斯利支持的华里司，最终仍因数学上的绝对优势而在爱丁堡市政会赢得了18票，哈登只得了10票。教会和党派左右大学教授遴选的事终于没有发生。从第一次见到罗比逊教授的那一天起，华里司就梦想着有朝一日成为苏格兰某所大学的教授了。这样的梦想，在他任教于珀斯学院和皇家军事学院长达四分之一世纪的漫长岁月里,一直伴随着他。而今,华里司梦想成真,登上了人生之巅峰。

9.4　负负得正

众所周知,负数概念最早出现在中国。由于在解方程组的消元过程中出现了"不够减"的情形,《九章算术》方程章给出正负数加减运算法则——"正负术"。但乘除法则直到13世纪末才由数学家朱世杰给出。在《算学启蒙》(1299)中,朱世杰提出:"明乘除法,同名相乘得正,异名相乘得负。"

公元7世纪,印度数学家婆罗摩笈多(Brahmagupta, 598—670)已有明确的正负数概念及其四则运算法则:"正负相乘得负,两负数相乘得正,两正数相乘得正。"12世纪印度数学家婆什迦罗称:方程$x^2-45x=250$有两个根:$x=50$或-5。但他说:"第二个根并不用,因为它是不足的。人们并不支持负根。"印度人以直线上的不同方向,或"财产"与"债务"来解释正、负数。

然而,古希腊数学家对负数一无所知,被誉为"代数学鼻祖"的3世纪数学家丢番图(Diophantus)在其《算术》中称方程$4x+20=4$是没有意义的。

在欧洲,意大利数学家斐波纳契在《花朵》(1225)中称:方程$x+36=33$无解,除非第一个人(x)欠债3个钱币。斐波纳契在《计算之书》(1202)中用到过"负负得正",但仅将其用于求$(a-b)(c-d)$。意大利数学家帕西沃里在《算术、几何、比例与比例性概论》(1494)中提出"负负得正",但与斐波纳契一样,仅仅局限于$(a-b)(c-d)$。纯粹的"负数"在其著作中并未出现,也就是说,在帕西沃里那个时代,人们只知道$a-b$,并不知道$a+(-b)$。

奥地利-德国代数学家鲁道夫(Christoff Rudolf, 1499—1545)尽管使用了"+"和"-"符号,但只知道正数和正根。德国数学家斯蒂菲尔(M. Stifel,

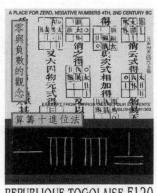

图9-8　负数——《四元玉鉴》(多哥,1997)

图9-9　帕西沃里(斯里兰卡,1984)

1487—1567）在《整数算术》中称从零中减去一个大于零的数(如0—3)得到的数"小于一无所有"，是"荒谬的数"[1]。意大利数学家卡丹在其《大术》中虽然承认方程的负根，并给出简单的加减法则，但他把正数称作"真数"，而把负数称作

图9-10 帕斯卡（法国，1962）

"假数"[2]。尽管这个时期的意大利数学家邦贝利、荷兰数学家吉拉尔等承认负数，但负数概念远未被普遍接受。法国数学家韦达（F. Viète, 1540—1603）只接受方程的正根。帕斯卡（B. Pascal, 1623—1662）则认为：从0减去4纯属无稽之谈[3]！

最早全面解释和系统使用负数的是笛卡儿，但他仍称之为"假数"。17世纪英国数学家约翰·沃利斯（John Wallis, 1616—1703）在他的《无穷算术》中这样认为："$\frac{a}{0}$（$a>0$）是无穷大，那么当分母变为负数b时，$\frac{a}{b}$（$a>0, b<0$）应该比$\frac{a}{0}$（$a>0$）大。因为分数的分母变小了，分数值就会变大。$\frac{a}{b}$是一个负数，这说明负数大于无穷大，而从负数的定义可知，负数是小于0的。由此，负数既大于无穷大又小于0。我们知道，这样的数一定是不存在的。"[4]显然，沃利斯并未理解负数概念。

图9-11 沃利斯

直到18世纪，还有一些西方数学家不理解"小于一无所有"的数，并认为"负负得正"这一运算法则是个谬论。英国律师、历史学家、数学家马赛雷（F. Maseres, 1731—1824）一直对负数持否定的态度，他于1759年出版《论代数中负号的使用》一书，书中写道：

"如果任何单个的量被标上＋号或－号而不

图9-12 马赛雷

1　Cajori F. *A History of Elementary Mathematics*. New York: The Macmillan Company, 1917.

2　Smith D E. *History of Mathematics* (Vol.II). Boston: Ginn & Company, 1923.

3　Kline M. *Mathematics: The Loss of Certainty*. Oxford: Oxford University Press, 1980. 115.

4　同上，116.

影响别的量，那么这种记号将没有任何意义。如果说—5的平方，或者—5和—5的乘积等于25，那么这样的结论要么就表示5乘以5等于25而根本不用管符号，要么就是无稽之谈。"[1]

马赛雷认为，就是因为有了负数，方程理论才被搞得"糊里糊涂"、"晦涩难懂"、"玄妙莫测"，因此他说：

> "代数里决不容许有负根，或者说再一次把它们从代数里驱逐出去；因为如果这样做了，那么就有很好的理由去设想，那些现在被许多知识渊博、机敏过人的人用来进行代数运算的、模糊不清并和一些几乎不能理解的概念纠缠在一起的东西，从此将从代数中清除掉；一定会使代数（或普通的算术）——就其本性而言——在简洁明了和证明能力方面，成为不亚于几何的一门科学。"[2]。

在马赛雷看来，负数是不允许存在的，因为它把美好的代数学搞得一塌糊涂，只有清除它，代数学才能成为一门真正的科学。

其甚至到了19世纪，英国还有一些数学家不接受负数。英国数学家弗伦德（W. Frend, 1757—1841）在其《代数学原理》的前言里说，从一个数中减去一个比它大的数，乃是"荒唐可笑"的事，可是有一些代数学家却"大谈什么小于一无所有的数、什么负负得正、什么虚数……说什么每一个二次方程都有两个根……真是一派胡言，有悖常理"，"只有那些喜欢人云亦云、厌恶严肃思维的人才会十分卖力地支持这种数的使用"[3]。

美国诗人奥登（W. H. Auden, 1907—1973）曾武断地说："负负得正，其理由我们无需解释！"[4]奥登的话暗示我们：许许多多人在徒劳地寻求"负负得正"的理由。事实的确如此。法布尔在学代数时，"负负得正"这个"悖论"就让他尝到了苦头。事实上，自从负数概念进入数学课本以来，人们就没有停止过对"负负得正"合理性的质疑。"负负得正"成了一个教学难点。大数学家F·克莱因（F. Klein, 1849—1925）曾对负数的教学提出忠告：不要试图地去证明记号法则的逻辑必要性，"别把不可能的证明讲得似乎成立"。

1 Schaaf W L. Maseres, Francis. *Complete Dictionary of Scientific Biography*. 2008, http://www.encyclopedia.com/doc/1G2-2830902850.html; O'Connor J J, Robertson E F, Francis Maseres. http://www-gap.dcs.st-and.ac.uk/~ history /Mathematicians/ Maseres.html.

2 克莱因　M. 古今数学思想（第二册）. 朱学贤，等，译. 上海：上海科学技术出版社，1979. 345.

3 Frend W. *The Principles of Algebra*. London: Davis J, 1796. x-xi.

4 Crowley M L, Dunn K A. On multiplying negative numbers. *Mathematics Teacher*, 1985, **78**: 252–256.

图9-13　司汤达（法国，1942）

19世纪法国著名作家司汤达（Stendhal, 1783—1843）小时候很喜爱数学，用他自己的话说，数学是他的"至爱"。但当老师教到"负负得正"这个运算法则时，他一点都不理解。他希望有人能对负负得正的缘由作出解释。可是，他所请教的人都不能为他释此疑问，而且，司汤达发现，他们自己对此也不甚了了。

司汤达的数学补习老师夏贝尔（Chabert）先生在司汤达的追问之下感到十分尴尬，不断重复课程内容，说什么负数如同欠债，而那正是司汤达的疑问所在："一个人该怎样把10000法郎的债务与500法郎的债务乘起来，才能得到5000000法郎的收入呢？"最终，夏贝尔先生只得搬出大数学家欧拉和拉格朗日来：

> "这是惯用格式，大家都这么认为，连欧拉和拉格朗日都认为此说有理，我们知道你很聪明，但你也别标新立异嘛。"[1]

其实，欧拉对等式$(-1) \times (-1) = 1$是作过"证明"的。他的思路是这样的：$(-1) \times (-1)$要么等于1要么等于-1；但通过证明，$(-1) \times (1) = -1$，所以$(-1) \times (-1) = 1$。可想而知，就算是夏贝尔搬出欧拉的证明，依然于事无补。

司汤达所就读的格勒诺布尔中心学校的数学教师迪皮伊（Dupuy）先生对于司汤达的提问，"只是不屑一顾地莞尔一笑"；而靠死记硬背学数学的一位高材生则对于司汤达的疑问"嗤之以鼻"。

可怜的司汤达被"负负得正"困扰了很久，最后，在万般无奈之下只好接受了它。他一直将数学视为"放之四海而皆准的真理"，认为数学可用来"求证世间万物"，可是，"负负得正"动摇了他对于数学与数学教师的信心：

> "究竟是迪皮伊先生和夏贝尔先生在骗我呢（就像到我外公家来做弥撒的那些神甫一样），还是数学本身就是一场骗局呢？我弄不清楚。哎！那时我多么迫切希望有人能给我讲讲逻辑学或是寻找真理的方法啊！我渴望学习德·特拉西先生的《逻辑》！如果当时我能如愿以偿，也许今天我就不是现在的我了，我会比现在聪明得多。

1　斯丹达尔.斯丹达尔自传.周光怡，译.南京：江苏文艺出版社，1998. 231–232.

当时我得出的结论是：迪皮伊先生很可能是个迷惑人的骗子；夏贝尔先生只是个追慕虚荣的小市民，他根本提不出什么问题。"[1]

无独有偶，"负负得正"这个法则也让露丝·迈克奈尔（Ruth McNeill）放弃了数学转而去学德语[2]。可想而知，历史上也不知有多少像司汤达这样聪明的孩子对数学老师甚至数学本身感到失望。

司汤达学数学的故事也是启示我们，数学教师确实需要正视学生所提的各种"为什么"。美国著名数学史家和数学教育家M·克莱因认为，"如果记住现实意义，那么负数运算以及负数和正数混合运算是很容易理解的。"他解决了曾经困扰司汤达的"两次负债相乘，结果为收入"的问题[3]：一人每天欠债5美元。给定日期（0美元）3天后欠债15美元。如果将5美元的债记成—5，那么每天欠债5美元，欠债3天，可以用数学来表达：$3 \times (-5) = -15$。同样，一人每天欠债5美元，那

图9-14 M·克莱因

么给定日期（0美元）3天前，他的财产比给定日期的财产多15美元。如果我们用—3表示3天前，用—5表示每天欠债，那么3天前他的经济情况可表示为$(-3) \times (-5) = +15$。

前苏联著名数学家盖尔范德（I. Gelfand, 1913—2009）则作了另一种解释[4]：

$3 \times 5 = 15$：得到5美元3次，即得到15美元；

$3 \times (-5) = -15$：付5美元罚金3次，即付罚金15美元；

$(-3) \times 5 = -15$：没有得到5美元3次，即没有得到15美元；

$(-3) \times (-5) = +15$：未付5美元罚金3次，即得到15元。

如果司汤达生活在20世纪，遇见良师如M·克莱因和盖尔范德，那么，他对数学的信赖、推崇和热爱一定会保持终生。

1 斯丹达尔. 斯丹达尔自传. 周光怡，译. 南京：江苏文艺出版社, 1998. 232–233.

2 McNeill R. A reflection on when I loved math and how I stopped. *Journal of Mathematical Behavior,* 1988, 7: 45–50.

3 Boulet G. On the essence of multiplication. *For the Learning of Mathematics*, 1998, **18** (3): 12–18.

4 卡尔·萨巴. 黎曼博士的零点. 汪晓勤，等，译. 上海：上海教育出版社, 2008.

9.5 字母代数

英国幽默作家杰罗姆（J. K. Jerome, 1859—1927）《懒人懒办法》一书中有这样一段文字：

> "十二世纪的青年堕入情网，你可别指望他会后退三步，凝视情人的眼睛，然后告诉他：你太美了，美得简直不像活人。他会说他要到外边去看看。倘若正好碰上那么一位仁兄，并打破他的脑袋——我指的是另外那个家伙的脑袋，这就说明他——前一个人的情人是个漂亮姑娘。但要是另一个家伙打破他的头——不是他自己的，这你知道，而是另一个家伙的——另一个家伙是对第二个家伙而言的，这就是说，因为事实上另一个家伙仅仅对于他来说是另一个家伙，而不是第一个家伙——好了，如果他的头被打破，那么他的女孩——不是另一个家伙的，而这个家伙——你瞧，如果A打破了B的头，那么A的情人就是一个漂亮女孩；反之，如果B打破了A的头，那么A的情人就不是个漂亮女孩，而B的情人才是。"[1]

M·克莱因说，尽管这段话与数学没有直接关系，但恰好说明了数学语言的简洁性。

"用字母表示数"，这在今天学过代数的人看来乃是一件稀松平常的事情，当年，中国第一部符号代数教材《代数术》的翻译者李善兰和伟烈亚力所创"代数"一词，正是取"用字母代替数"之义。但是，如果我们追溯代数学的历史，就不能不感到惊讶：用字母表示数的历史竟是如此地漫长。M·克莱因在批判"新数运动"时曾指出："从古代埃及人和巴比伦人开始直到韦达和笛卡儿之前，没有一个数学家能意识到字母可用来代表一类数"[2]。

在代数学发展的早期，人们完全用文字来表达一个代数问题的解法，就如杰罗姆一开头的表述一样，人们把这样的代数称作修辞代数。

由于不会用字母表示数，古希腊数学家都无法表达"任意多个数"，不会用字母来表达奇数、偶数和其他数。被誉为"代数学鼻祖"的丢番图在其《算术》中首次用字母"ς"来表示未知数，这使得丢番图成为缩略代数最早的作者。但丢番图并不知道用字母来表示任一个数。

1　Jerome J K. *Idle Thoughts of An Idle Fellow*. http://www.literaturepage.com/read/idle thoughts-8.

2　Kline M. Logic versus pedagogy. *American Mathematical Monthly*, 1970, **77** (3): 264–282.

印度数学家婆罗摩笈多及后来的婆什迦罗等都用梵文颜色名的首音节来表示未知数，但他们无法用字母来表达数列的"任意多项"以及一般项，只能取特殊的项数，通项公式和求和公式均以文字来表述。

中国宋元时期的"天元术"最多也只能归入"缩略代数"的范畴。宋元数学家用"天元"来表示未知数，我们今天的"一元一次方程"、"一元二次方程"、"二元一次方程组"中的"元"指的就是未知数。在天元术中，多项式是通过系数的纵向有序排列来表达的，只在一次项系数的右边标一"元"字，或只在常数项右边标一"太"字。如

即表示多项式 $x^2 + 32x + 256$。

数学的历史并非如我们想象的那么一帆风顺、直线式发展。即使在今天，我们也难免会有"今不如昔"的感叹，更何况在古代，由于信息渠道的闭塞、数学思想的传播是极受限制的。无论如何，在用字母表示数这件事上，丢番图之后一千多年间，欧洲人非但没有进步，反而倒退回古巴比伦祭司的水平。

中世纪阿拉伯数学家也不会用字母来表示数。尽管他们在数列求和方面取得令人瞩目的成就，但他们不会表达数列通项以及"任意多项"，他们只能通过具体的若干项（如5项、10项等）来说明求和的方法。尽管"代数学"的西方名称源于花拉子米（Al-Khwarizmi, 780?—850?）的著作，但花拉子米却只能用"1平方与10根等于39单位"这样的语言来表达一元二次方程 $x^2 + 10x = 39$。

13世纪初，斐波纳契在《计算之书》中依然没有用字母来表示数。16世纪，意大利数学家尽管在三次和四次方程的求解上取得突破，但他们仍未能享受到字母表示数的便利。塔塔格里亚为了不让自己遗忘所发现的三次方程求根公式，咬文嚼字，自编长诗，真可谓惨淡经营，费尽心机 [1]：

> 立方共诸物，其和定在先，此物有几何？双数破难关。

1　汪晓勤, 郭学萍. 三次方程求根公式之诞生. 科学, 2001, **53** (2): 55–58.

相减如定和，互乘有巧算，物数一分三，立方记心间。

差积在手头，双数已了然，复求立方根，相减是答案。

诸物加定数，立方独一边，请君莫急躁，听我道箴言。

定和拆双数，物数一分三，双数相乘时，立方定如前。

既知和与积，双数囊中探，相并立方根，彼物赫然见。

立方加定数，诸物列成单，定数化为负，方法全照搬。

一五三四年，水城勤钻研，诸物为我求，基础牢且坚。

诗中，"立方共诸物，其和定在先"说的是一元三次方程$x^3+px=q$ $(p>0,$ $q>0)$；"诸物加定数，立方独一边"说的是一元三次方程$x^3=px+q$ $(p>0, q>0)$，而"立方加定数，诸物列成单"说的是一元三次方程$x^3+q=px$ $(p>0, q>0)$。远离字母的代数，是多么不容易！

独上高楼，望尽天涯路。韦达在《分析引论》（1591）中使用字母来表示未知数以及已知数，实现了历史的突破。

韦达年轻时学习法律，后当过律师和议员，但他热爱数学。研究数学时，常常三天三夜足不出户，其勤奋如此。法西战争期间，西班牙人的军事密函被法国军队截获，被送往宫廷。结果，韦达成功将其破译，使得西班牙军队的作战计划暴露无遗。蒙在鼓里的西班牙人还以为法国人秘密使用了巫术，将法国人告上了罗马教廷。

有一次，荷兰驻法国大使对亨利四世（Henri de Navarre）说，法国没有

图9-15　韦达

一位数学家能够解决由比利时数学家罗曼努斯（A. Romanus, 1561—1615）提出的四十五次方程，亨利四世召见韦达，命他解此方程，韦达用三角学中的四十五倍角正弦公式解决了难题，为法国赢得了荣誉。

在《分析引论》中，韦达如是说："本书将辅以某种技巧，通过符号来区分未知量和已知量：用A或其他元音字母I, O, V, Y等来表示所求量，用B, G, D或其他辅音字母来表示已知量，始终如一，一目了然。"[1]韦达将这种新的代数称为"类的算术"（*logistica speciosa*），以别

1　Viète F. *Opera Mathematica*. Lugduni Batavorum: Officina Bonaventurae & Abrahami Elzevioiorum, 1646.

于旧的 "数的算术"（ *logistica numerosa* ）。韦达将我们今天的$a^2 + 2ab + b^2 = (a+b)^2$写成 "A quadratum＋A in B bis＋B quadrato, æqualia A＋B quadrato"；将我们今天的$x^3 + 3bx = 2c$写成 "A cubus＋B plano 3 in A, æqualia Z solido 2"。

一旦用字母来表示任何数，韦达笔下的代数恒等式便层出不穷：

$A^2 + 2AB + B^2 = (A+B)^2$,

$A^3 + 3A^2B + 3AB^2 + B^3 = (A+B)^3$,

$(A+B)^2 + (A-B)^2 = 2(A^2 + B^2)$,

$(A+B)^2 - (A-B)^2 = 4AB$,

$(A+B)(A-B) = A^2 - B^2$,

$(A+B)^3 + (A-B)^3 = 2A^3 + 6AB^2$,

$(A+B)^3 - (A-B)^3 = 6A^2B + 2B^3$,

$(A-B)(A^2 + AB + B^2) = A^3 - B^3$,

$(A+B)(A^2 - AB + B^2) = A^3 + B^3$,

……………………………………………

字母表示任意数后，代数学告别了旧时代，插上了新翅膀，在人类文明的天空自由地飞翔起来。

图9-16 狄德罗（法国，1984）

话说18世纪法国哲学家狄德罗（D. Diderot, 1713—1784）受俄国女皇叶卡捷琳娜二世（Catherine II, 1729—1796）之邀，访问俄国。来到俄国后，狄德罗在公共场合毫无顾忌地宣扬无神论，引起宫廷里一些老臣们的强烈反感。他们建议女王将狄德罗打发回国，但女王认为，狄德罗是自己请来的客人，又怎么好意思出尔反尔，将他赶走？于是老臣们献计，让皇家科学院数学家、笃信上帝的欧拉出马，赶走狄德罗。于是，狄德罗被通知在宫廷参加一场上帝是否存在的辩论。狄德罗欣然同意。

狄德罗来到宫廷，现场早已人头攒动。这时，右眼失明的欧拉出场了。欧拉先发制人："先生！因为$\dfrac{a+b^n}{n} = x$，所以上帝存在。请回答！"对代数一窍不通的狄德罗被欧拉那个等式镇住了，面红耳赤，一句话也说不出，悻悻离开了宫廷，身后爆发出一阵哄笑声。就这样，狄德罗离开了俄国。

其实，欧拉所说的那个等式毫无意义，若狄德罗知道字母表示数的含义，定不会遭此奇耻大辱。

9.6 数学轶事

说起政治家与数学的关系，我们立即会想起这样的故事：古希腊托勒密王向数学家欧几里得请教学习几何的捷径，欧几里得以"几何无王者之道"作答。

图9-17 拉普拉斯（法国，1955）

图9-18 拉格朗日（法国，1958）

法国著名军事家和政治家拿破仑（Napoleon Bonaparte，1769—1821）早在布列纳读书时就喜爱数学，数学成绩十分优异。15岁时，拿破仑参加了巴黎军校的面试。他的面试官就是著名数学家拉普拉斯（P. -S. Laplace，1749—1827）。拉普拉斯发现，除了数学以外，拿破仑在其他科目上成绩平平，尤其是拉丁文最弱。但由于数学成绩特别突出，他还是被录取了。仅仅一年之后，他便成了皇家炮兵少尉。

意大利诗人、数学家马谢罗尼（L. Mascheroni，1750—1800）在《圆规几何学》中证明：任何用尺规解决的作图问题仅用圆规也能解决。拿破仑很喜欢此书，据说还解决了书中的一个作图问题。自意大利凯旋后，他参加了一个学术会议，会上他向两位数学家拉普拉斯和拉格朗日（J. L. Lagrange，1736—1813）介绍自己的作图法。据说，拉普拉斯对拿破仑如是说："将军，从你这里一切皆可期待，但唯独没想到数学课。"[1]拿破仑最喜欢的圆规作图问题是：

（1）将已知圆四等分（问题研究[9–7]）；

（2）找出已知圆的圆心（问题研究[9–8]）。

拿破仑最喜爱的数学科目是几何。通过研究，他得到一个神奇的几何命题：在任一三角形三边上向形外作

1　Maynard J. Napoleon's Waterloo wasn't mathematics. *Mathematics Teacher*, 1989, **82** (11): 648–654.

正三角形,三个正三角形的重心的连线构成正三角形。这个正三角形今天被称为"拿破仑三角形"(参阅问题研究[9–6])。

图9-19 拿破仑(上沃尔特,1969)

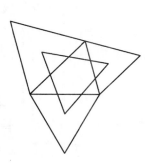

图9-20 拿破仑三角形

图9-21 蒙日(法国,1990)

戎马倥偬,拿破仑随身携带的读物中竟有对数书。他说:"数学的发展与完善与一个国家的繁荣富强息息相关!"[1]没有什么比这更能说明他对数学的重视程度了。

远征埃及的法国舰队运载的不仅仅是大炮和士兵,还有拿破仑精心挑选出来的175名学者,有天文学家、数学家、矿物学家、化学家、文物收藏家、桥梁专家、修路工程师、东方学家、画家和诗人。蒙日(G. Monge,1746—1818)和傅里叶(J. B. J. Fourier,1768—1830)就是其中的数学家。著名传记作家路德维希(E. Ludwig)为我们描述了征途中的那些夜晚:

图9-22 拿破仑与蒙日(圣马力诺,1982)

> 用过餐后,他爱召开"法兰西学院"会议……他出一个题目叫大伙儿讨论,而且选出最优秀的人物发表议论。数学和宗教是他在这种场合爱出的题目,他始终都是一个计算者和梦想家。著名人士蒙日静静地坐在那儿,他长着一个鹰钩鼻子,额头往后斜,宽大的下巴颏。很多年来拿破仑始终佩服他,对于他的评判超出别的任何一个人。"[2]

1 Maynard J. Napoleon's Waterloo wasn't mathematics. *Mathematics Teacher*, 1989, **82** (11): 648–654.
2 路德维希 埃米尔. 拿破仑(上).钱质熵,译. 沈阳: 万卷出版公司,2009. 79.

早在公元前4世纪，柏拉图就强调了几何学在训练人的心智方面的重要作用，后来，逻辑思维能力的培养成了数学教育的主要目标。欧几里得所著的《几何原本》（原十三卷，后人补充了两卷，共十五卷）是数学史上第一部用公理化方法建立逻辑演绎体系的数学著作，其流传之广仅次于《圣经》。此书对数学发展的影响人所共知，在西方数学教育史上占有特殊的地位。数千年来，不知有多少学习者通过此书的学习，得到逻辑思维能力的训练，在各自的事业上取得杰出成就。

图9-23　林肯（美国，1984）

美国总统林肯（A. Lincoln）就是其中之一，他把《几何原本》看作自己所接受的教育中不可分割的一部分。1860年在林肯竞选总统的简历中有这么一段介绍：

"自任国会议员以来，他学习并几乎精通了《几何原本》前六卷。他开始学习这门严密的学科，为的是提高他的能力，特别是逻辑和语言的能力。因此他酷爱《几何原本》，每次巡行，总是随身携带它；直到能够轻而易举地证明前六卷中的所有命题为止。他常常学到深更半夜，枕边烛光摇曳，而同事们的鼾声却已此起彼伏、不绝于耳。" 1

不止是林肯与数学结下不解之缘。在他之前，第三任总统托马斯·杰弗逊（Thomas Jefferson, 1743—1826）也是数学的爱好者。后来的美国民主党政治家克拉克（C. Clark,1850—1920）告诉我们：数学是杰弗逊永久的爱好，他习惯于随身携带一本袖珍的对数书，作为计算的辅助工具。1819年，杰弗逊在致友人的信中这样写道："我要做的事情是通过阅读古典和数学真理带来的快乐以及可靠的哲学所带来的慰藉，来度过日渐衰弱的生命中的无聊时光，既没有希望，也没有恐惧。" 2

图9-24　杰弗逊（美国，1968）

1881年当选美国总统的加菲尔德（J. A. Garfield, 1831—1881）早在1876年

1　Priestley W M. *Calculus: An Historical Approach*. New York: Springer-Verlag, 1979. 39.

2　Smith D E. Thomas Jefferson and mathematics. *Scripta Mathematica*, 1932, **1**: 3–14.

［这一年贝尔（A. Bell）发明了电话］给出了勾股定理的一种十分漂亮的证明[1]：如图 9-25 所示，一方面，直角梯形面积等于 $\frac{1}{2}(a+b)\times(a+b)=\frac{1}{2}(a+b)^2$；另一方面，它又是由两个同样的直角三角形和一个等腰直角三角形所组成，面积和为 $\frac{1}{2}ab+\frac{1}{2}ab+\frac{1}{2}c^2=ab+\frac{1}{2}c^2$，于是有

$$\frac{1}{2}(a+b)^2=ab+\frac{1}{2}c^2$$

从而证得勾股定理。这实际上与图 9-26 的证明是等价的，即 $(a+b)^2=c^2+2ab$。

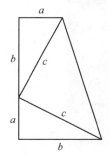

图 9-25　加菲尔德的证明

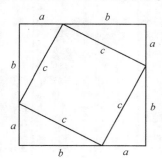

图 9-26　等价的证明

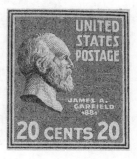

图 9-27　加菲尔德（美国，1938）

我们知道，洛林十字架是二战期间戴高乐（Charles De Gaulle, 1890—1970）将军领导的自由法国运动的标志，是法兰西民族不屈不挠、争取独立自由的精神象征，又称为双十字架、戴高乐十字架。与这个十字架有关的一个有趣的问题也出自戴高乐，并因此在西方世界广为人知。如图 9-28，洛林十字架由 13 个单位正方形组成，问：过点 A 如何作出一条直线，将十字架分为面积相等的两部分？

假设 MN 已经作出。设 $MB=x$，则 $FN=\frac{1}{x}$。因整个十字架的面积为 13，故一半面积为 $6\frac{1}{2}$，于是得直角三角形 ABM 和 AFN 的面积

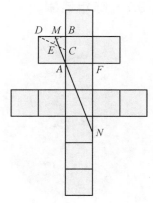

图 9-28　洛林十字架问题

1　Graham M. President Garfield and the Pythagorean theorem. *Mathematics Teacher*, 1976, **69** (12): 686–687.

之和为 $1\frac{1}{2}$，即 $x+\frac{1}{x}=3$，解此方程得

$$x=\frac{3-\sqrt{5}}{2}（另一个根大于1，舍去）$$

故得 $DM=\frac{\sqrt{5}-1}{2}$。我们很惊讶地发现，点 M 正是线段 BD 的黄金分割点！因此，只要利用尺规作出 BD 的黄金分割点 M，连接 MA 并延长，交边线于 N，即得洛林十字架的二等分线 MN。

图9-29　戴高乐与洛林十字架（喀麦隆，1970）

9.7　陈年佳酿

图9-30　迪康热

萨顿曾经为我们讲述了三件轶事。第一件是，17世纪法国古典学者、中世纪拉丁语和希腊语辞典的编写者迪康热（C. du Cange, 1610—1688）每天工作14小时，即使在结婚纪念日还要工作六七小时。第二件是，17世纪瑞士数学家雅各·伯努利收到了他儿子的老师皮克泰（B. Pictet, 1655—1724）先生的一封信，信中说："先生，你的儿子是一个普普通通的学生，我始终未能使他每天工作超过13个小时；不幸的是，他的榜样被仿效；年轻人不肯理解，要成为有用的学者，他们的灯必须点燃在工匠的灯之前。"[1]第三件是，19世纪英国著名考古学家弗雷泽爵士（J. G. Frazer, 1854—1941）在大三（剑桥大

1　萨顿. 科学的历史研究. 刘兵，等，编译. 上海：上海交通大学出版社，2007. 59–60.

学三一学院）的时候因上一个学期只读了57部希腊和拉丁著作而写信向导师致歉！

　　在数学的历史上从来不乏勤奋执着的先驱者。古希腊哲学家阿那克萨戈拉（Anaxagoras，前499—前428）放弃财产、追求真理、身陷囹圄、铁窗下仍在研究数学问题。他发出了"人生之意义在于研究日、月、天"的豪言壮语。16世纪法国数学家拉缪斯（P. Ramus，1515—1572）少时家贫，祖父是烧炭的，父亲是个卑微的农夫。12岁时，拉缪斯作为一位富家

图9-31　弗雷泽

子弟的仆人进入巴黎大学的纳瓦尔（Navarre）学院，白天伺候主人，黑夜挑灯苦学，9年后竟获硕士学位。他的硕士论文是《亚里士多德所说的一切都是错的》！

　　16世纪英国数学家约翰·第（J. Dee，1527—1609）每天只花4小时睡觉和2小时吃饭做礼拜，而另外18小时都用于学习和研究[1]。

图9-32　阿那克萨戈拉　　　　图9-33　拉缪斯　　　　图9-34　约翰·第

　　18世纪法国数学史家蒙蒂克拉（J. E. Montucla，1725—1799）在他的《数学史》中讲述了古希腊大数学家阿基米德的故事：公元前212年，阿基米德的家乡叙拉古被罗马人攻陷。当时，阿基米德仍在专心致志地研究一个几何问题，丝毫不知死神的临近。当一个罗马士兵走近他时，阿基米德让他走开，不要踩坏了他的图形，罗马小卒残忍地用刺刀杀害了他。

　　18世纪法国著名女数学家索菲·热尔曼（Sophie Germain，1776—1831）生活在对女性充满偏见的时代。人们认为，女性并不适合从事科学研究工作，

1　Smith D E. *History of Mathematics* (Vol. I). Boston: Ginn and Company, 1923. 309–323.

图9-35 热尔曼

图9-36 阿基米德(希腊,
采自文艺复兴时期
的马赛克,1983)

图9-37 阿基米德遇刺(加蓬,2010,
阿基米德和罗马士兵形象采
自19世纪版画)

当时有解剖学家甚至声称:女性的大脑结构较男性简单。在这样的时代,绝大多数女性失去了接受高等教育的机会。彷徨之中的索菲偶然在父亲的书房里发现蒙蒂克拉的《数学史》,读到了阿基米德的故事,深感数学是世界上最有魅力的学科,于是下定决心学习数学。为了阻止她,父亲没收了她的蜡烛和取暖的工具,但是,在墨水结冰的漫漫冬夜,索菲点起偷偷藏着的蜡烛,身上裹着毯子,依然故我,勤学不怠! 19世纪法国数学史家泰尔凯(O. Terquem, 1782—1862)为我们描述了索菲年轻时的学习经历:

"在极度痛苦之中,这位年轻的先知在抽象世界中寻求解脱。她浏览蒙蒂克拉的《数学史》,研究裴蜀(E. Bézout, 1730—1783)的著作,甚至在1793年血腥的农神节期间,她也闭门不出。她整天沉浸于对勒让德和居森(J. Cousin, 1739—1800)著作中的数论和微积分的思索,成了隐居者。她进步神速。1801年,她伪托巴黎综合工科学校一男生的名字开始了与高斯的通信往来,讨论高斯刚出版的《算术研究》和其他内容。在1804年的战役中,热尔曼家的朋友、炮兵将军佩尔内提(Pernetty)在布伦瑞克把这个冒名的'学生'的真名告诉给了这位大数学家。从未怀疑过这位通信者性别的高斯吃惊不小。他在后来的通信中对这位年轻的法国人的深刻敏慧的心智表示钦佩,由于战争,当时这位德国教授平静的书斋生活被打破,感情上受到了伤害,对我们国家产生了厌恶感,在这种情况下,他对热尔曼的钦佩就越发显得真诚了。"[1]

---

1 Terquem O. Sophie Germain. *Bulletin de Bibliographie, d'Histoire et de Biographie Mathématiques*, 1860, **6**: 9-12.

高斯在给热尔曼的一封信中这样写道:

"当我得知我尊敬的通信者勒布朗先生摇身一变,成为这么一个曾经制造出令人难以置信的杰出摹本的名人时,我如何才能描述我的惊讶和钦佩呢?爱好这门抽象的科学,尤其是数的秘密的人如凤毛麟角:这毫不足怪,因为这门崇高科学只对那些有勇气探究它的人展示其迷人的魅力。而当一位女性在通晓其中的难题时,由于性别以及我们的世俗和偏见,她遭遇了比男性多不知多少的障碍,却要克服这些桎梏,洞察隐秘奥义,她无疑有着最为高贵的勇气、超凡的才能和卓越的天赋。这门科学为我的生命增添了许多快乐,没有什么事情能比你对它的爱好更令人心悦诚服、更确实无疑地证明它的魅力并非子虚乌有。"[1]

热尔曼最终成了一代数学名家。

最后,我们讲一个中国明朝科学家徐光启(1562—1633)翻译《几何原本》的故事。

1582年,意大利耶稣会士利玛窦(Matteo Ricci, 1552—1610)来到中国澳门,带来了他的老师、16世纪德国著名数学家克拉维斯(C. Clavius, 1537—1612)的《几何原本》十五卷拉丁文评注本。翌年,他来到广东肇庆,1589年迁居韶州。在韶州,一位名叫瞿太素的中国人拜他为师,学习西方的数学与天文知识。瞿太素将《几何原本》第一卷译成了中文,可惜未能流传下来。1599年,利玛窦居留南京。不久,初识上京赶考路过南京的徐光启(1562—1633)。1601年,利玛窦终于实现他孜孜以求的目标——居留北京传教。

图9-38 利玛窦与徐光启(几内亚比绍,2010)

1604年,徐光启第三次进京参加会试,中进士,被选为翰林院庶吉士。此后,他与利玛窦的交往日益频繁。在中国20年,利玛窦已经看到中国数学的不足,早已萌发翻译《几何原本》的想法:

"窦自入中国,窃见为几何之学者,其人与书,信自不乏,独未睹有原本之论。既缺根基,遂难创造。即有斐然述作者,亦不能推明所以然之

1 萨巴·卡尔.黎曼博士的零点.汪晓勤,等,译.上海:上海教育出版社,2008.

故。其是者,己亦无从别白;有谬者,人亦无从辨正。当此之时,遽有志翻译此书。"[1]

然而,要翻译《几何原本》,谈何容易!之前,利玛窦与多位中国人(包括前面提到的瞿太素和一位姓蒋的秀才)的合作均以失败告终:"嗣是以来,屡逢志士,左提右挈,而每患作辍,三进三止。"[2]1605年秋,徐光启向利玛窦了解西方的教育情况。说到数学时,利玛窦盛赞《几何原本》之精,又陈述此书汉译之难,

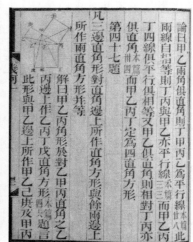

图9-39 《几何原本》书影

还说起昔日译事半途而废的种种经历。徐光启说:

> "吾先正有言:'一物不知,儒者之耻。'今此一家已失传,为其学者,皆暗中摸索耳。既遇此书,又遇子不骄不吝,欲相指授,岂可畏劳玩日,当吾世而失之!呜呼,吾避难,难自长大;吾迎难,难自消微。必成之。"[3]

其坚定的决心、过人的勇气和强烈的使命感溢于言表。于是,两人口授笔录,焚膏继晷,反复推敲,三易其稿,终于在1607年春把《几何原本》前六卷译完并出版。

我们今天常说:"困难像弹簧,你弱它就强。"其实,我们的先哲早就说过这话了。

1　利玛窦.《几何原本》序,万历三十五年(1607).见:郭书春,主编. 中国科学技术典籍通汇·数学卷(五).郑州:河南教育出版社,1993,1151–1154.

2　同上.

3　同上.

9.8　美丽错误

千真万确,翻开数学历史的画卷,谬误比比皆是。

从三角形到四边形

古代不同文明的数学文献里都有三角形面积公式的记载,这些记载都正确无误。可是,四边形的情形就不同了。古代埃及和巴比伦祭司用的公式是:一组对边和的一半乘以另一组对边和的一半。这个错误公式也见于中国北周时期数学家甄鸾的《五曹算经》。古代印度数学家婆罗摩笈多类比古希腊数学家海伦的三角形面积公式

$$S_{\triangle ABC} = \sqrt{s(s-a)(s-b)(s-c)},$$

得到一个非常漂亮的四边形面积公式:

$$A = \sqrt{(s-a)(s-b)(s-c)(s-d)} \tag{1}$$

这里,a、b、c、d为四边长,s为半周长。但仔细想想,就知道这是个美丽的错误:因为四边形不具有稳定性:同样的四条边,可以组成形状不同、面积不等的四边形。大约两个世纪之后,数学家摩诃毗罗(Mahāvīra, 800—870)仍沿用了这个错误公式。

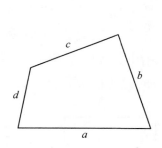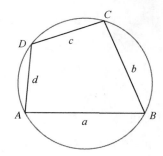

图9-40　四边形面积

又过了整整三百年,数学家婆什迦罗才意识到公式(1)只适用于圆内接四边形[1]。对于一般四边形,正确的面积公式应为

$$A = \sqrt{(s-a)(s-b)(s-c)(s-d) - abcd\cos^2\frac{A+C}{2}}$$

1　婆什迦罗.莉拉沃蒂.林隆夫,徐泽林,等,译.北京:科学出版社,2008. 91–98.

从实数到虚数

众所周知，对于正数a和b，我们有$\sqrt{a} \cdot \sqrt{b} = \sqrt{ab}$。但对于负数$a$和$b$，情形又如何呢？早在16世纪，意大利数学家邦贝利（R. Bombelli, 1526—1572）在其《代数学》（1579）中给出了虚数相乘的运算法则。他把$\sqrt{-a}$称作"负之正"（plus of minus），把$-\sqrt{-a}$称作"负之负"（minus of minus）："负之正乘负之正得负；负之正乘负之负得正；负之负乘负之负得负。"[1]即

$$(+\sqrt{-1}) \cdot (+\sqrt{-1}) = -1$$
$$(+\sqrt{-1}) \cdot (-\sqrt{-1}) = +1$$
$$(-\sqrt{-1}) \cdot (-\sqrt{-1}) = -1$$

上述运算法则都是正确的。由于早期的数学家们对虚数概念不甚了了，因而这样的运算法则远远没有被普遍理解和接受。这不，欧拉给出如下结果：

$$\sqrt{-1} \cdot \sqrt{-4} = \sqrt{4} = 2$$

图9-41 邹腾

丹麦数学家和数学史家邹腾（H. G. Zeuthen, 1839—1920）在八十华诞接受哥本哈根大学校报采访时，曾谈到他在大学里的一次期末考试。[2]当时的他觉得数学是一门很简单的科目，所以从不花力气去学。在一次期末考试的口试部分，第一个问题要求用欧几里得的方法证明勾股定理。自以为靠直觉打天下的邹腾顿时一筹莫展。第二个问题要求计算$\sqrt{-a}\sqrt{-b}$（$a>0$，$b>0$），他不假思索给出答案$\sqrt{ab}$，浑然不知课本上已经明明白白地写着答案$-\sqrt{ab}$！这真是一次惨痛的教训，难怪邹腾终生不忘。

从圆到椭圆

椭圆的面积早在公元前3世纪就已经为大数学家阿基米德所解决。他在《论劈锥曲面体与球体》（*On Conoids and Spheroids*）命题4中证明：椭圆与它的大辅圆面积之比等于椭圆的短轴与长

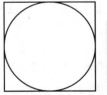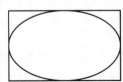

图9-42 斐波纳契的类比

1 Smith D E. *A Source Book in Mathematics*. New York: Dover Publications, 1959.

2 Kleiman S L. Hieronymus Georg Zeuthen. *Contemporary Mathematics*, 1991, **123**: 1–13.

轴之比。这等价于说：椭圆面积等于π*ab*。这里*a*、*b*分别表示椭圆的长半轴和短半轴。

那么，椭圆的周长如何计算呢？我们知道，圆与外切正方形的周长之比等于它们的面积之比，均为π：4。13世纪意大利数学家斐波纳契将该结论类比到椭圆的情形[1]：椭圆与外切长方形的周长之比等于它们的面积之比。但椭圆外切长方形面积等于$2a \times 2b = 4ab$，从而根据阿基米德椭圆面积公式可得椭圆和外切长方形面积之比等于π：4。而外切长方形周长等于$2(2a+2b)=4(a+b)$，因此，斐波纳契得到椭圆周长为$\pi(a+b)$。

今天我们都知道椭圆的周长不能用一个简单的公式来表示，斐波纳契通过类比得到的公式尽管十分漂亮，但却是错误的。

从特殊到一般

17世纪，费马曾得到一个后人以其名字命名的定理：如果*n*为素数，*a*为任意自然数，那么$a^n - a$是*n*的倍数。上述定理的逆命题是否成立呢？费马之后，研究者数不胜数。莱布尼茨就曾提出：如果*n*不是素数，那么$2^n - 2$就不是*n*的倍数。因此，在莱布尼茨看来，当$a=2$时，费马定理的逆命题是成立的：如果$a^n - a$是*n*的倍数，那么*n*必为素数。无独有偶，中国清代数学家李善兰于1869年归纳得到了一个判定素数（李善兰称之为"数根"）的方法，伟烈亚力的译文是：

> 用2的对数乘已知数，以所得乘积作为对数值，求出相应的真数，从中减去2。如果余数能被已知数整除，则已知数为素数；否则，它就不是素数。

上述方法简单地说来就是：设*n*为已知自然数，如果$2^n - 2$是*n*的倍数，那么*n*是素数，否则*n*就不是素数。

同年，英国来华传教士、著名汉学家伟烈亚力将其英译发表于香港的英文杂志《远东释疑》上，并称之为"中国定理"[2]，相继引起在华西方学者的大讨论[3]。

1819年，年轻的法国数学家萨吕斯（P. F. Sarrus, 1798—1861）发现：尽管

1 Fauvel J, Maanen J van (Eds.). *History in Mathematics Education*. Dordrecht: Kluwer Academic Publishers, 2000. 91-92.

2 Wylie A. A Chinese theorem. *Notes and Queries on China and Japan*, 1869, **3**: 73.

3 von Gumpach J. A Chinese theorem. *Notes and Queries on China and Japan*, 1869, **3**: 153–154; McGregor W. A Chinese theorem. *Notes and Queries on China and Japan*, 1869, **3**: 167–168; R A J. A Chinese theorem. *Notes and Queries on China and Japan*, 1869, **3**: 179.

$2^{341}-2$ 是 341 的倍数，但 341 ＝ 11×31 却是一个合数！萨吕斯的反例彻底否定了莱布尼茨和李善兰的结论。后来，人们又相继发现了更多的反例：561，645，1105，1387，1729，1905，2407，…。

数论中由不完全归纳得到的结论往往并不正确，费马在 1654 年 8 月 29 日写给帕斯卡的讨论概率问题的信中，告诉帕斯卡自己新发现的一个"定理"——形如 $2^{2^n}+1$（n 为非负整数）的正整数都是素数。他写道：2 的平方加 1 为 5，是素数；2 的平方的平方加 1 为 17，是素数；16 的平方加 1 为 257，是素数；256 的平方加 1 为 65537，是素数；如此以至无穷。不过接着他承认，上述"定理"的证明很难，他还没有完全找到。对于费马的"发现"，帕斯卡想必是拍案惊奇、推崇备至的。

谁知道，一个世纪后，欧拉证明了 $n＝5$ 时费马所说的数是合数：$F_5＝2^{2^5}+1＝641×6700417$，从而证明了费马所谓的"定理"是不成立的。事实上，我们今天知道：对于 $5 \leqslant n \leqslant 16$，费马数都是合数。

从完美到瑕疵

如果有人要问：上帝为什么用 6 天时间来创造世界？奥古斯丁（A. Augustinus, 354—430）说，那是因为 6 是第一个完满数，6 表示上帝的工作是完美无缺的。所谓"完满数"（perfect number），指的是与自身的所有真因数之和相等的正整数。毕达哥拉斯学派数学家尼可麦丘已经知道前四个完满数：

$$6 ＝ 1 + 2 + 3；$$
$$28 ＝ 1 + 2 + 4 + 7 + 14；$$
$$496 ＝ 1 + 2 + 4 + 8 + 16 + 31 + 62 + 124 + 248；$$
$$8128 ＝ 1 + 2 + 4 + 8 + \cdots + 4064。$$

尼可麦丘发现，一位数中、二位数中、三位数、四位数中各只有一个完满数。他还断言：完满数的个位上交替出现 6 和 8。大约 200 年之后，数学家杨布利丘（Iamblichus, 3 世纪）进一步断言：在区间 $(10^{n-1}, 10^n)$（$n＝1, 2, 3, \cdots$）中有且只有一个完满数；完满数个位上总是依次交替出现 6 和 8。之后，无数数学家对古希腊数学家的结论深信不疑[1]。

欧几里得在《几何原本》第 9 卷命题 36 给出完满数构成法则：如果数列 1，2，2^2，…，2^{n-1} 的和 $S_n(＝2^n-1)$ 为素数，则 $S_n \cdot 2^{n-1}$ 为完满数。15 世纪以后，数学

1　Dickson L E. *History of the Theory of Numbers* (Vol.1), New York: Chelsea Publishing Company, 1952.

家依据欧几里得定理，相继找到了第5~10个完满数，它们依次为

$2^{12}(2^{13}-1)=33550336$ （德文手稿，15世纪）；

$2^{16}(2^{17}-1)=8589869056$ （梅森；普雷斯特，17世纪）；

$2^{18}(2^{19}-1)=137438691328$ （梅森；普雷斯特，17世纪）；

$2^{30}(2^{31}-1)=2305843008139952128$ （梅森；普雷斯特、费马，17世纪）；

$2^{60}(2^{61}-1)=2658455991569831744654692615953842176$

（西尔霍夫，1886）；

$2^{88}(2^{89}-1)$ （鲍尔斯，1912）

....

令人遗憾的是，杨布利丘和他的无数后继者们所坚信的关于完满数的两个结论没有一个是正确的。

9.9 若干启示

数学人文，清新隽永；陈年佳酿，历久弥香。一次穿越时空的心灵之约，或许会让我们感叹今不如昔，或许会让我们汗颜不已，但更多的却是让我们收获心灵的启迪。

法布尔可以精通代数学，林肯可以精通几何学，拿破仑、加菲尔德和戴高乐可以做数学，这些历史名人的数学轶事告诉我们：一方面，数学训练对一个人事业的成功具有重要帮助；另一方面，数学是人类的一种文化活动，它不是少数人的专好，而是人人可学，人人可做，尽管并非人人都有数学家的才能，就像篮球一样，人人可打，却并非人人都有姚明的天赋一样。

诚如M·克莱因所言，通常的数学课程使学生产生这样的错误印象：数学家们"几乎理所当然地从定理到定理，数学家能克服任何困难"[1]。历史上数学家的种种失误、数学发展的曲折艰辛以及司汤达的学习经历告诉我们：数学学习和数学研究都会遭遇困难、挫折、失误和失败。人非圣贤，孰能无过；我非天才，岂能无惑？数学学习中的困难和挫折乃是稀松平常之事，我们没有必要因为暂时的困难、挫折甚至失败而灰心丧气、一蹶不振。

天道酬勤。拉缪斯、约翰·第、徐光启、韦达、热尔曼、华里司、华蘅芳……，他们无一不是勤奋的典范。他们的成功告诉我们：用心领悟、精思致力、积微成

1　克莱因　M. 古今数学思想（第二册）. 朱学贤，等，译. 上海：上海科学技术出版社，1979. vi.

著,数学学习犹如傍晚之星。

且让我们用先哲的意志来磨砺我们的品性,用先哲的思想来照亮我们前行的脚步,让先哲的精彩人生成为我们一生的精神财富。

问题研究

9–1. 已知三角形的三边为a、b和c,试证明海伦三角形面积公式 $S=\sqrt{s(s-a)(s-b)(s-c)}$,其中 $s=\dfrac{1}{2}(a+b+c)$。

9–2. 在四边形$ABCD$中,已知$\angle A=\alpha$, $\angle C=\beta$, $AB=a$, $BC=b$, $CD=c$, $DA=d$,试推导其面积公式。

9–3. 证明:过圆上一点向圆内接三角形三边作垂线,则三个垂足位于同一条直线("华里司线")上。

9–4. 证明:若四直线两两相交,则其所构成四个三角形的外接圆经过同一点("华里司点")。

9–5. 1804年,华里司曾在英国数学杂志《数学文库》上提出如下问题:(1)求作一个三角形,使三边分别等于已知长度,且分别过三个已知点;(2)三角形的底边长已知,一个底角是另一底角的两倍,求顶点的轨迹;(3)已知$\cos\varphi+\cos\psi=a$, $\cos5\varphi+\cos5\psi=b$,求$\cos\varphi$和$\cos\psi$;(4)设a、b和c为三角形三边,$a+b+c=A$, $a^2+b^2+c^2=B$, $a^3+b^3+c^3=C$,求该三角形的面积。试分别解上述问题。

9–6. 试证明拿破仑三角形为正三角形。

9–7. 只用圆规将半径为R的已知圆四等分。

9–8. 只用圆规找出已知圆的圆心。

9–9. 证明:若n为素数,则2^n-2能被n整除。

参考文献

[1] Alberti L B. *On Painting*. Cambridge: Cambridge University Press, 2011.

[2] Ball W W R. *Mathematical Recreations and Essays*. London: Macmillan, 1956.

[3] Boulet G. On the essence of multiplication. *For the Learning of Mathematics*, 1998, **18** (3): 12–18.

[4] 波耶 C B. 微积分概念史. 上海师范大学数学系翻译组, 译. 上海: 上海人民出版社, 1977.

[5] Braun M. *Differential Equations and Their Applications: An Introduction to Applied Mathematics*. New York: Springer-Verlag, 1992.

[6] Cajori F. *A History of Elementary Mathematics*. New York: The Macmillan Company, 1917.

[7] Carr W. *Introduction or Early History of Bees and Honey*. Salford: J. Roberts Printer, 1880.

[8] 卡洛尔. 爱丽丝漫游奇境记. 贾文浩, 译. 北京: 北京燕山出版社, 2001.

[9] Crowley M L, Dunn K A. On multiplying negative numbers. *Mathematics Teacher*, 1985, **78**: 252–256.

[10] 陈志华. 外国建筑史. 北京: 中国建筑工业出版社, 1999.

[11] 柯南道尔. 福尔摩斯侦探故事全集（上）. 程君, 等, 译. 广州: 新世纪出版社, 2000.

[12] Cook T A. *The Curves of Life*. London: Constable and Company, 1914.

[13] Cournot A A. *Recherches sur les Principes Mathématiques de la Théorie des Richesses*. Paris: Chez L. Hachette, 1838.

[14] 达尔文. 物种起源. 周建人, 等, 译. 北京: 商务印书馆, 2010.

[15] 狄更斯. 艰难时世. 全增嘏, 胡文淑, 译. 上海: 上海译文出版社, 2008.

[16] 迪特里希. 拿破仑的金字塔. 吴晓妹, 等, 译. 上海: 上海文艺出版社, 2010.

[17] Dostoevsky F. *The Brothers Karamazov*. Translated by Garnett C. http://www.ccel.org/ d/ dostoevsky/ karamazov/ karamazov. html.

[18] Dudley U. What to do when the trisector comes. *The Mathematical Intelligencer*, 1983, **5**(1): 20–25.

[19] 爱德华 C H. 微积分发展史. 张鸿林, 译. 北京: 北京出版社, 1987.

[20] 法布尔. 昆虫记（卷八）. 鲁京明, 梁守锵, 等, 译. 广州: 花城出版社, 2001.

[21] 凡尔纳. 神秘岛. 杨苑, 等, 译. 南京: 译林出版社, 2008.

[22] Fauvel J, Gray J. *The History of Mathematics: A Reader*. Hampshire: Macmillan Education, 1987.

[23] Fauvel J. Using history in mathematics education. *For the Learning of Mathematics*, 1991, **11**(2): 3-6.

[24] Fauvel J, van Maanen J. *History in Mathematics Education*. Dordrecht: Kluwer Academic Publishers, 2000.

[25] 斐波纳契. 计算之书. 纪志刚, 等, 译. 北京: 科学出版社, 2008.

[26] 伽莫夫. 从一到无穷大. 暴永宁, 译. 北京: 科学出版社, 2002.

[27] 乔尔达诺. 质数的孤独. 文铮, 译. 上海: 上海译文出版社, 2008.

[28] Gotze H. Friederich II and the love of geometry. *Mathematical Intelligencer*, 1995, **17**(4): 48–57.

[29] 郭书春. 中国科学技术典籍通汇·数学卷(1-5). 郑州 : 河南教育出版社, 1994.

[30] Graham M. President Garfield and the Pythagorean theorem. *Mathematics Teacher*, 1976, **69**(12): 686-687.

[31] Grattan-Guinness I. *Companion Encyclopedia of the History and Philosophy of Mathematical Sciences*. London: Routledge, 1994.

[32] Heath T L. *A History of Greek Mathematics*. London: Oxford University Press, 1921.

[33] 华蘅芳. 学算笔谈（卷五）. 光绪二十三年（1897）味经刊书处刊本.

[34] Huntley H E. *The Divine Proportion.* New York: Dover Publications, 1970. 64.

[35] Jackson J. *Rational Amusement for Winter Evenings.* London: Longman, etcs, 1821. 33–34.

[36] Jevons W S. *The Theory of Political Economy.* London: Macmillan & Co, 1871.

[37] 伽亚谟. 鲁拜集. 郭沫若, 译. 北京: 中国社会科学出版社, 2003.

[38] 金庸. 射雕英雄传. 广州: 花城出版社, 2008.

[39] 克莱因. 古今数学思想（第二册）. 朱学贤, 等, 译. 上海: 上海科学技术出版社, 1979.

[40] 克莱因. 西方文化中的数学. 张祖贵, 译. 上海: 复旦大学出版社, 2005.

[41] Katz V. *Using History to Teach Mathematics.* Washington: Mathematical Association of America, 2000.

[42] Koblitz A H. *A Convergence of Lives—Sofia Kovalevskaia: Scientist, Writer, Revolutionary.* Boston: Birkhäuser, 1983.

[43] 刘钝. 大哉言数. 沈阳: 辽宁教育出版社, 1993.

[44] Livio M. *The Golden Ratio: The History of Phi, The World's Most Astonishing Number.* New York: Broadway Books, 2002.

[45] Locke W J. *Morals of Marcus Ordeyne.* New York: Grosset & Dunlap publishers, 1906.

[46] 路德维希. 拿破仑. 钱质熵, 译. 沈阳: 万卷出版公司, 2009.

[47] Maor E. *The Pythagorean Theorem: A 4000-year History.* Princeton: Princeton University Press, 2007.

[48] Maynard J. Napoleon's Waterloo wasn't mathematics. *Mathematics Teacher*, 1989, **82** (11): 648–654.

[49] 米哈伊里迪斯. 毕达哥拉斯谜案. 姚人杰, 译. 北京: 新星出版社, 2010.

[50] McClenon R B. A contribution of Leibniz to the history of complex numbers. *American Mathematical Monthly*, 1923, **30**: 369–374.

[51] Miller G A. *Historical Introduction to Mathematical Literature.* New York: The Macmillan Company, 1927. 38–39.

[52] De Morgan A. *A Budget of Paradoxes.* Chicago: The Open Publishing Co, 1915.

[53] Nahin P J. *An Imaginary Tale: The Story of* $\sqrt{-1}$. Princeton: Princeton University Press, 1998.

[54] Newman J R. (ed.). *The World of Mathematics* (Vol.4). New York: Simon and Schuster, 1956.

[55] Neugebauer O. *The Exact Sciences in Antiquity.* New York: Dover Publications, 1969.

[56] Paton W R. *The Greek Anthology with an English Translation by* (Vol.V). Cambridge: Harvard University Press, 1979. 27–107.

[57] Poe E A. The Murders in the Rue Morgue. *Graham's Magazine*, 1841, **18**: 166–179.

[58] Poe E A. The Mystery of Marie Roget. http://www.pinkmonkey.com/dl/library1/roget.pdf.

[59] Poe E A. The Gold-Bug. *Dollar Newspaper*, vol. I, no. 23, June 28, 1843.

[60] Posamentier A S, Lehmann I. *Pi: A Biography of the World's Most Mysterious Number.* New York: Prometheus Books, 2004.

[61] 婆什迦罗. 莉拉沃蒂. 林隆夫, 徐泽林, 等, 译. 北京: 科学出版社, 2008, 91-98.

[62] Priestley M. *Calculus: An Historical Approach.* New York: Springer-Verlag, 1979.

[63] Quiller-Couch A. A new ballad of Sir Patrick Spens. *Mathematics Teacher*, 1955(1): 30–32.

[64] Robson E. Three old Babylonian methods for dealing with 'Pythagorean triangles'. *Journal of Cuneiform Studies*, 1997, **49**: 51–72.

[65] 萨巴. 黎曼博士的零点. 汪晓勤, 等, 译. 上海: 上海教育出版社, 2006.

[66] 萨顿. 科学史与新人文主义. 陈恒六, 等, 译. 上海: 上海交通大学出版社, 2007.

[67] 萨顿. 科学的历史研究. 陈恒六, 等, 译. 上海: 上海交通大学出版社, 2007.

[68] Selin H. *Mathematics Across Cultures: the History of Non-Western Mathematics.* Dordrecht: Kluwer Academic Publishers, 2000.

[69] 沈康身. 历史数学名题赏析. 上海: 上海教育出版社, 2002.

[70] Smith D E. *The Teaching of Geometry.* Boston: Ginn and Company, 1911.

[71] Smith D E. *History of Mathematics* (Vol. I) . Boston: Ginn and Company,

1923.

[72] Smith D E. *A Source Book in Mathematics*. New York: Dover Publications, 1959.

[73] Smith D E, Ginsburg J. *Numbers and Numerals: A Story Book for Young and Old*. New York: Bureau of Publications, Teachers College, Columbia University, 1937.

[74] 斯丹达尔. 斯丹达尔自传. 周光怡, 译. 南京: 江苏文艺出版社, 1998.

[75] 斯威夫特. 格列佛游记. 张健, 译. 北京: 人民文学出版社, 1979.

[76] Thompson D'Arcy. *On Growth and Form*. Cambridge: Cambridge University Press, 1917.

[77] 托尔斯泰. 战争与和平. 周煜山, 译. 北京: 北京燕山出版社, 2001.

[78] Viète F. *Opera Mathematica*. Lugduni Batavorum: Officina Bonaventurae & Abrahami Elzevioiorum, 1646.

[79] Walton K D. Albrecht Durer's Renaissance connections between mathematics and art. *Mathematics Teacher*, 1994 (4): 278–282.

[80] 汪晓勤. 祖冲之圆周率在西方的历史境遇. 自然杂志, 2000, **22** (5): 300–304.

[81] 汪晓勤. 一种中世纪的数字棋. 科学, 2001, **53** (6): 57–59.

[82] 汪晓勤. 圆周率议案始末. 中学数学教学参考, 2003(9): 62–64.

[83] 汪晓勤, 赵红琴. 阿基米德与圆周率. 数学教学, 2004(1): 39–41.

[84] 汪晓勤. 一卷永不过期的数学狂怪档案. 自然辩证法研究, 2004, **20**(9): 86–89.

[85] 汪晓勤. 数学与诗歌：历史寻踪. 自然辩证法通讯, 2006: **28** (3): 16–21.

[86] 汪晓勤. 相似三角形的应用: 从历史到课堂. 中学数学教学参考, 2007(9): 54–55.

[87] 汪晓勤. 全等三角形的应用: 从历史到课堂. 中学数学教学参考, 2008 (10): 55–57.

[88] 汪晓勤. 绝版议案. 科学, 2008, **60** (3): 1–2.

[89] 汪晓勤. 从巴比伦祭司到达芬奇. 中学数学教学参考, 2009 (1–2): 131–133.

[90] 汪晓勤. 数学与建筑. 中学数学教学参考, 2009 (7): 68-70.

[91] 汪晓勤. 用字母表示数的历史. 数学教学, 2011 (9): 24–27.

[92] 汪晓勤, 陈慧. 华里司: 自学成才的数学家、欧洲大陆微积分的早期传播者.

自然辩证法通讯, 2010, **32** (6): 97–105.

[93] 王蒙. 王蒙自述: 我的人生哲学. 北京: 人民文学出版社, 2003.

[94] 王韬. 王韬日记. 北京: 中华书局, 1987.

[95] Weyl H. *Symmetry*. Princeton: Princeton University Press, 1952.

[96] Wilson R. *Lewis Carroll in Numberland: His Fantastical Mathematical Logical Life*. New York: W. W. Norton & Company, 2008.

[97] Wursthorn P A. The Position of Thomas Carlyle in the History of Mathematics. *Mathematics teacher*, 1966, **70**: 755–770.

[98] 辛格. 费马大定理. 薛密, 译. 上海: 上海译文出版社, 1998.

[99] 徐迟. 哥德巴赫猜想. 人民文学, 1978(1): 53–68.

[100] 赵瑶瑶, 汪晓勤. 邹腾: 19世纪数学史家、丹麦数学的先驱者. 自然辩证法通讯, 2007, **29** (3): 76–84.